복소해석학 입문

이병무 지음

KM 경문사

머리말

수학을 전공할 때는 물론, 자연과학이나 공학을 공부할 때도 기초 지식으로 복소해석학에 대한 이해는 필수적이다. 이 책은 학생들이 복소해석학에 대한 내용을 폭넓게 익히도록 하되, 내용이 어렵지 않고 이론 전개가 다소 수월한 복소해석학 입문서로써 집필되었다. 특히 오랜 강의 경험을 바탕으로, 복소해석학에서 반드시 이수해야 할 내용을 자세히 설명하고 다양한 예제를 수록함으로써 학생들로 하여금 복소해석학의 효용성을 느끼고 문제해결에 대한 적응력을 향상시키도록 하는 데 초점을 두었다.

제1장에서는 '복소수계'의 기본 구조와 간단한 위상구조를 도입하고, 제2장에서는 '복소함수'의 기본개념을 서술하였다. 제3장에서는 '복소수열과 복소급수'에 대한 내용을 소개하고, '복소변수 해석함수'에 관한 내용은 제4장에서 서술하였다. 제5장에서는 '복소적분법'에 대하여, 제6장에서는 '로랑 급수와 유수정리'에 대하여 각각 설명하였다. 끝으로 제7장에서는 '조화함수와 등각사상'에 대하여 서술하였다.

이 책에서는 기본개념과 정리에 대한 이해를 돕고 복소해석학을 광범위한 영역에 걸쳐 활용하기 위하여 반드시 갖추어야 할 기본기능을 익히도록 하였다. 많은 예제를 이용하여 혼자서도 쉽게 새로운 개념과 정리를 이해하고 활용할 수 있도록 서술하였으며, 증명의 일부분은 독자에게 맡겨 스스로 해결점을 찾도록 하였다. 특히 많은 예제를 이용하여 본문의 내용을 충분히 이해하고 활용할 수 있는 능력을 배양할 수 있도록 하였다. 다만 간단한 보기를 '예'로, 증명이나 풀이가 뒤따른 것은 '예제'로 구분하였고, 각 절마다 연습문제와 해답을 제시함으로써 스스로 효과적으로 활용할 수 있도록 하였다.

이 책은 현 교과과정에 맞추어 체제를 꾸미고 기본개념과 이론을 알기 쉽고 이해하기 쉽도록 기술하였으니, 아무쪼록 이 책을 통하여 복소해석학에 흥미를 느끼고, 기본개념을 응용하여 미래의 고도 정보사회를 능동적으로 이끌어 갈 수 있는 능력을 배양할 수 있기를 바란다. 다만 내용상 미비한 부분이나 시정을 요하는 점은 보완하여 앞으로 완전한 교재로 발전시킬 것을 다짐한다.

끝으로 본 교재가 출판되기까지 적극적으로 도움을 주신 도서출판 경문사 관계자에게 진심으로 감사드린다. 특히 편집에 수고를 아끼지 않은 편집부와 집필하는 동안 끊임없이 조언하며 원고를 수정해준 김엘라 씨를 포함한 많은 분들께도 감사와 함께 행운이 깃들기를 기원한다.

2015년 8월

지은이

차례

제1장 복소수

1.1 복소수계

이 절에서는 복소수계 (complex number system)의 대수적 성질, 복소 다항식의 근을 구하는 문제, 복소수의 기하학적 표현 등에 대하여 설명한다.

1. 복소수

복소수는 1545년 카르다노(Cardano)에 의해 처음으로 제안되었다. 복소수의 성질과 일변수 복소함수에 대한 이론은 미분적분학의 개념을 복소평면으로 확장시킨다. 그리하여 미분과 적분의 깊은 의미가 음미되고 복소수의 성질이 응용수학에 유용한 많은 결과를 제공한다.

참고 복소수는 직교형식이나 극형식으로 표시할 수 있다. 복소수의 직교형식과 극형식과의 관계는 오일러 공식 (Euler's formular)

$$e^{i\theta} = \cos\theta + i\sin\theta$$

에 의해 주어진다. 즉 $z = x + iy = re^{i\theta}$에 대하여 $x = r\cos\theta,\ y = r\sin\theta$이다.

(1) 복소수의 직교형식

정의 1 복소수의 직교형식

임의의 실수 x, y에 대하여, 복소수 (complex number) z는

$$z = x + iy \text{ 또는 } z = x + yi$$

형태로 유일하게 표현할 수 있다. $z = x + iy$와 같은 표현을 복소수 z의 직교형식 또는 카테시안 형식 (Cartesian form)이라고 한다. 여기서

$$i = \sqrt{-1},\ \text{즉 } i^2 = -1$$

로서 i를 허수 단위라고 부른다. 이때 x를 복소수 z의 실수부 (real part)라 하고 $\operatorname{Re} z$로 표기한다. 또한 y를 복소수 z의 허수부 (imaginary part)라 하고 $\operatorname{Im} z$로 표기한다.

예 실수 x는 복소수 $x + i \cdot 0$이고, 허수 i는 복소수 $0 + i$이다.

예 $\mathrm{Re}(2+2i)=2$이고, $\mathrm{Im}(5+4i)=4$이다.

만약 $z=x+iy$에서 $y=0$이면 $z=x$는 실수이므로, 이런 관점에서 실수의 집합은 복소수의 집합의 부분집합으로 생각할 수 있다. 특히 $x=0$일 때 $z=iy$를 **순허수** (pure imaginary)라고 한다.

참고 두 복소수 $z_1=x_1+iy_1$, $z_2=x_2+iy_2$에 대하여, 다음이 성립한다.

(1) $z_1=z_2 \Leftrightarrow x_1=x_2,\ y_1=y_2$

(2) $z_1=z_2 \Leftrightarrow \mathrm{Re}\, z_1=\mathrm{Re}\, z_2,\ \mathrm{Im}\, z_1=\mathrm{Im}\, z_2$

(2) 복소수의 극형식

복소수는 벡터로 취급할 수 있는데, 복소수 z의 크기는 z의 절댓값

$$|z|=\sqrt{x^2+y^2}$$

이고 방향은 x축과의 양의 방향의 사잇각 θ에 의해 결정된다. 이때 $|z|$은 원점과 z 사이의 거리이고, 사잇각 θ는

$$\tan\theta=\frac{y}{x}$$

로 주어진다.

정의 2 편각과 가지

복소수 $z=x+iy$에 대하여

$$\tan\theta=\frac{y}{x}$$

로 주어진 각 θ를 복소수 z의 **편각** (argument)이라 하고, $\arg z$로 표기한다. 이때 편각 $\arg z$의 **가지** (branch)는

$$w=\arg z \ \ (\text{단, } \alpha<\arg z\le\alpha+2\pi) \ \text{ 또는 } \ w=\mathrm{Arg}_{(\alpha,\,\alpha+2\pi]}(z)$$

로 정의한다.

복소수 z를 극좌표로 나타낼 때, 각 $\theta\pm2\pi$, $\theta\pm4\pi$, $\cdots$등도 사용될 수 있으므로 편각 $\arg z$는 다가함수 (multi-valued function)이다.

정의 3　주편각과 주요가지

편각 $\theta = \arg z$ 중에서

$$-\pi < \theta \leq \pi$$

범위의 각 θ를 특히 **주편각**(principal argument) 또는 **주치**(principal value)라고 하고, $\operatorname{Arg} z$로 표기한다. 이때 주편각 $\operatorname{Arg} z$의 가지를 편각의 **주요가지**(principal branch) 또는 **주분지**라 하고

$$w = \operatorname{Arg} z \ (\text{단, } -\pi < \operatorname{Arg} z \leq \pi) \text{ 또는 } w = \operatorname{Arg}_{(-\pi,\,\pi]}(z)$$

로 정의한다.

복소수 z의 편각은 무한히 많은 표현 방법이 있지만, 편각의 범위를 $(-\pi, \pi]$로 제한한 편각을 z의 주편각이라 정의하고 $\operatorname{Arg} z$로 표시한다. 즉 $-\pi < \operatorname{Arg} z \leq \pi$이다.

예　$-\dfrac{\pi}{2} < \tan^{-1}\dfrac{y}{x} < \dfrac{\pi}{2}$일 때, $\theta = \operatorname{Arg} z$의 값과 범위는 각각

(1) $x > 0,\ y > 0$이면, $\theta = \tan^{-1}\dfrac{y}{x}\ \left(\text{단, } 0 < \theta < \dfrac{\pi}{2}\right)$

(2) $x < 0,\ y > 0$이면, $\theta = \pi + \tan^{-1}\dfrac{y}{x}\ \left(\text{단, } \dfrac{\pi}{2} < \theta < \pi\right)$

(3) $x < 0,\ y < 0$이면, $\theta = \tan^{-1}\dfrac{y}{x} - \pi\ \left(\text{단, } -\pi < \theta < -\dfrac{\pi}{2}\right)$

(4) $x > 0,\ y < 0$이면, $\theta = \tan^{-1}\dfrac{y}{x}\ \left(\text{단, } -\dfrac{\pi}{2} < \theta < 0\right)$

로 주어진다.

예제　다음 복소수의 주편각 $\operatorname{Arg} z$를 구하시오.

(1) $-1+\sqrt{3}\,i$　　(2) $2+2i$　　(3) $-3i$

풀이　(1) $\operatorname{Arg}(-1+\sqrt{3}\,i) = \dfrac{2\pi}{3}$

(2) $\operatorname{Arg}(2+2i) = \dfrac{\pi}{4}$

(3) $\operatorname{Arg}(-3i) = -\dfrac{\pi}{2}$ ■

참고 편각 $\arg z$는 특정한 각을 나타내는 것이 아니며

$$\arg z = \operatorname{Arg} z + 2\pi k \quad (\text{단, } k\text{는 정수})$$

이다.

이제 $|z|$과 $\arg z$를 사용하여 복소수를 나타내는 편리한 방법을 살펴보자. $z = x + yi \neq 0$, $r = |z|$, $\theta = \arg z$이면

$$x = r\cos\theta,\ y = r\sin\theta \quad (\text{단, } r > 0)$$

$$r = \sqrt{x^2 + y^2},\ \theta = \tan^{-1}\frac{y}{x}$$

인 관계가 있다. 이때

$$z = r(\cos\theta + i\sin\theta)$$

를 복소수 z의 **극형식**(polar form) 또는 **극표시**라 하고, 이에 대하여 직교형식 $x + iy$를 z의 **직각표시**라 한다. 오일러 공식을 이용하면 극형식 $z = r(\cos\theta + i\sin\theta)$를

$$z = re^{i\theta}$$

로 나타낼 수 있다. 이것을 복소수 z의 **지수형식**(exponential form)이라 한다.

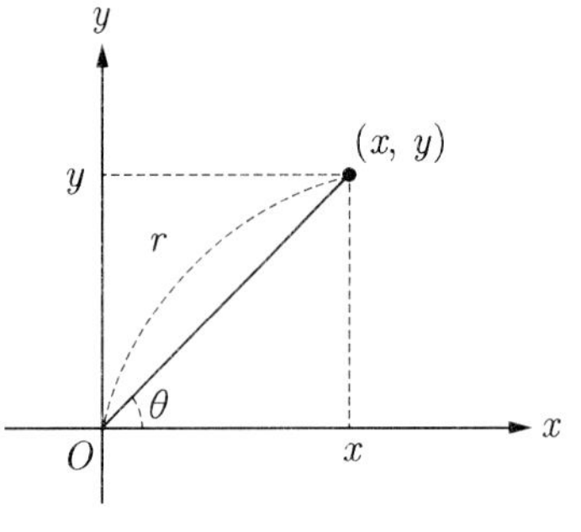

그림 1.1

예 $1 + i = |1 + i|e^{i(\theta + 2k\pi)} = \sqrt{2}\,e^{i\left(\frac{\pi}{4} + 2k\pi\right)}$ (단, k는 정수)이고, $z = x + iy = re^{i\theta}$에 대하여

$$\cos\theta = \frac{x}{r},\quad \sin\theta = \frac{y}{r}$$

이다. 또한 $re^{i\theta} = se^{i\phi}$이면

$$r = s,\ \theta = \phi + 2k\pi \quad (\text{단, } k\text{는 정수})$$

가 성립한다.

예제 복소수 $1-i$의 모든 극형식을 구하시오.

풀이 $|1-i|=\sqrt{2}$ 이고 $\mathrm{Arg}(1-i)=-\frac{\pi}{4}$ 이다. 이때 모든 편각이

$$\arg(1-i)=-\frac{\pi}{4}+2\pi k \text{ (단, } k\text{는 정수)}$$

이므로, $1-i$의 극형식은

$$1-i=\sqrt{2}\left[\cos\left(-\frac{\pi}{4}+2\pi k\right)+i\sin\left(-\frac{\pi}{4}+2\pi k\right)\right]$$

로 주어진다. 여기서 k는 임의의 정수이다. ■

참고 0을 제외한 모든 복소수는 무한개의 극형식을 가진다. 그러나 주편각을 이용하면 극형식은 하나로 주어진다.

예제 주편각을 이용하여 복소수 $-1-\sqrt{3}\,i$를 극형식으로 나타내시오.

풀이 $\tan^{-1}\frac{y}{x}=\tan^{-1}\sqrt{3}=\frac{\pi}{3}$ 이지만 z가 제3사분면에 있으므로 $\mathrm{Arg}\,z=\frac{\pi}{3}-\pi=-\frac{2\pi}{3}$ 이다. 이때 $|-1-\sqrt{3}\,i|=2$ 이므로

$$-1-\sqrt{3}\,i=2\left[\cos\left(-\frac{2\pi}{3}\right)+i\sin\left(-\frac{2\pi}{3}\right)\right]$$

로 주어진다. ■

예제 $\sqrt{-2+2\sqrt{3}\,i}$의 실수부, 즉 $\mathrm{Re}\left(\sqrt{-2+2\sqrt{3}\,i}\right)$의 값을 구하시오.

풀이 $-2+2\sqrt{3}\,i=|-2+2\sqrt{3}\,i|e^{\frac{2\pi}{3}i}=4e^{\frac{2\pi}{3}i}$ 이므로

$$\sqrt{-2+2\sqrt{3}\,i}=2e^{\frac{\pi}{3}i}=2\left(\cos\frac{\pi}{3}+i\sin\frac{\pi}{3}\right)$$

이다. 따라서 $\mathrm{Re}\left(\sqrt{-2+2\sqrt{3}\,i}\right)=2\cos\frac{\pi}{3}=1$ 이다. ■

2. 복소수의 대수적 성질

정의 4 복소수의 덧셈과 곱셈

두 복소수 $z_1 = x_1 + iy_1$과 $z_2 = x_2 + iy_2$의 덧셈 +과 곱셈 ·을 각각

(1) 덧셈 : $z_1 + z_2 = (x_1 + x_2) + i(y_1 + y_2)$

(2) 곱셈 : $z_1 \cdot z_2 = (x_1 x_2 - y_1 y_2) + i(x_1 y_2 + y_1 x_2)$

로 정의한다.

예제 다음을 계산하시오.

(1) $\left(\dfrac{2+i}{3-i}\right)^2$ (2) $\dfrac{3-i}{2+i} + \dfrac{3+i}{2-i}$

풀이 (1) $\left(\dfrac{2+i}{3-i}\right)^2 = \left\{\dfrac{(2+i)(3+i)}{(3-i)(3+i)}\right\}^2 = \dfrac{1}{100}(5+5i)^2 = \dfrac{1}{100}(50i) = \dfrac{1}{2}i$

(2) $\dfrac{3-i}{2+i} + \dfrac{3+i}{2-i} = \dfrac{(3-i)(2-i)}{(2+i)(2-i)} + \dfrac{(3+i)(2+i)}{(2-i)(2+i)} = \dfrac{(5-5i)+(5+5i)}{5} = 2$ ■

예제 임의의 복소수 z에 대하여, 다음이 성립한다.

$$\mathrm{Re}\, z > 0 \Rightarrow \mathrm{Re}\left(\frac{1}{z}\right) > 0$$

증명 $z = x + iy$일 때, $x = \mathrm{Re}\, z > 0$이면

$$\frac{1}{z} = \frac{x}{x^2+y^2} - i\frac{y}{x^2+y^2}$$

이므로, $\mathrm{Re}\left(\dfrac{1}{z}\right) = \dfrac{x}{x^2+y^2} > 0$이다. ■

참고 복소수 전체의 집합을 $\mathbb{C} = \{z = (x, y) \mid x, y$는 실수$\}$로 표시할 때, 임의의 두 복소수 $(x_1, y_1), (x_2, y_2) \in \mathbb{C}$에 대하여 덧셈 +과 곱셈 ·을 각각

(1) 덧셈 : $(x_1, y_1) + (x_2, y_2) = (x_1 + x_2, y_1 + y_2)$

(2) 곱셈 : $(x_1, y_1) \cdot (x_2, y_2) = (x_1 x_2 - y_1 y_2, x_1 y_2 + x_2 y_1)$

로 정의하면, $(\mathbb{C}, +, \cdot)$는 체가 된다.

앞으로 이 책을 시술함에 있어 $z = (x, y)$를 $z = x + iy$ 또는 $z = x + yi$로 표기하기로 하

고, 복소수 전체의 집합을 $\mathbb{C}$로 나타내기로 한다.

정리 5 **복소수체**(field of complex number)

$\mathbb{C}$가 복소수의 집합일 때, $(\mathbb{C}, +, \cdot)$은 **체의 공리**(field axiom)를 만족한다. 즉 $(\mathbb{C}, +, \cdot)$는 **체**(field)를 이룬다.

증명 (1) 임의의 $z_1, z_2 \in \mathbb{C}$에 대하여, $z_1 + z_2 = z_2 + z_1$이 성립한다.

(2) 임의의 $z_1, z_2, z_3 \in \mathbb{C}$에 대하여, $(z_1 + z_2) + z_3 = z_1 + (z_2 + z_3)$가 성립한다.

(3) 모든 $z \in \mathbb{C}$에 대하여, $0 + z = z + 0 = z$를 만족하는 $0 \in \mathbb{C}$이 존재한다.

(4) 각 $z \in \mathbb{C}$에 대하여 $z + (-z) = (-z) + z = 0$을 만족하는 $-z \in \mathbb{C}$가 존재한다.

(5) 임의의 $z_1, z_2 \in \mathbb{C}$에 대하여, $z_1 \cdot z_2 = z_2 \cdot z_1$이 성립한다.

(6) 임의의 $z_1, z_2, z_3 \in \mathbb{C}$에 대하여, $(z_1 \cdot z_2) \cdot z_3 = z_1 \cdot (z_2 \cdot z_3)$가 성립한다.

(7) 모든 $z \in \mathbb{C}$에 대하여 $1 \cdot z = z \cdot 1 = z$를 만족하는 $1 \in \mathbb{C}$이 존재한다.

(8) 각 $z \in \mathbb{C}$(단, $z \neq 0$)에 대하여 $z \cdot z^{-1} = z^{-1} \cdot z = 1$을 만족하는 $z^{-1} \in \mathbb{C}$가 존재한다.

(9) 임의의 $z_1, z_2, z_3 \in \mathbb{C}$에 대하여

$$z_1 \cdot (z_2 + z_3) = z_1 \cdot z_2 + z_1 \cdot z_3, \quad (z_1 + z_2) \cdot z_3 = z_1 \cdot z_3 + z_2 \cdot z_3$$

가 성립한다.

따라서 $(\mathbb{C}, +, \cdot)$가 체의 공리를 만족하므로, $(\mathbb{C}, +, \cdot)$은 체를 이룬다. ■

예 두 복소수 $z_1 = x_1 + iy_1$, $z_2 = x_2 + iy_2$에 대하여

$$z_1 - z_2 = (x_1 - x_2) + i(y_1 - y_2)$$

이고, 특히 $z_2 = x_2 + iy_2 \neq 0$일 때

$$\frac{z_1}{z_2} = \frac{(x_1 + iy_1)(x_2 - iy_2)}{(x_2 + iy_2)(x_2 - iy_2)} = \frac{(x_1x_2 + y_1y_2) + i(x_2y_1 - x_1y_2)}{{x_2}^2 + {y_2}^2}$$

로 주어진다.

예 복소수 $z = x + iy$의 덧셈에 관한 역원은 $-z = -x - iy$이고, 0이 아닌 복소수 $z = x + iy$의 곱셈에 관한 역원은

$$z^{-1} = \frac{1}{z} = \frac{\bar{z}}{|z|^2} = \frac{x}{x^2+y^2} + i\,\frac{-y}{x^2+y^2}$$

로 주어진다.

복소수체 $(\mathbb{C}, +, \cdot)$과 평면 $(\mathbb{R}^2, +, \cdot)$은 서로 대수적으로 **동형** (isomorphism)을 이룬다.

정의 6 켤레복소수

$z = x + iy$일 때, $\bar{z} = x - iy$를 z의 **켤레복소수** (conjugate complex number) 또는 **공액복소수**라고 한다.

예 $z = r(\cos\theta + i\sin\theta)$일 때, $\bar{z} = r(\cos\theta - i\sin\theta)$이다. 따라서 복소수 $z = x + iy = re^{i\theta}$의 켤레복소수 $\bar{z}$의 극형식은

$$\bar{z} = x - iy = re^{-i\theta}$$

로 주어지고, 이때 $\arg\bar{z} = -\arg z$가 성립한다.

예 복소수 $z = x + iy$와 z의 켤레복소수 $\bar{z} = x - iy$에 대하여

(1) $\bar{\bar{z}} = z$

(2) $\bar{z} = z \Leftrightarrow z$는 실수, $\bar{z} = -z \Leftrightarrow z$는 순허수

(3) $x = \dfrac{z+\bar{z}}{2} = \mathrm{Re}\, z$, $y = \dfrac{z-\bar{z}}{2i} = \mathrm{Im}\, z$

가 성립한다.

예 두 복소수 z_1과 z_2에 대하여

$$\overline{z_1 + z_2} = \overline{z_1} + \overline{z_2}, \quad \overline{z_1 - z_2} = \overline{z_1} - \overline{z_2}, \quad \overline{z_1 z_2} = \overline{z_1}\,\overline{z_2}$$

를 만족한다. 특히 $z_2 \neq 0$이면

$$\overline{(z_1/z_2)} = \overline{z_1} / \overline{z_2}$$

가 성립한다.

예제 복소수 z와 켤레복소수 $\bar{z}$에 대하여, 다음이 성립한다.

(1) z가 실수 $\Leftrightarrow$ $z = \bar{z}$

(2) z가 실수이거나 순허수 $\Leftrightarrow$ $(\bar{z})^2 = z^2$

증명 복소수 $z = x + iy$에 대하여

(1) $z = x = x + 0i \Leftrightarrow z = \bar{z} = x$

(2) $z = x \Leftrightarrow z = \bar{z} = x \Leftrightarrow (\bar{z})^2 = z^2 = x^2$이고, $z = iy \Leftrightarrow (\bar{z})^2 = z^2 = -y^2$ ■

참고 실수계수 n차 복소다항식 $p(z) = a_0 + a_1 z + \cdots + a_n z^n$ (단, $a_i \in \mathbb{R}$, $a_n \neq 0$)에 대하여, 복소수 z가 $p(z) = 0$의 근이면, z의 켤레복소수 $\bar{z}$도 $p(z) = 0$의 근이 된다.

정의 7 절댓값

복소수 $z = x + iy$에 대하여, $z\bar{z}$의 제곱근을 z(또는 $\bar{z}$)의 **절댓값**(absolute value)이라 하고

$$|z| = \sqrt{z\bar{z}} = \sqrt{x^2 + y^2}$$

으로 나타낸다.

예 복소수 $z = x + iy$와 z의 켤레복소수 $\bar{z} = x - iy$에 대하여, $|z| = |\bar{z}|$이 성립한다.

예 복소수 z에 대하여

(1) $-|z| \le \text{Re}\, z \le |z|$ (2) $-|z| \le \text{Im}\, z \le |z|$

이 성립한다.

예제 복소수 z와 켤레복소수 $\bar{z}$에 대하여, 다음이 성립한다.

$$|z| = 1 \Leftrightarrow \bar{z} = \frac{1}{z}$$

증명 $|z| = 1$이면 $|z|^2 = z\bar{z} = 1$이므로

$$\bar{z} = \frac{1}{z}$$

이고, $\bar{z} = \dfrac{1}{z}$이면 $|z|^2 = z\bar{z} = 1$이므로

$$|z| = 1$$

이다. ■

예제 $z_1 = Re^{i\phi}$, $z_2 = re^{i\theta}$일 때, 다음이 성립한다.

$$\mathrm{Re}\left(\frac{z_1 + z_2}{z_1 - z_2}\right) = \frac{R^2 - r^2}{R^2 - 2Rr\cos(\theta - \phi) + r^2} \quad (\text{단, } 0 < r < R)$$

증명

$$\mathrm{Re}\left(\frac{z_1 + z_2}{z_1 - z_2}\right) = \frac{1}{2}\left\{\left(\frac{z_1 + z_2}{z_1 - z_2}\right) + \overline{\left(\frac{z_1 + z_2}{z_1 - z_2}\right)}\right\} = \frac{|z_1|^2 - |z_2|^2}{|z_1 - z_2|^2}$$

$$= \frac{|z_1|^2 - |z_2|^2}{|z_1|^2 + |z_2|^2 - 2\mathrm{Re}(\overline{z_1} z_2)}$$

$$= \frac{R^2 - r^2}{R^2 - 2Rr\cos(\theta - \phi) + r^2} \quad (\text{단, } 0 < r < R)$$

이 성립한다. ■

정리 8 삼각부등식(triangle inequality)

임의의 두 복소수 z_1과 z_2에 대하여 다음 부등식이 성립한다.

(1) $|z_1 + z_2| \le |z_1| + |z_2|$ (2) $||z_1| - |z_2|| \le |z_1 - z_2|$

증명 두 복소수 $z_1 = x_1 + iy_1$, $z_2 = x_2 + iy_2$에 대하여

(1) $|z_1 + z_2|^2 = (z_1 + z_2)(\overline{z_1 + z_2}) = z_1\overline{z_1} + z_2\overline{z_2} + 2\mathrm{Re}(z_1\overline{z_2})$

$$\le |z_1|^2 + 2|z_1||z_2| + |z_2|^2 = (|z_1| + |z_2|)^2$$

이므로, $|z_1 + z_2| \le |z_1| + |z_2|$이다.

(2) $|z_1| = |(z_1 - z_2) + z_2| \le |z_1 - z_2| + |z_2|$이므로

$$(|z_1| - |z_2|) \le |z_1 - z_2|$$

이다. 같은 방법으로 $|z_2| = |(z_2 - z_1) + z_1| \le |z_1 - z_2| + |z_1|$이므로

$$(|z_1| - |z_2|) \ge -|z_1 - z_2|$$

이다. 그러므로 $||z_1|-|z_2|| \le |z_1 - z_2|$이 성립한다. ■

예제 $D = \{z \in \mathbb{C} : |z| = 2\}$일 때, 다음이 성립한다.

$$\forall z \in D, \left| \frac{1}{z^2-1} \right| \le \frac{1}{3}$$

증명 모든 $z \in D$에 대하여

$$\left| \frac{1}{z^2-1} \right| \le \frac{1}{||z|^2-1|} = \frac{1}{3}$$ ■

참고 일반적으로 복소수 z_k (단, $k = 1, \cdots, n$)에 대하여

$$\left| \sum_{k=1}^{n} z_k \right| \le \sum_{k=1}^{n} |z_k|$$

이 성립한다.

두 복소수 z_1과 z_2가 극형식

$$z_1 = r_1(\cos\theta_1 + i\sin\theta_1),\ z_2 = r_2(\cos\theta_2 + i\sin\theta_2)$$

로 표현될 때

$$z_1 z_2 = r_1 r_2[\cos(\theta_1+\theta_2) + i\sin(\theta_1+\theta_2)]$$

$$\frac{z_1}{z_2} = \frac{r_1}{r_2}[\cos(\theta_1-\theta_2) + i\sin(\theta_1-\theta_2)] \text{ (단, } z_2 \ne 0)$$

가 성립된다. 즉 두 복소수의 극형식 $z_1 = r_1 e^{i\theta_1}$, $z_2 = r_2 e^{i\theta_2}$에 대하여

$$z_1 z_2 = r_1 r_2 e^{i(\theta_1+\theta_2)}, \quad \frac{z_1}{z_2} = \frac{r_1}{r_2} e^{i(\theta_1-\theta_2)} \text{ (단, } z_2 \ne 0)$$

가 성립한다.

예 두 복소수 z_1과 z_2에 대하여

(1) $|z_1 z_2| = |z_1||z_2|$ (2) $\left| \frac{z_1}{z_2} \right| = \frac{|z_1|}{|z_2|}$ (단, $z_2 \ne 0$)

이 성립한다.

예제 다음 복소수를 극형식 $re^{i\theta}$로 표현하시오.

(1) $\dfrac{2+2i}{-\sqrt{3}+i}$　　　　(2) $\dfrac{2i}{3e^{3+i}}$

풀이 (1) $2+2i=\sqrt{8}\,e^{\frac{\pi}{4}i}$이고 $-\sqrt{3}+i=2e^{\frac{2\pi}{3}i}$이므로

$$\frac{2+2i}{-\sqrt{3}+i}=\frac{\sqrt{8}}{2}e^{\left(\frac{\pi}{4}-\frac{2\pi}{3}\right)i}=\sqrt{2}\,e^{-\frac{5\pi}{12}i}$$

(2) $2i=2e^{\frac{\pi}{2}i}$이고 $3e^{3+i}=3e^{3}e^{i}$이므로

$$\frac{2i}{3e^{3+i}}=\frac{2}{3e^{3}}e^{\left(\frac{\pi}{2}-1\right)i}$$ ■

예제 두 복소수의 극형식 $z_1=r_1e^{i\theta_1}$, $z_2=r_2e^{i\theta_2}$에 대하여, 다음이 성립한다.

(1) $\arg(z_1z_2)=\arg z_1+\arg z_2$

(2) $\arg\left(\dfrac{z_1}{z_2}\right)=\arg z_1-\arg z_2$ (단, $z_2\neq 0$)

증명 (1) $z_1z_2=r_1r_2e^{i(\theta_1+\theta_2)}$이므로

$$\arg(z_1z_2)=\theta_1+\theta_2=\arg z_1+\arg z_2$$

(2) $\dfrac{z_1}{z_2}=\dfrac{r_1}{r_2}e^{i(\theta_1-\theta_2)}$ (단, $z_2\neq 0$)이므로

$$\arg\left(\frac{z_1}{z_2}\right)=\theta_1-\theta_2=\arg z_1-\arg z_2 \quad (\text{단, } z_2\neq 0)$$

가 성립한다. ■

3. 드무아브르 정리와 이항방정식

(1) 드무아브르 정리

정리 9 **드무아브르 정리** (De Moivre's theorem)

n이 임의의 정수일 때

$$(\cos\theta + i\sin\theta)^n = \cos n\theta + i\sin n\theta$$

가 성립한다.

증명 $z = r(\cos\theta + i\sin\theta) = re^{i\theta}$에 대하여

$$z^n = r^n(\cos\theta + i\sin\theta)^n = r^n e^{in\theta} = r^n(\cos n\theta + i\sin n\theta) \quad (\text{단, } n\text{은 정수})$$

이므로, $r = 1$일 때를 생각하면 임의의 정수 n에 대하여

$$(\cos\theta + i\sin\theta)^n = \cos n\theta + i\sin n\theta$$

가 성립한다. ■

예 드무아브르 정리에 의해, $(\cos\theta + i\sin\theta)^3 = \cos 3\theta + i\sin 3\theta$이므로

(1) $\cos 3\theta = \cos^3\theta - 3\cos\theta\sin^2\theta$ (2) $\sin 3\theta = 3\cos^2\theta\sin\theta - \sin^3\theta$

가 성립한다.

예제 $(1-i)^{23}$의 값을 구하시오.

풀이 주편각을 사용하면 $1-i$의 극형식은

$$1 - i = \sqrt{2}\left[\cos\left(-\frac{\pi}{4}\right) + i\sin\left(-\frac{\pi}{4}\right)\right]$$

로 주어진다. 여기에 드무아브르 정리를 적용하면

$$(1-i)^{23} = (\sqrt{2})^{23}\left[\cos\left(-\frac{\pi}{4}\right) + i\sin\left(-\frac{\pi}{4}\right)\right]^{23}$$
$$= 2^{23/2}\left[\cos\left(-\frac{23\pi}{4}\right) + i\sin\left(-\frac{23\pi}{4}\right)\right]^{23}$$

이다. 그런데 $-\dfrac{23\pi}{4} = \dfrac{\pi}{4} - 6\pi$이고 $\sin(\pi/4) = \cos(\pi/4) = 1/\sqrt{2}$이므로

$$(1-i)^{23} = 2^{23/2}\left(\frac{1}{\sqrt{2}} + \frac{i}{\sqrt{2}}\right) = 2^{11}(1+i) = 2048(1+i)$$

가 된다. ■

예제 다음 라그랑주(Lagrange)의 삼각함수 항등식이 성립한다.

(1) $1 + \cos\theta + \cos 2\theta + \cdots + \cos n\theta = \dfrac{1}{2} + \dfrac{\sin\left(n+\frac{1}{2}\right)\theta}{2\sin\frac{\theta}{2}}$

(2) $\sin\theta + \sin 2\theta + \cdots + \sin n\theta = \dfrac{\cos\frac{\theta}{2} - \cos\left(n+\frac{1}{2}\right)\theta}{2\sin\frac{\theta}{2}}$

증명 (1) $1 + \cos\theta + \cos 2\theta + \cdots + \cos n\theta$

$$= \text{Re}(1 + e^{i\theta} + \cdots + e^{in\theta}) = \text{Re}\left(\frac{e^{i(n+1)\theta} - 1}{e^{i\theta} - 1}\right)$$

$$= \text{Re}\left(\frac{e^{i(n+1/2)\theta} - e^{-i\theta/2}}{e^{i\theta/2} - e^{-i\theta/2}}\right)$$

$$= \text{Re}\left(\frac{ie^{-i\theta/2} - ie^{i(n+1/2)\theta}}{2\sin(\theta/2)}\right)$$

$$= \frac{\sin(\theta/2) + \sin(n+1/2)\theta}{2\sin(\theta/2)}$$

$$= \frac{1}{2} + \frac{\sin\left(n+\frac{1}{2}\right)\theta}{2\sin\frac{\theta}{2}}$$

(2) $\sin\theta + \sin 2\theta + \cdots + \sin n\theta$

$$= \text{Im}(e^{i\theta} + e^{i2\theta} + \cdots + e^{in\theta}) = \text{Im}\left(\frac{e^{i(n+1)\theta} - 1}{e^{i\theta} - 1}\right)$$

$$= \text{Im}\left(\frac{e^{i(n+1/2)\theta} - e^{-i\theta/2}}{e^{i\theta/2} - e^{-i\theta/2}}\right)$$

$$= \text{Im}\left(\frac{ie^{-i\theta/2} - ie^{i(n+1/2)\theta}}{2\sin(\theta/2)}\right)$$

$$= \frac{\cos\frac{\theta}{2} - \cos\left(n+\frac{1}{2}\right)\theta}{2\sin\frac{\theta}{2}}$$

■

(2) 이항방정식

드무아브르 정리는 복소수의 근을 구하는 데도 이용될 수 있다. z^n의 항과 상수항만으로 이루어진 n차 복소방정식, 즉

$$z^n - a = 0 \quad (\text{단, } a\text{는 복소수})$$

형태의 n차 복소방정식을 **이항방정식**(binomial equation)이라 한다.

참고 복소수 a, b, c (단, $a \neq 0$)에 대하여, 이차 복소방정식 $az^2 + bz + c = 0$의 근은

$$z = \frac{-b \pm \sqrt{b^2 - 4ac}}{2a}$$

으로 주어진다. 왜냐하면 복소수 a, b, c (단, $a \neq 0$)에 대하여

$$az^2 + bz + c = a\left(z + \frac{b}{2a}\right)^2 + \left(\frac{4ac - b^2}{4a}\right) = 0, \text{ 즉 } \left(z + \frac{b}{2a}\right)^2 = \frac{b^2 - 4ac}{4a^2}$$

로부터

$$z + \frac{b}{2a} = \pm\sqrt{\frac{b^2 - 4ac}{4a^2}} = \pm\frac{\sqrt{b^2 - 4ac}}{2a}$$

이므로, $z = \dfrac{-b \pm \sqrt{b^2 - 4ac}}{2a}$이 성립하기 때문이다.

예 이차 복소방정식 $z^2 + 2z + (1 - i) = 0$의 근을 구해 보자. 이때

$$(z+1)^2 = i, \text{ 즉 } z + 1 = \pm\sqrt{i}$$

이므로

$$z + 1 = \pm\sqrt{i}, \quad i = e^{i\left(\frac{\pi}{2} + 2k\pi\right)} \quad (\text{단, } k = 0, 1)$$

이다. 따라서 $z = -1 \pm e^{i\left(\frac{\pi}{4} + k\pi\right)}$ (단, $k = 0, 1$)로 주어진다.

정리 10 **이항방정식의 근**

주어진 복소수 $\omega = \rho e^{i(\phi + 2k\pi)}$에 대하여, 이항방정식 $z^n - \omega = 0$은 많아야 n개의 근 z_k (단, $k = 0, 1, \cdots, n-1$)를 갖는다. 이때 z_k는

$$z_k = \rho^{1/n} e^{i\frac{\phi + 2k\pi}{n}} \quad (단,\ k = 0, 1, \cdots, n-1)$$

로 주어진다.

증명 $z^n = \omega = \rho e^{i(\phi + 2k\pi)}$ (단, k는 정수)에 대하여

$$z = \rho^{1/n} e^{i\frac{(\phi + 2k\pi)}{n}}$$

이므로, 근은

$$z_k = \rho^{1/n} e^{i\frac{\phi + 2k\pi}{n}} \quad (단,\ k = 0, 1, \cdots, n-1)$$

로 주어진다. ■

예 $(1+i)^{1/2}$의 값을 구해 보자. 이때

$$(1+i)^{1/2} = (\sqrt{2}\, e^{i\left(\frac{\pi}{4} + 2k\pi\right)})^{1/2} = 2^{1/4} e^{i\left(\frac{\pi}{8} + k\pi\right)} \quad (단,\ k = 0, 1)$$

이므로, $(1+i)^{1/2}$의 값은

$$2^{1/4} e^{\frac{\pi}{8}i} \ 또는\ 2^{1/4} e^{\frac{9\pi}{8}i}$$

로 주어진다.

예 복소방정식 $z^4 + 1 = 0$의 근을 구해 보자. 이때

$$z^4 = -1 = e^{i(\pi + 2k\pi)} \quad (단,\ k = 0, 1, 2, 3)$$

이므로, $z^4 + 1 = 0$의 근은

$$z_k = e^{i\left(\frac{\pi}{4} + \frac{k\pi}{2}\right)} \quad (단,\ k = 0, 1, 2, 3)$$

로 주어진다.

예제 다음 복소방정식의 근을 구하시오.

(1) $z^3 - 1 = 0$　　　　　　(2) $z^2 - 5iz + 1 - 3i = 0$

풀이 (1) $z^3 = 1 = e^{i2k\pi}$ (단, $k = 0, 1, 2$)이므로

$$z_k = e^{i2k\pi/3} \text{ (단, } k = 0, 1, 2)$$

이다. 따라서 근은 $z_0 = 1$, $z_1 = -1/2 + \frac{\sqrt{3}}{2}i$, $z_2 = -1/2 - \frac{\sqrt{3}}{2}i$로 주어진다.

(2) $\left(z - \frac{5}{2}i\right)^2 = -\frac{29}{4} + 3i$이므로

$$z - \frac{5}{2}i = \pm\sqrt{-\frac{29}{4} + 3i}$$

이다. 따라서 근은 $z = \frac{5}{2}i \pm \sqrt{-\frac{29}{4} + 3i}$ 으로 주어진다. ∎

참고 (1의 n 제곱근) 이항방정식 $z^n - 1 = 0$의 근은

$$\cos\frac{2k\pi}{n} + i\sin\frac{2k\pi}{n} \text{ (단, } k = 0, 1, \cdots, n-1)$$

로 주어진다. 이것을 1의 n 제곱근(nth square root) 또는 n차 단위근(nth root of unity)이라 한다. 특히 $k = 1$에 대한 근을

$$\omega = \cos\frac{2\pi}{n} + i\sin\frac{2\pi}{n}$$

라 두면, 1의 n 제곱근은

$$1, \omega, \omega^2, \cdots, \omega^{n-1}$$

으로 주어진다.

정리 11

이항방정식 $z^n - a = 0$ (단, a는 복소수)의 한 근을

$$\rho = \sqrt[n]{r}\left(\cos\frac{\theta}{n} + i\sin\frac{\theta}{n}\right)$$

라 하면, 모든 근은

$$\rho,\ \rho\omega,\ \rho\omega^2,\ \cdots,\ \rho\omega^{n-1}$$

으로 주어진다. 여기서 $\omega = \cos\dfrac{2\pi}{n} + i\sin\dfrac{2\pi}{n}$ 이다.

예제 64의 여섯 제곱근을 구하시오.

풀이 주편각을 사용하면 64의 극형식은 $64 = 64(\cos 0 + i\sin 0)$이므로, 64의 여섯 제곱근은

$$a_k = 2\left(\cos\frac{k\pi}{3} + i\sin\frac{k\pi}{3}\right)\ (\text{단, } k = 0, 1, \cdots, 5)$$

로 주어진다. 따라서 64의 여섯 제곱근은

$$a_0 = 2(\cos 0 + i\sin 0) = 2$$
$$a_1 = 2\left(\cos\frac{\pi}{3} + i\sin\frac{\pi}{3}\right) = 1 + \sqrt{3}\,i$$
$$a_2 = 2\left(\cos\frac{2\pi}{3} + i\sin\frac{2\pi}{3}\right) = -1 + \sqrt{3}\,i$$
$$a_3 = 2(\cos\pi + i\sin\pi) = -2$$
$$a_4 = 2\left(\cos\frac{4\pi}{3} + i\sin\frac{4\pi}{3}\right) = -1 - \sqrt{3}\,i$$
$$a_5 = 2\left(\cos\frac{5\pi}{3} + i\sin\frac{5\pi}{3}\right) = 1 - \sqrt{3}\,i$$

이다. ■

4. 복소평면

Re z는 x-축을 따라서 나타내고, Im z는 y-축을 따라 나타냄으로써 복소수 z를 xy-평면 위에 표시할 수 있다. 따라서 모든 복소수는 xy-평면 위의 점 또는 벡터로 생각할 수 있다. 이와 같이 좌표축이 정해진 좌표평면, 즉 xy-평면을 **복소평면**(complex plane) 또는 **가우스 평면**(Gauss plane)이라 하고, $\mathbb{C}$로 표기한다. 특히 복소수 $x+iy$를 실수의 순서쌍 (x, y)와 대응시키면, 복소수 전체와 실수의 순서쌍 (x, y)의 모임은 일대일로 대응된다. 이때 x-축과 y-축을 각각 **실수축**과 **허수축**이라 한다.

특히 ∞로 표기되는 무한점을 추가하여 복소수의 체계를 확장할 때, **확장된 복소평면**

(extended complex plane)이라고 한다. 확장된 복소평면을 보통 $\mathbb{C}^*$로 표기한다.

예 복소평면 $\mathbb{C}$에서 집합 $\{z \in \mathbb{C} : 2 < |z-i| < 3\}$는 중심이 i이고 반지름이 2인 원의 외부와 반지름이 3인 원의 내부의 공통부분을 나타낸다.

예제 복소평면 $\mathbb{C}$에서 방정식 $(z-i)(\overline{z}+i) = 9$는 중심이 i이고 반지름이 3인 원을 나타낸다.

증명 $z = x + iy$이면, $z - i = x + i(y-1)$이고 $\overline{z} + i = x - i(y-1)$이므로

$$(z-i)(\overline{z}+i) = 9 \Leftrightarrow \{x + i(y-1)\}\{x - i(y-1)\} = x^2 + (y-1)^2 = 9$$

이다. 따라서 복소방정식 $(z-i)(\overline{z}+i) = 9$는 중심이 $i = (0, 1)$이고 반지름이 3인 원을 나타낸다. ■

복소평면 $\mathbb{C}$를 3차원 유클리드 공간 $\mathbb{R}^3$에 내포된 xy-평면이라 하자. 그러면 2차원 단위구면 S^2가 단위원 S^1을 따라 복소평면 $\mathbb{C}$와 만날 때, S^2의 북극 N을 $(0, 0, 1)$로 표시하면 $S^2 \setminus N$ 위의 점 (x_1, x_2, x_3)와 복소평면 $\mathbb{C}$ 위의 점 (x, y)를 일대일 대응시킬 수 있다.

정의 12 리만 구면

$\mathbb{C}$가 복소평면일 때, 점 (x_1, x_2, x_3)와 북극 N을 연결하는 직선에 의해서 결정되는 점 $z = (x, y) \in \mathbb{C}$와 점 $(x_1, x_2, x_3) \in S^2 \setminus N$의 대응을 입체 극사영(stereographic projection)이라 한다. 이때

$$S^2 = \mathbb{C}^* = \mathbb{C} \cup \{\infty\}$$

를 리만 구면(Riemann sphere)이라고 한다.

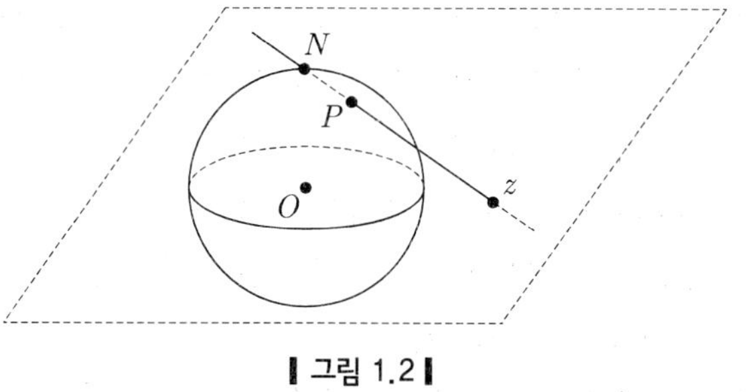

| 그림 1.2 |

예 $\mathbb{C}$가 복소평면일 때, 모든 $(x_1, x_2, x_3) \in S^2 \setminus (0, 0, 1)$에 대하여

$$(x_1, x_2, x_3) \mapsto z = (x, y)$$

로 정의된 입체 극사영 $\phi : S^2 \to \mathbb{C}$는

$$\phi((x_1, x_2, x_3)) = \frac{x_1 + i x_2}{1 - x_3}$$

로 주어진다. 이때 대응규칙

$$x_1 = \frac{2\,\mathrm{Re}\, z}{|z|^2 + 1}, \quad x_2 = \frac{2\,\mathrm{Im}\, z}{|z|^2 + 1}, \quad x_3 = \frac{|z|^2 - 1}{|z|^2 + 1}$$

이 성립한다.

연습문제 1.1

1. 집합 $A = \{z \mid z = a(1+i) + b(1-i)\}$에 대하여, $-3 + i \in A$가 성립하기 위한 실수 a와 b의 값을 구하시오.

2. 임의의 정수 k에 대하여

$$i^{4k}, \quad i^{4k+1}, \quad i^{4k+2}, \quad i^{4k+3}$$

을 각각 구하시오.

3. $|z_1| = 1$이고 $|z_2| = 1$ (단, $z_1 \neq z_2$)일 때

$$\left| \frac{z_1 - z_2}{1 - \overline{z_1}\, z_2} \right| = 1$$

임을 보이시오.

4. $|z_1| < 1$이고 $|z_2| < 1$일 때

$$\left|\frac{z_1 - z_2}{1 - \overline{z_1} z_2}\right| < 1$$

임을 보이시오.

5. 실수계수 n차 복소다항식 $p(z) = a_0 + a_1 z + \cdots + a_n z^n$ (단, $a_i \in \mathbb{R}$, $a_n \neq 0$)에 대하여 다음이 성립함을 보이시오.

(1) $\overline{p(z)} = p(\overline{z})$

(2) $p(z) = 0 \Leftrightarrow p(\overline{z}) = 0$

6. 복소평면 $\mathbb{C}$에서 복소방정식 $2|z| = |z + i|$은 중심이 $\frac{i}{3}$이고 반지름이 $\frac{2}{3}$인 원을 나타냄을 보이시오.

7. 드무아브르 정리를 이용하여

$$\left[\cos\left(\frac{2\pi}{9}\right) + i\sin\left(\frac{2\pi}{9}\right)\right]^6$$

의 값을 구하시오.

8. $(1+i)^{10}$의 값을 구하시오.

9. 다음 복소방정식의 근을 구하시오.

(1) $z^3 = i$

(2) $z^2 - 2iz - i - 2 = 0$

1.2 복소평면 상의 위상

이 절에서는 복소수계의 위상적 성질을 설명한다. 복소해석학에서는 복소평면 $\mathbb{C}$의 부분집합들, 예를 들면 단위열린원판 (unit open disc) $\{z \in \mathbb{C} : |z| < 1\}$, 단위닫힌원판 (unit closed disc) $\{z \in \mathbb{C} : |z| \leq 1\}$, 상반 반평면 (upper half-plane) $\{z \in \mathbb{C} : \operatorname{Im} z > 0\}$, 뚫린 평면 (punctured plane) $\mathbb{C} \setminus \{0\}$ 등에서 정의된 복소함수를 생각하는 경우가 대부분이므로, 복소해석학을 연구하기 위해서는 복소평면의 부분집합들에 대한 위상적 성질이 필요하다.

정의 1 거리

임의의 두 복소수 $z_1 = x_1 + iy_1$과 $z_2 = x_2 + iy_2$의 거리 (metric) $d(z_1, z_2)$를

$$d(z_1, z_2) = |z_1 - z_2| = \sqrt{(x_1 - x_2)^2 + (y_1 - y_2)^2}$$

으로 정의한다.

참고 복소평면 $\mathbb{C}$에서 점 $p \in \mathbb{C}$와 $\varnothing$가 아닌 $\mathbb{C}$의 부분집합 A 사이의 거리는

$$\inf\{|p - a| : a \in A\}$$

으로 정의하고, $\varnothing$가 아닌 $\mathbb{C}$의 두 부분집합 A와 B 사이의 거리는

$$\inf\{|a - b| : a \in A,\ b \in B\}$$

으로 정의한다.

정의 2 집합의 지름

복소평면 $\mathbb{C}$에서, $\varnothing$가 아닌 $\mathbb{C}$의 부분집합 A의 지름 (diameter)은

$$\sup\{|a - a'| : a,\ a' \in A\}$$

으로 정의한다. 즉 $A \subset \mathbb{C}$의 지름은 A에 속하는 두 점 사이의 거리의 최소상계이다.

복소평면 $\mathbb{C}$의 부분집합 A에 대하여, $\{|a - a'| : a,\ a' \in A\} < \infty$이면 A를 유계라 하고, 유계가 아닐 경우 A를 유계가 아니다 (unbounded)라고 한다.

1. 열린집합

임의의 점 $z_0 \in \mathbb{C}$와 임의의 실수 $\varepsilon > 0$에 대하여 z_0를 중심으로 하고 반지름이 ε인 원의 내부

$$D(z_0, \varepsilon) = \{ z \in \mathbb{C} : |z - z_0| < \varepsilon \}$$

을 중심이 z_0이고 반지름이 ε인 **열린원판**(open disc), 간단히 z_0의 ε-**근방**(neighborhood)이라고 한다.

예 복소평면 $\mathbb{C}$의 한 점 $p = (0, 0)$와 $\varepsilon = 1$을 생각하자. 이때 열린원판 $D(p, \varepsilon)$은 단위 열린원판이다.

정의 3 내점

Ω가 복소평면 $\mathbb{C}$의 부분집합일 때, $z_0 \in \Omega$에 대하여

$$D(z_0, \varepsilon) \subset \Omega$$

을 만족하는 열린원판 $D(z_0, \varepsilon)$이 존재하면 z_0를 Ω의 **내점**(interior point) 또는 **내부점**이라고 한다.

$\Omega \subset \mathbb{C}$의 내점 전체의 집합을 Ω의 **내부**(interior)라 하며, $\mathrm{Int}\,\Omega$로 표기한다.

정의 4 열린집합

복소평면 $\mathbb{C}$의 부분집합 O에 대하여 $\mathrm{Int}(O) = O$를 만족할 때, O를 $\mathbb{C}$에서 **열린집합**(open set)이라 한다.

$\mathbb{C}$가 복소평면일 때 $O \subset \mathbb{C}$의 각 점 $z \in O$에 대하여

$$z \in D(z, \varepsilon) \subset O$$

를 만족하는 열린원판 $D(z, \varepsilon)$이 존재하면, 집합 O를 열린집합이라고 한다. 사실 집합 $O \subset \mathbb{C}$가 열린집합임을 보이기 위하여, O의 각 점이 O에 포함되는 열린원판을 가짐을 보이면 충분하다. 또한 어떤 집합에 내점이 아닌 점이 존재할 때, 그 집합은 열린집합이 아님을 알 수 있다.

예 복소평면 $\mathbb{C}$ 자신은 열린집합이다. 또한 내점이 아닌 점이 공집합 $\varnothing$에 존재하지 않기 때문에 $\varnothing$는 열린집합이다.

예 단위열린원판 $\{z \in \mathbb{C} : |z| < 1\}$는 열린집합이다.

정의 5

$\mathbb{C}$가 복소평면일 때, Ω의 여집합 $\mathbb{C} \setminus \Omega$에 대하여 $\mathrm{Int}(\mathbb{C} \setminus \Omega)$를 Ω의 **외부**(exterior)라고 한다. 한편 $z_0 \in \mathbb{C}$에 대하여 아무리 작은 ε을 잡더라도 열린원판 $D(z_0, \varepsilon)$ 내에는 Ω의 점과 Ω에 속하지 않는 점을 동시에 가질 때 z_0를 Ω의 **경계점**(boundary point)이라 하고, Ω의 경계점 전체의 집합을 Ω의 **경계**(boundary)라 하며, $\mathrm{Bd}\,\Omega$로 나타낸다. 따라서

$$\mathrm{Int}\,\Omega = \Omega \setminus \mathrm{Bd}\,\Omega$$

가 성립한다.

Ω가 복소평면 $\mathbb{C}$의 부분집합일 때, $z_0 \in \mathbb{C}$에 대하여

$$D(z_0, \varepsilon) \cap \Omega = \varnothing$$

를 만족하는 열린원판 $D(z_0, \varepsilon)$이 존재하면 z_0를 Ω의 **외점**(exterior point) 또는 **외부점**이라고 한다. 또한 $z_0 \in \mathbb{C}$가 $\Omega \subset \mathbb{C}$의 내점도 외점도 아니면 Ω의 경계점이라 부른다.

참고 Ω가 복소평면 $\mathbb{C}$의 부분집합일 때, Ω가 경계점을 포함하지 않으면 열린집합이다.

예 단위열린원판 $D = \{z \in \mathbb{C} : |z| < 1\}$에 대하여, $|z_0| < 1$이면 z_0는 D의 내점이고, $|z_0| > 1$이면 z_0는 D의 외점이다. 또한 $|z_0| = 1$이면 z_0는 단위열린원판 D의 경계점이다. 따라서 단위열린원판 D는 어떤 경계점도 포함하지 않으므로, D는 열린집합이다.

정리 6

(1) 복소평면 $\mathbb{C}$에서, 유한개의 열린집합족 $\{O_1, O_2, \cdots, O_n\}$의 교집합 $\bigcap_{i=1}^{n} O_i$는 열린집합이다.

(2) 복소평면 $\mathbb{C}$의 임의의 열린집합족 $\{O_\lambda \mid \lambda \in \Lambda\}$의 합집합 $\bigcup_{\lambda \in \Lambda} O_\lambda$는 열린집합이다.

증명 여기서는 (2)만 증명하고, (1)은 독자에게 남긴다. 이제 $O = \bigcup_{\lambda \in \Lambda} O_\lambda$라 하고, 임의의 점 $z \in O$에 대하여 생각하자. 그러면 합집합의 정의로부터, 적당한 $\lambda \in \Lambda$가 존재하여 $z \in O_\lambda$이다. 그런데 O_λ는 열린집합이므로, 적당한 $\varepsilon > 0$이 존재하여 $D(z, \varepsilon) \subset O_\lambda$이 된다. 따라서

$$D(z, \varepsilon) \subset O_\lambda \subset O$$

이므로, 합집합 O는 열린집합이다. ■

2. 집적점

정의 7 집적점과 유도집합

복소평면 $\mathbb{C}$에 대하여 $z \in \mathbb{C}$의 임의의 열린원판 $D(z, \varepsilon)$이 $z \neq p$를 만족하는 $S \subset \mathbb{C}$의 점 p를 적어도 하나 포함할 때, z를 S의 **집적점**(cluster point, accumulation point) 또는 **극한점**(limit point)이라고 한다. 이때 $S \subset \mathbb{C}$의 모든 집적점의 집합을 S'으로 표현하고, 이것을 S의 **유도집합**(derived set)이라 한다.

참고 $S \subset \mathbb{C}$에 대하여, 점 $z \in \mathbb{C}$를 포함하는 모든 열린집합 G가 z와 서로 다른 S의 점을 적어도 하나 포함할 때, 즉 z를 포함하는 모든 열린집합 G에 대하여

$$S \cap (G \setminus \{z\}) \neq \varnothing$$

를 만족할 때, z를 S의 **집적점**이라 한다.

예 $A \subset \mathbb{C}$가 유한일 때, A의 유도집합은 공집합 $\varnothing$이다.

어떤 점 $z \in \mathbb{C}$가 집합 $S \subset \mathbb{C}$의 내점이라면 반드시 S의 점이어야 하지만, z가 S의 집적점이라면 반드시 S의 점일 필요는 없다.

정의 8 고립점

복소평면 $\mathbb{C}$의 부분집합 S에 대하여 $z \in S$이지만 점 z가 S의 집적점이 아닐 때, 점 z를 S의 고립점(isolated point)이라 한다.

3. 닫힌집합

정의 9 폐포와 완전집합

복소평면 $\mathbb{C}$의 부분집합 S에 대하여 S'이 S의 유도집합일 때, 집합 S와 S'의 합집합 $S \cup S'$을 S의 **폐포**(closure)라 하며 $\overline{S}$로 나타낸다. 이때 $z \in \overline{S}$이면, $\mathbb{C}$의 점 z를 S의 **폐포점**(closure point) 또는 **밀착점**(adherent point)이라고 한다. 또한 $S \subset \mathbb{C}$가 **완전집합**(perfect set)이라는 것은

$$S = \{z \in \mathbb{C} \mid z\text{가 } S\text{의 집적점}\}$$

일 때이다.

집합 $S \subset \mathbb{C}$와 $z \in \mathbb{C}$에 있어서, $z \in \overline{S}$일 필요충분조건은 z를 포함하는 모든 열린집합 G에 대하여 $G \cap S \neq \varnothing$가 성립하는 것이다.

정의 10 닫힌집합

복소평면 $\mathbb{C}$의 부분집합 F에 대하여 $\overline{F} \subset F$, 즉 $F = \overline{F}$이면 F를 **닫힌집합**(closed set)이라고 한다.

참고 집합 $F \subset \mathbb{C}$가 닫힌집합이기 위한 필요충분조건은 모든 F의 집적점이 F에 포함되는 것이다. 따라서 $F \subset \mathbb{C}$가 닫힌집합임을 보이기 위해서는, 각 점 $z \notin F$가 F와 서로소인 열린원판 $D(z, \varepsilon)$을 가짐을 보이면 충분하다.

정리 11

복소평면 $\mathbb{C}$에서, 열린집합의 여집합은 닫힌집합이고, 닫힌집합의 여집합은 열린집합이다.

집합 $F \subset \mathbb{C}$에 대하여 F의 여집합 F^c가 열린집합일 때, F를 닫힌집합이라 정의하기도 한다.

예 공집합 $\varnothing$와 복소평면 $\mathbb{C}$는 그 여집합인 $\mathbb{C}$와 $\varnothing$가 각각 열린집합이므로 닫힌집합이다. 따라서 공집합 $\varnothing$와 복소평면 $\mathbb{C}$는 열린집합인 동시에 닫힌집합(both open and closed set)이다.

참고 Ω가 복소평면 $\mathbb{C}$의 부분집합일 때, Ω가 모든 경계점을 포함하면 닫힌집합이다.

예 단위닫힌원판 $\{z \in \mathbb{C} : |z| \le 1\}$는 모든 경계점을 포함하고 있으므로 닫힌집합이다.

정리 6과 드모르간 법칙을 사용하면 다음 정리를 얻는다.

정리 12

복소평면 $\mathbb{C}$에서, 닫힌집합의 유한족의 합집합은 닫힌집합이고, 임의의 닫힌집합족의 교집합은 닫힌집합이다.

모든 $z \in S$에 대하여 $|z| < M$을 만족하는 실수 M이 존재할 때, 집합 $S \subset \mathbb{C}$를 **유계**(bounded)라고 한다. 즉 집합 $S \subset \mathbb{C}$가 상계와 하계를 모두 가질 때, S를 유계라 한다.

예 **단위닫힌평방**(closed unit square) $\{z \in \mathbb{C} : 0 \le \operatorname{Re} z \le 1,\ 0 \le \operatorname{Im} z \le 1\}$는 유계집합이고, **열린 오른쪽 반평면**(open right half-plane) $\{z \in \mathbb{C} : \operatorname{Re} z > 0\}$는 유계집합이 아니다.

4. 콤팩트 집합

K가 복소평면 $\mathbb{C}$의 부분집합일 때, K의 열린덮개는 $K \subset \bigcup_i G_i$를 만족하는 $\mathbb{C}$에서 열린집합의 집합족 $\mathscr{A} = \{G_i\}$이다. 한편 $\mathscr{A}$의 유한부분덮개는

$$K \subset G_{i_1} \cup \cdots \cup G_{i_n}$$

을 만족하는 $\mathscr{A}$의 유한부분집합족 $\{G_{i_n}\}$이다.

정의 13 콤팩트 집합

복소평면 $\mathbb{C}$의 부분집합 M에 대하여 M의 임의의 열린덮개가 유한부분덮개를 가질 때, M을 **콤팩트 집합** (compact set) 또는 **옹골집합**이라고 한다.

예 복소평면 $\mathbb{C}$의 부분집합 $E_1, E_2, \cdots$ 가 콤팩트이면, $\bigcup_{n-1}^{\infty} E_n$ 도 콤팩트이다.

정리 14

복소평면 $\mathbb{C}$의 콤팩트 부분집합 M은 유계인 닫힌집합이다.

5. 연결집합

집합 $S \subset \mathbb{C}$를 서로 상대의 경계점을 포함하지 않고 만나지도 않는 두 집합 A와 B의 합집합으로 나타낼 수 없을 때, $S \subset \mathbb{C}$를 연결집합이라고 한다.

정의 15 연결집합

복소평면 $\mathbb{C}$에서 두 집합 $A, B \subset \mathbb{C}$가

$$A \cap \overline{B} = \varnothing, \quad \overline{A} \cap B = \varnothing$$

를 만족할 때, A와 B는 분리되어 있다고 한다. 집합 $\Omega \subset \mathbb{C}$가 $\varnothing$가 아닌 두 분리집합의 합집합이 아닌 경우, Ω를 **연결집합** (connected set)이라고 한다. 연결집합이 아닐 때 **비연결집합** (disconnected set)이라고 한다.

$M \subset \mathbb{C}$에 대하여 열린집합이며 닫힌집합인 M의 부분집합이 오직 M과 공집합 $\varnothing$뿐일 때, M은 연결집합이 된다.

참고 복소함수 $f : \mathbb{C} \to \mathbb{C}$가 연속일 때 $M \subset \mathbb{C}$이 연결집합이면, $f[M]$도 연결집합이다.

정리 16

복소평면 $\mathbb{C}$의 부분집합 Ω에 대하여, 다음은 서로 동치이다.

(1) Ω가 비연결집합이다.

(2) $\Omega = U \cup V$이고 $U \cap V = \varnothing$인 Ω의 $\varnothing$가 아닌 열린부분집합 U와 V가 존재한다.

(3) $\Omega = C \cup D$이고 $C \cap D = \varnothing$인 Ω의 $\varnothing$가 아닌 닫힌부분집합 C와 D가 존재한다.

참고 복소평면 $\mathbb{C}$에서 $\Omega \subset \mathbb{C}$일 때, Ω의 임의의 두 점 z_1, z_2가 다각형 경로(polygonal path)에 의해서 연결되면 Ω를 연결집합이라고 한다.

예 열린집합 $\{z \in \mathbb{C} : |z| > 1\}$는 연결집합이지만, 열린집합 $\{z \in \mathbb{C} : \operatorname{Re} z \neq 0\}$는 연결집합이 아니다.

정의 17 영역

복소평면 $\mathbb{C}$의 부분집합 Ω에 대하여, Ω가 열린집합이고 연결집합, 즉 연결열린집합이면 Ω를 **영역**(domain)이라고 한다.

참고 복소평면 $\mathbb{C}$에서 영역 Ω의 경계는 보통 $\partial\Omega$로 정의한다.

예 $\left\{z \in \mathbb{C} : \operatorname{Arg} z < \dfrac{\pi}{4}\right\}$와 $\{z \in \mathbb{C} : 0 < |z-2| < 3\}$는 영역이지만, $\{z \in \mathbb{C} : -1 < \operatorname{Im} z \leq 1\}$는 영역이 아니다.

영역 내의 임의의 두 점은 그 영역에 포함되는 다각선으로 연결시킬 수 있다. 특히 영역의 여집합이 연결집합일 때, 이 영역을 **단순연결집합**(simple connected set)이라고 한다.

연습문제 1.2 EXERCISES

1. 집합 $A = \{0\} \cup \left\{z \in \mathbb{C} \mid \operatorname{Arg} z = \dfrac{\pi}{4}\right\}$가 닫힌집합임을 보이시오.

2. 복소평면 $\mathbb{C}$에서 열린집합의 여집합은 닫힌집합이고, 닫힌집합의 여집합은 열린집합임을 보이시오.

제2장
복소함수

2.1 복소함수

1. 복소함수

스위스의 수학자 오일러(Euler)는 복소변수에 대한 삼각함수의 개념을 처음으로 도입하였다.

정의 1 복소함수

복소평면 $\mathbb{C}$의 두 부분집합 S, S'에 대하여, S에 속하는 각 원소 $z=x+iy$에 S'의 단 하나의 복소수

$$w=f(z)=f(x+iy)$$

를 대응시킬 때, $f: S \to S'$ 를 **복소함수**(complex function)라고 한다. 이때 $S \subset \mathbb{C}$ 를 복소함수 $f(z)$의 정의역(domain)이라 하고, w를 z에서 $f(z)$의 값(value) 또는 상(image)이라고 한다.

z와 w는 모두 복소수이므로, 실수 x, y, u와 v를 잡아서

$$z=x+iy, \quad w=u+iv$$

로 쓸 수 있다. 이때

$$w=f(z)=u(z)+iv(z) \quad \text{또는} \quad w=f(z)=u(x,\ y)+iv(x,\ y)$$

로 주어진다. 즉 복소함수는 두 개의 이변수 실함수로 이루어진다.

참고 복소함수를 $\mathbb{R}^2$에서의 벡터장으로 생각할 수 있다.

예 (1) $w=f(z)=z+1-i$ 일 때, $z=x+iy$라 두면

$$w=f(z)=(x+1)+i(y-1)$$

이므로, $u(x,\ y)=x+1$, $v(x,\ y)=y-1$ 이 된다.

(2) $w=f(z)=z^2$ 일 때, $z=x+iy$라 두면

$$w=z^2=(x+iy)^2=(x^2-y^2)+i(2xy)$$

이므로, $u(x, y) = x^2 - y^2$, $v(x, y) = 2xy$ 가 된다.

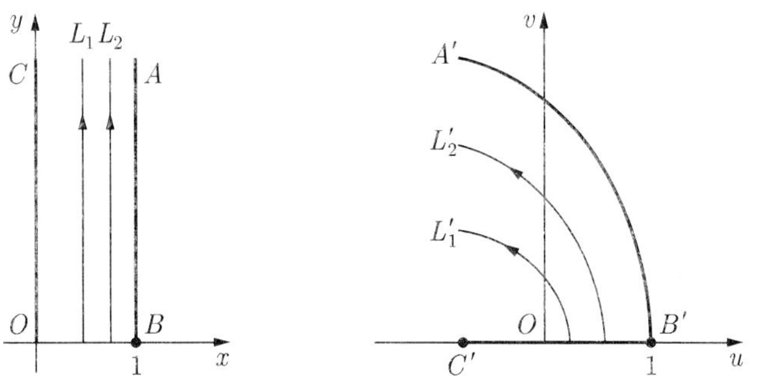

▌그림 2.1▌ $w = z^2$

예　$w = f(z) = x^2 + iy^2$은 $f(z) = (\text{Re } z)^2 + i(\text{Im } z)^2$ 이다.

실함수 $y = f(x)$는 xy-평면 상에 그래프로 나타낼 수 있지만, 복소함수 $w = f(z)$는 각 변수에 2차원씩 4차원이 요구되므로 그래프로 나타낼 수 있는 편리한 도형적인 방법이 없다. 다만 각 변수에 관하여 별도의 복소평면을 잡아서 점들 또는 점들의 집합 사이의 대응관계를 나타낼 수 있을 뿐이다. 이때 복소함수 $f(z)$를 z-평면 상의 집합 S를 w-평면으로 보내는 **사상** (mapping)이라고 한다.

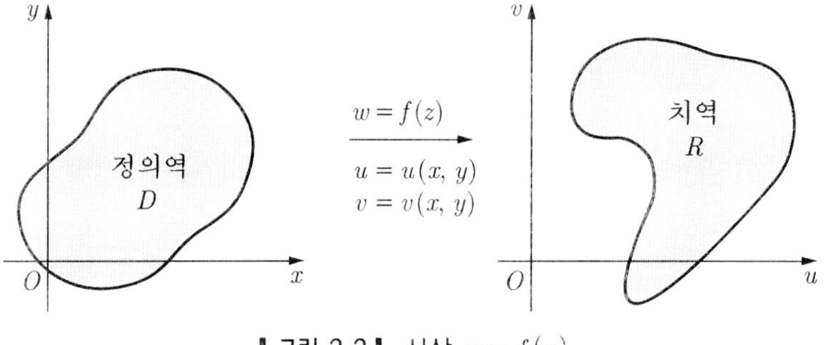

▌그림 2.2▌ 사상 $w = f(z)$

2. 기본사상

복소함수 $w = f(z)$의 복소평면 $\mathbb{C}$ 상의 표현은 직접적으로 그래프로 표시하기 어려워 일반적으로 z-평면의 부분영역에서 w-평면의 부분영역으로의 대응으로 나타낸다. 가장 기본적인 복소함수로는 평행이동, 확대, 회전이동, 아핀 변환, 역, 선형분수변환(뫼비우스 변환) 등이 있다.

(1) 평행이동 (translation) :

주어진 복소수 $\alpha = a + ib$에 대하여, $w = z + \alpha$를 평행이동이라 한다.

(2) 확대 (dilation) :

k가 양의 실수일 때, $w = kz$를 확대라고 한다.

(3) 회전이동 (rotation) :

$k = e^{i\phi}$일 때 $w = kz$, 즉 $z = re^{i\theta}$에 대하여 $w = kz = re^{i(\theta+\phi)}$를 회전이라고 한다.

(4) 아핀 변환 (Affine transformation) :

α, k가 복소수일 때, $w = kz + \alpha$를 아핀 변환이라 한다.

(5) 역 (inversion) :

$w = \dfrac{1}{z}$을 역이라고 한다.

(6) 선형분수변환 (linear fractional transformation) :

a, b, c, d가 복소수이고 $ad - bc \neq 0$일 때, $w = \dfrac{az+b}{cz+d}$를 선형분수변환 또는 뫼비우스 변환 (Möbius transformation)이라고 한다. 선형분수변환을 일차분수변환으로 표기하기도 한다.

예 $w = -iz$는 z를 시계방향으로 $\dfrac{\pi}{2}$만큼 회전이동한 것이고, $w = -z$는 z를 시계반대방향으로 π만큼 회전이동한 것이다. 또한 $w = 2iz$는 z를 2만큼 확대한 다음, 시계반대방향으로 $\dfrac{\pi}{2}$만큼 회전이동한 것이다.

예 $w = (1+i)z - i = \sqrt{2}\,e^{\frac{\pi}{4}i}z - i$는 z를 $\sqrt{2}$만큼 확대하고, $\dfrac{\pi}{4}$만큼 회전이동하고, 아래로 1만큼 평행이동한 것이다.

예 $z = re^{i\theta}$일 때, z의 역 $w = \dfrac{1}{z}$은

$$w = \frac{1}{z} = \frac{1}{re^{i\theta}} = \frac{1}{r}e^{-i\theta}$$

로 주어진다. 즉 $|w| = \dfrac{1}{|z|}$이고, $\arg w = -\arg z$이다.

예제 -1, 0, 1이 각각 -1, i, 1에 대응되는 선형분수변환을 구하시오.

풀이 $f(z) = \dfrac{az+b}{cz+d}$ (단, $ad - bc \neq 0$)에 대하여

$$f(-1)=-1,\ \ f(0)=i,\ \ f(1)=1$$

이므로

$$-a+b=c-d,\ \ b=id,\ \ a+b=c+d$$

이다. 따라서 $a=d=1,\ b=c=i$ 이다. 그러므로

$$f:\{z:\operatorname{Im}z=0\}\to\{z:|z|=1\}$$

이고, $f(z)=\dfrac{z+i}{iz+1}$ 이다. ■

평행이동, 확대, 회전이동, 아핀 변환, 역은 선형분수변환으로 표현가능하다.

예 z를 오른쪽으로 2, 아래로 1만큼 평행이동한 $w=z+2-i$는 선형분수변환

$$w=z+2-i=\frac{z+2-i}{0z+1}$$

로 표현가능하다.

3. 단사, 전사와 전단사

정의 2 단사, 전사와 전단사

S, S'이 복소평면 $\mathbb{C}$의 두 부분집합일 때, 집합 S에서 집합 S'으로의 복소함수 $f:S\to S'$에 대하여

(1) $f(z_1)=f(z_2)$인 모든 $z_1,\ z_2\in S$에 대하여 $z_1=z_2$를 만족하면, $f(z)$를 일대일(one-to-one) 또는 단사(injective)라고 한다.

(2) 임의의 $w\in S'$에 대하여 $w=f(z)$를 만족하는 $z\in S$가 존재하면, $f(z)$를 위로(onto) 또는 전사(surjective)라고 한다. 즉 $f[S]=S'$일 때, 그 때에 한하여 $f(z)$는 전사이다.

(3) 함수 $f:S\to S'$가 단사이고 전사일 때, $f(z)$를 전단사(bijective) 또는 일대일대응(one-to-one correspondence)이라고 한다.

복소평면 $\mathbb{C}$의 두 부분집합 S, S'에 대하여 복소함수 $f:S\to S'$가 전단사이면, 역관계 $f^{-1}:S'\to S$도 전단사가 된다. 특히 복소함수 $f:S\to S'$가 전단사일 때, 함수 $f^{-1}:S'\to S$를 f의 역함수(inverse function)라 하고

$$f^{-1}(y) = x \Leftrightarrow f(x) = y$$

로 정의한다.

예 열린원판 $\{z \in \mathbb{C} : |z| < 3\}$에서 정의된 복소함수 $w = f(z) = z^3$은 단사가 아니다. 왜냐하면

$$z = 1, \quad \frac{-1 \pm \sqrt{3}\,i}{2}$$

는 모두 $w = 1$에 대응되기 때문이다.

예제 선형분수변환 $F(z) = \dfrac{az+b}{cz+d}$의 역변환은 $F^{-1}(w) = \dfrac{dw-b}{-cw+a}$로 주어진다.

증명 $F(z) = w = \dfrac{az+b}{cz+d}$ (단, $ad - bc \neq 0$)로 주어진 선형분수변환

$$F : \mathbb{C} \setminus \left\{ z : z = -\frac{d}{c} \right\} \to \mathbb{C} \setminus \left\{ w : w = \frac{a}{c} \right\}$$

에 대하여

(1) F는 단사이다:

$F(z_1) = F(z_2)$라 하자. 그러면

$$\frac{az_1+b}{cz_1+d} = \frac{az_2+b}{cz_2+d}, \text{ 즉 } (az_1+b)(cz_2+d) = (az_2+b)(cz_1+d)$$

이므로, $(ad-bc)(z_1 - z_2) = 0$이다. 그런데 $ad - bc \neq 0$ 이므로, $z_1 = z_2$가 된다.

(2) F는 전사이다:

임의의 $w \in \mathbb{C} \setminus \left\{ w : w = \dfrac{a}{c} \right\}$에 대하여, $w = F(z)$를 만족하는

$$z \in \mathbb{C} \setminus \left\{ z : z = -\frac{d}{c} \right\}$$

가 존재한다.

(3) (1)과 (2)로부터, 선형분수변환 $F(z)$의 역변환이 존재한다. 이때 $F(z)$의 역변환은 $F^{-1}(w) = \dfrac{dw-b}{-cw+a}$로 주어진

$$F^{-1} : \mathbb{C} \setminus \left\{ w : w = \frac{a}{c} \right\} \to \mathbb{C} \setminus \left\{ z : z = -\frac{d}{c} \right\}$$

이다. 왜냐하면 $w = \dfrac{az+b}{cz+d}$이면 $(a - cw)z = dw - b$이므로, $z = \dfrac{dw-b}{-cw+a}$이고 $w \neq \dfrac{a}{c}$이기 때문이다. ■

정의 3　합성함수

집합 X, Y, Z가 복소평면 $\mathbb{C}$의 부분집합일 때, 임의의 두 복소함수 $f: X \to Y$와 $g: Y \to Z$에 대하여

$$^{\forall} x \in X, \quad (g \circ f)(x) = g(f(x))$$

로 정의되는 복소함수 $g \circ f : X \to Z$를 f와 g의 **합성함수**(composite function)라고 한다.

두 복소함수 f와 g의 합성함수 $g \circ f$가 정의되려면, f의 공역과 g의 정의역이 같아야 함에 유의한다.

참고 X, Y, Z가 복소평면 $\mathbb{C}$의 부분집합일 때, 임의의 두 복소함수 $f: X \to Y$와 $g: Y \to X$에 대하여

$$g \circ f = I_X \text{이고 } f \circ g = I_Y$$

이면, f는 전단사이고, $g = f^{-1}$가 된다. 따라서 전단사함수 $f: X \to Y$와 그 역함수 $f^{-1}: Y \to X$에 대하여

$$f^{-1} \circ f = I_X, \quad f \circ f^{-1} = I_Y$$

가 성립한다.

정의 4　유계함수

X, Y를 복소평면 $\mathbb{C}$의 두 부분집합이라 하자. $f: X \to Y$가 집합 X에서 집합 Y로의 복소함수일 때

$$^{\forall} x \in X, \ |f(x)| \le M$$

을 만족하는 $M > 0$이 존재하면, $f: X \to Y$를 **유계**라고 한다.

4. 기본적인 복소함수

이제 기본적인 복소함수로서 복소지수함수, 복소삼각함수, 복소쌍곡선함수, 복소로그함수, 복소멱함수 등에 대하여 알아본다.

(1) 복소지수함수

정의 5 복소지수함수

복소지수함수 (complex exponential function) e^z는

$$e^z = e^{x+iy} = e^x e^{iy} = e^x(\cos y + i\sin y)$$

로 정의된 함수이다.

예 $e^x \neq 0$이므로 $e^z = e^x e^{iy} \neq 0$이다.

복소지수함수 e^z는 주기가 $2\pi i$인 주기함수이다. 즉 $e^{z+2\pi i} = e^z$이다.

예 $e^{z_1} = e^{z_2}$이면, $z_1 = z_2 + 2k\pi i$ (단, k는 정수)이다.

참고 오일러 공식은 $e^{iy} = \cos y + i\sin y$로 주어진다.

복소지수함수를 이용하면 복소수의 극형식은 매우 간단하게 표시된다. $r = |z|$, $\theta = \arg z$라 두면

$$z = r(\cos\theta + i\sin\theta)$$

이므로, $z = re^{i\theta} = |z|e^{i\arg z}$가 된다.

예 임의의 $z_1, z_2 \in \mathbb{C}$에 대하여

$$e^{z_1+z_2} = e^{z_1}e^{z_2}, \quad e^{z_1-z_2} = \frac{e^{z_1}}{e^{z_2}}$$

이 성립한다.

참고 지수의 합에 관한 공식을 반복적으로 사용하면 임의의 $n \in \mathbb{N}$에 대하여 $(e^z)^n = e^{nz}$이므로, 이를 이용하여 드무아브르 정리

$$(\cos\theta + i\sin\theta)^n = \cos n\theta + i\sin n\theta \quad (\text{단, } n\text{은 정수})$$

를 쉽게 증명할 수 있다.

예 $(1-i)^{23}$의 값을 구해 보자. $\operatorname{Arg}(1-i)=\tan^{-1}(-1)=-\dfrac{\pi}{4}$이고, $|1-i|=\sqrt{2}$이므로

$$(1-i)^{23}=(\sqrt{2}\,e^{-\frac{\pi}{4}i})^{23}=2^{\frac{23}{2}}e^{-\frac{23\pi}{4}i}=2^{\frac{23}{2}}e^{\frac{\pi}{4}i}$$
$$=2^{11}(\sqrt{2}\,e^{\frac{\pi}{4}i})=2^{11}(1+i)$$

이다.

예제 다음 방정식의 근을 구하시오.

(1) $e^z=1+i$ (2) $e^z=-1$

풀이 (1) $z=x+iy$로 두고 $e^z=1+i$의 양변을 극형식으로 나타내면

$$e^z=e^xe^{iy}=1+i=\sqrt{2}\,e^{i\left(\frac{\pi}{4}+2k\pi\right)}\quad(\text{단, } k\text{는 정수})$$

이다. 이때 $e^x=\sqrt{2}$, $y=\dfrac{\pi}{4}+2k\pi$ (단, k는 정수)이다. 따라서 구하는 근은

$$z=x+iy=\ln\sqrt{2}+i\left(\frac{\pi}{4}+2k\pi\right)\quad(\text{단, } k\text{는 정수})$$

로 주어진다.

(2) $z=x+iy$로 두고 $e^z=-1$의 양변을 극형식으로 나타내면

$$e^xe^{iy}=|-1|e^{i\arg(-1)}$$

이다. 이때 $|-1|=1$이므로, $e^x=1$, 즉 $x=0$이다. 또한

$$\arg(-1)=\pi+2k\pi\quad(\text{단, } k\text{는 정수})$$

이므로

$$y=(2k+1)\pi\quad(\text{단, } k\text{는 정수})$$

이다. 따라서 구하는 근은

$$z=x+iy=(2k+1)\pi i\quad(\text{단, } k\text{는 정수})$$

로 주어진다. ■

복소지수함수 e^z가 일대일 대응이 아니기 때문에 복소로그함수의 정의는 실수의 경우처럼 간단하지 않다. 이 문제는

$$e^z = e^{z+2k\pi i} \quad (\text{단, } k\text{는 정수})$$

에서 나타나는 e^z의 주기성 때문에 발생한다. 따라서 e^z를 이용하여 일대일 대응이 되도록 만들려면 e^z의 정의역을 제한하여야 한다. e^z를 일대일 대응이 되도록 만들기 위하여 y의 범위를 $-\pi < y \leq \pi$로 제한하는 것은 자연스럽다. e^z는 영역

$$S = \{z = x + iy \mid -\infty < x < \infty, -\pi < y \leq \pi\}$$

에서 일대일 대응이다. 이때 S를 함수 e^z의 **주영역**(principal region)이라고 한다.

(2) 복소삼각함수

복소삼각함수(complex trigonometric function) $\cos z$와 $\sin z$를 복소지수함수

$$e^{iz} = \cos z + i\sin z, \quad e^{-iz} = \cos z - i\sin z$$

를 이용하여 정의한다.

정의 6 복소삼각함수

$$\cos z = \frac{e^{iz} + e^{-iz}}{2}, \quad \sin z = \frac{e^{iz} - e^{-iz}}{2i}$$

예 $\sin(i) = \dfrac{e^{-1} - e}{2i} = \dfrac{i}{2}\left(e - \dfrac{1}{e}\right)$이고, $\cos(\pi) = \dfrac{e^{\pi i} + e^{-\pi i}}{2} = \dfrac{-1-1}{2} = -1$이다.

예 $\cos(-z) = \cos z, \ \sin\left(\dfrac{\pi}{2} - z\right) = \cos z$

복소삼각함수 $\cos z$와 $\sin z$는 주기가 2π인 주기함수이다.

예 $\sin(z + 2\pi) = \sin z, \ \cos(z + 2\pi) = \cos z$

복소사인함수과 복소코사인함수를 이용하여 나머지 네 가지 복소삼각함수를 정의한다.

정의 7 복소삼각함수

$$\tan z = \frac{\sin z}{\cos z}, \quad \cot z = \frac{\cos z}{\sin z}, \quad \sec z = \frac{1}{\cos z}, \quad \csc z = \frac{1}{\sin z}$$

지수함수의 법칙에 의하여 실변수삼각함수의 모든 공식이 복소삼각함수에서도 성립한다.

예 (1) $\cos^2 z + \sin^2 z = 1$

(2) $\sin(z_1 + z_2) = \sin z_1 \cos z_2 + \cos z_1 \sin z_2$,

$\cos(z_1 + z_2) = \cos z_1 \cos z_2 - \sin z_1 \sin z_2$

참고 실함수에 관한 쌍곡선사인함수와 쌍곡선코사인함수

$$\sinh x = \frac{e^x - e^{-x}}{2}, \quad \cosh x = \frac{e^x + e^{-x}}{2}$$

를 이용하면, $\sin(iy) = i\sinh y$, $\cos(iy) = \cosh y$를 얻는다.

예제 $z = x + iy$일 때, 다음이 성립한다.

(1) $\sin z = \sin x \cosh y + i\cos x \sinh y$

(2) $\cos z = \cos x \cosh y - i\sin x \sinh y$

증명 (1) $\sin z = \sin(x+iy) = \sin x \cos(iy) + \cos x \sin(iy)$

$= \sin x \cosh y + i\cos x \sinh y$

(2) $\cos z = \cos(x+iy) = \cos x \cos(iy) - \sin x \sin(iy)$

$= \cos x \cosh y - i\sin x \sinh y$ ■

예제 방정식 $\sin z = 1$의 근을 구하시오.

풀이

$$\sin z = \frac{e^{iz} - e^{-iz}}{2i} = 1$$

이므로, $e^{iz} - 2i - e^{-iz} = 0$, 즉 $(e^{iz})^2 - 2ie^{iz} - 1 = 0$이다. $w = e^{iz}$로 놓으면

$$w = i \text{ (이중근)}, \text{ 즉 } e^{iz} = i = e^{i\left(\frac{\pi}{2} + 2k\pi\right)}$$

이므로, 구하는 근은

$$z = \frac{\pi}{2} + 2k\pi \text{ (단, } k\text{는 정수)}$$

로 주어진다. ■

예제 방정식 $\sin z = 0$의 모든 근은 실수이다.

증명 $\sin z = 0$이라 두면, $\sin z = \sin x \cosh y + i \cos x \sinh y$이므로

$$\sin x \cosh y = 0, \quad \cos x \sinh y = 0$$

이다. 그런데 $\cosh y \geq 1$이므로, 첫째 식으로부터 $\sin x = 0$이다. 즉

$$x = 0, \ \pm\pi, \ \pm 2\pi, \ \cdots$$

이다. 그러나 이 점들에서 $\cos x$의 값은 0이 아니므로 $\sinh y = 0$, 즉 $y = 0$이다. 따라서

$$\sin z = 0 \text{이면 } z = k\pi \ (\text{단, } k\text{는 정수})$$

가 된다. 마찬가지로

$$\cos z = 0 \text{이면 } z = \left(k + \frac{1}{2}\right)\pi \ (\text{단, } k\text{는 정수})$$

가 성립한다. 따라서 방정식 $\sin z = 0$의 모든 근은 실수이다. ■

참고 방정식 $\cos z = 0$의 모든 근은 실수이다.

(3) 복소쌍곡선함수

복소쌍곡선함수 (complex hyperbolic function)도 실수의 경우와 같은 방법으로 정의한다.

정의 8 복소쌍곡선함수

$$\sinh z = \frac{e^z - e^{-z}}{2}, \quad \cosh z = \frac{e^z + e^{-z}}{2}$$

예 $\cosh(\pi i) = \dfrac{e^{\pi i} + e^{-\pi i}}{2} = \dfrac{-1-1}{2} = -1$이다.

$\sinh z$와 $\cosh z$는 주기가 $2\pi i$인 주기함수이다. 나머지 네 가지 복소쌍곡선함수도 실수의 경우와 같은 방법으로 정의한다.

예 $\cosh^2 z - \sinh^2 z = 1$이고, $\sinh z = -i\sin(iz)$, $\cosh z = \cos(iz)$이다.

예 $\cos z = \cosh(iz)$이고, $\sin z = -i\sinh(iz)$이다.

예제 $z=x+iy$일 때, 다음이 성립한다.

(1) $|\sin z|^2 = \cosh^2 y - \cos^2 x = \sin^2 x + \sinh^2 y$

(2) $|\cos z|^2 = \cosh^2 y - \sin^2 x = \cos^2 x + \sinh^2 y$

증명 (1) $|\sin z|^2 = \sin z\,\overline{\sin z} = \sin z\,\sin \bar{z}$

$$
\begin{aligned}
&= (\sin x \cosh y + i\cos x \sinh y)(\sin x \cosh y - i\cos x \sinh y)\\
&= \sin^2 x \cosh^2 y + \cos^2 x \sinh^2 y\\
&= \sin^2 x(1+\sinh^2 y) + (1-\sin^2 x)\sinh^2 y\\
&= \sin^2 x + \sinh^2 y = (1-\cos^2 x)\cosh^2 y + \cos^2 x(\cosh^2 y - 1)\\
&= \cosh^2 y - \cos^2 x = \sin^2 x + \sinh^2 y
\end{aligned}
$$

(2) $|\cos z|^2 = \cos z\,\overline{\cos z} = \cos z\,\cos \bar{z}$

$$
\begin{aligned}
&= (\cos x \cosh y - i\sin x \sinh y)(\cos x \cosh y + i\sin x \sinh y)\\
&= \cos^2 x \cosh^2 y + \sin^2 x \sinh^2 y\\
&= \cos^2 x(1+\sinh^2 y) + (1-\cos^2 x)\sinh^2 y\\
&= \cos^2 x + \cosh^2 y = (1-\sin^2 x)\cosh^2 y + \sin^2 x(\cosh^2 y - 1)\\
&= \cosh^2 y - \sin^2 x = \cos^2 x + \sinh^2 y
\end{aligned}
$$

■

(4) 복소로그함수

실함수 $f(x)=e^x$와 $g(x)=\ln x$는 서로의 역함수이다. 두 함수는 모두 일대일 대응이므로 역함수가 존재한다. 이것이 e^x를 이용하여 $\ln x$를 정의하는 이유이다.

그러나 복소로그함수를 정의하고자 할 때 상황은 매우 복잡해진다. 문제는 복소지수함수 e^z는 일대일 대응이 아니라는 데 있다. 이 문제는 지수함수 e^z의 정의역을 제한함으로써 해결할 수 있다.

정의 9 복소로그함수

z (단, $z \neq 0$)의 **복소로그함수**(complex logarithm) $\log z$는

$$\log z = \ln|z| + i\arg z$$

로 정의한다.

복소로그함수 $\log z$를 **다가복소로그함수**(multi-valued complex logarithm)라고 정의하기도 한다.

예 $e^{\log z} = z$이고, $\log e^z = z + 2k\pi i$ (단, k는 정수)이다.

예 $\log i = \ln|i| + i\left(\frac{\pi}{2} + 2k\pi\right)$ (단, k는 정수)이다. 또한

$$\begin{aligned}\log(1+i) &= \ln|1+i| + i\arg(1+i) \\ &= \ln\sqrt{2} + i\left(\frac{\pi}{4} + 2k\pi\right) \text{ (단, } k\text{는 정수)}\end{aligned}$$

로 주어진다.

예제 $\log(-1)$의 값을 구하시오.

풀이 $|-1| = 1$, $\arg(-1) = (2k+1)\pi$ (단, k는 정수)이므로

$$\begin{aligned}\log(-1) &= \ln 1 + i\arg(-1) \\ &= (2k+1)\pi i \text{ (단, } k\text{는 정수)}\end{aligned}$$

로 주어진다. ■

일반적으로 $\mathrm{Arg}_{(\alpha,\, \alpha+2\pi]}(z)$에 의해서

$$\mathrm{Log}_{(\alpha,\, \alpha+2\pi]}(z) = \ln|z| + i\,\mathrm{Arg}_{(\alpha,\, \alpha+2\pi]}(z)$$

이고, 이 가지를

$$w = \log z \text{ (단, } \alpha < \arg z \le \alpha + 2\pi)$$

로 표현한다. 이때 가지 $\mathrm{Log}_{(\alpha,\, \alpha+2\pi]}(z)$는 복소평면 $\mathbb{C}$에서 **반열린띠** (half open strip)

$$\{w \in \mathbb{C} : \alpha < \mathrm{Im}\, w \le \alpha + 2\pi\}$$

로의 함수이다.

예 $\mathrm{Arg}_{\left(\frac{\pi}{2},\, \frac{5\pi}{2}\right]}(1+i) = \ln\sqrt{2} + i\frac{9\pi}{4}$이다.

극좌표에서의 복소로그함수 $\log z$의 가지는

$$\mathrm{Log}_{(\alpha,\, \alpha+2\pi]}(re^{i\theta}) = \ln r + i\theta \text{ (단, } \alpha < \theta \le \alpha + 2\pi)$$

로 표현할 수 있다.

정리 10

z_1, z_2가 0이 아닌 복소수일 때, 편각에 있어서 2π의 배수의 차를 무시하면 다음 법칙들이 성립한다.

(1) $\log(z_1 z_2) = \log z_1 + \log z_2$ (2) $\log\left(\dfrac{z_1}{z_2}\right) = \log z_1 - \log z_2$

참고 복소로그함수 $\log z$의 값은 무한개이므로 엄밀한 의미에서 복소로그함수는 함수가 아니라 다가함수이다. 그러나 $\arg z$의 정의역을 제한하면 $\log z$가 함수가 될 수 있다.

편각의 가지가 복소로그함수 $\log z$의 가지를 결정하므로, 주편각의 가지가 $\log z$의 주요가지 $\text{Log}\, z$를 결정한다.

정의 11 주요가지

복소로그함수 $\log z$의 **주요가지** 또는 **주분지** $\text{Log}\, z$는

$$\text{Log}\, z = \ln|z| + i\,\text{Arg}\, z \quad (\text{단, } -\pi < \text{Arg}\, z \le \pi)$$

로 정의한다.

복소로그함수 $\log z$의 주요가지 $\text{Log}\, z$를 $\log z$의 **주치** 또는 **주값**으로 정의하기도 한다. $\text{Log}\, z$는 정의역이 $\mathbb{C} \setminus \{0\}$인 함수이다.

예 $\text{Log}(-1) = \pi i$이고, $\text{Log}(1+i) = \ln\sqrt{2} + \dfrac{\pi}{4} i$이다.

예제 방정식 $\text{Log}\, z = \dfrac{\pi}{2} i$의 근을 구하시오.

풀이 $\text{Log}\, z = \ln|z| + i\,\text{Arg}\, z = \dfrac{\pi}{2} i$이므로, $\text{Arg}\, z = \dfrac{\pi}{2}$이다. 따라서 $\text{Log}\, z = \dfrac{\pi}{2} i$의 근은 $z = i$로 주어진다. ■

참고 로그함수의 주요가지 $\text{Log}\, z$를 사용하는 경우는 로그함수의 성질 중에서 성립하지 않는 것이 있음에 주의하여야 한다. 예를 들면

$$\text{Log}\, i = \frac{\pi}{2}i, \quad \text{Log}\,(-1+i) = \ln\sqrt{2} + \frac{3\pi}{4}i$$

이지만

$$\text{Log}\,[i(-1+i)] = \ln\sqrt{2} - \frac{3\pi}{4}i$$

이다. 따라서

$$\text{Log}\,[i(-1+i)] \neq \text{Log}\, i + \text{Log}\,(-1+i)$$

이다.

이제 $\log z$를 각각 제한된 정의역을 가지는 무한개의 함수로 생각할 수 있다. 예를 들면

$$f_0(z) = \text{Log}\, z = \ln|z| + i\,\text{Arg}\, z \;\; (\text{단, } -\pi < \text{Arg}\, \text{z} \le \pi)$$
$$f_1(z) = \ln|z| + i\arg z \;\; (\text{단, } -3\pi < \arg z \le -\pi)$$
$$f_2(z) = \ln|z| + i\arg z \;\; (\text{단, } \pi < \arg z \le 3\pi)$$
$$f_3(z) = \ln|z| + i\arg z \;\; (\text{단, } -5\pi < \arg z \le -3\pi)$$
$$f_4(z) = \ln|z| + i\arg z \;\; (\text{단, } 3\pi < \arg z \le 5\pi)$$
$$\vdots$$

등이다. 이 함수들을 로그함수 $\log z$의 **가지** 또는 **분지**라고 한다. 여기서 복소수 z의 편각, 즉 $\arg z$의 값 $\pm\pi, \pm 3\pi, \pm 5\pi, \cdots$ 는 음의 실수축에 대응된다. 이때 반직선

$$\arg z = \pm\pi, \pm 3\pi, \pm 5\pi, \cdots$$

를 **가지절단**(branch cut) 또는 **분지절단**이라고 한다.

(5) 복소멱함수

a와 x가 양의 실수일 때 $x^a = e^{a\ln x}$가 성립하였다. 이제 복소지수함수, 즉 복소멱을 정의한다.

정의 12 복소멱함수

임의의 복소수 z (단, $z \neq 0$)와 a에 대하여, **복소멱함수**(complex power function) z^a는

$$z^a = e^{a\log z}$$

로 정의한다. 복소멱함수를 간단히 **복소멱**(complex power)이라고 한다.

예 복소멱을 이용하면, $(1+i)^2$의 값은

$$(1+i)^2 = e^{2\log(1+i)} = e^{2\ln\sqrt{2}+2i\left(\frac{\pi}{4}+2k\pi\right)} = e^{\ln 2+i\left(\frac{\pi}{2}+4k\pi\right)} = 2i$$

로 주어진다.

예제 복소멱을 이용하여, 다음 값을 구하시오.

(1) i^i　　　　　(2) $\log(1-i)^i$

풀이 (1) $i^i = e^{i\log i}$이다. 그런데

$$\log i = \ln|i| + i\arg i = i\left(\frac{\pi}{2}+2k\pi\right) \text{ (단, } k\text{는 정수)}$$

이므로

$$i^i = e^{i\left(\frac{\pi}{2}+2k\pi\right)i} = e^{-\frac{\pi}{2}-2k\pi} \text{ (단, } k\text{는 정수)}$$

가 성립한다.

(2)
$$(1-i)^i = e^{i\log(1-i)} = e^{i\left\{\ln|1-i|+i\left(-\frac{\pi}{4}+2k\pi\right)\right\}}$$
$$= e^{i\left\{\ln\sqrt{2}+i\left(-\frac{\pi}{4}+2k\pi\right)\right\}} \text{ (단, } k\text{는 정수)}$$

이므로

$$\log(1-i)^i = \log e^{i\left\{\ln\sqrt{2}+i\left(-\frac{\pi}{4}+2k\pi\right)\right\}} = i\left\{\ln\sqrt{2}+i\left(-\frac{\pi}{4}+2k\pi\right)\right\}$$
$$= \frac{\pi}{4} - 2k\pi + i\ln\sqrt{2} \text{ (단, } k\text{는 정수)}$$

으로 주어진다.

예제 복소멱을 이용하여, 다음 방정식의 근을 구하시오.

(1) $(1+i)^{1/2}$　　　　　(2) $z^2 = i$

풀이 (1) $(1+i)^{1/2} = e^{\frac{1}{2}\log(1+i)} = e^{\frac{1}{2}\left\{\ln\sqrt{2}+i\left(\frac{\pi}{4}+2k\pi\right)\right\}} = e^{\left[\ln 2^{1/4}+i\left(\frac{\pi}{8}+k\pi\right)\right]}$

(단, $k=0,\ 1$)이다. 따라서 $z^2 = 1+i$ 의 근은

$$2^{1/4}e^{\frac{\pi}{8}i} \text{ 또는 } 2^{1/4}e^{\frac{9\pi}{8}i}$$

로 주어진다.

(2) $i^{\frac{1}{2}} = e^{\frac{1}{2}\log i} = e^{\frac{1}{2}\left\{i\left(\frac{\pi}{2}+2k\pi\right)\right\}} = e^{i\left(\frac{\pi}{4}+k\pi\right)}$ (단, $k=0,\ 1$)이므로, $z^2 = i$의 근은

$$e^{\frac{\pi}{4}i} = \frac{1}{\sqrt{2}} + \frac{1}{\sqrt{2}}i \text{ 또는 } e^{\frac{5\pi}{4}i} = -\frac{1}{\sqrt{2}} - \frac{1}{\sqrt{2}}i$$

로 주어진다.

예제 $a>0$에 대하여 z가 임의의 복소수일 때, $|a^z| = a^{\mathrm{Re}\,z}$이 성립한다.

증명
$$\begin{aligned} |a^z| = |e^{z\log a}| = |e^{z(\ln a + i\arg a)}| &= |e^{z\ln a}| \\ &= |e^{(x+iy)\ln a}| = |e^{x\ln a}| \\ &= a^x = a^{\mathrm{Re}\,z} \end{aligned}$$ ■

$\log z$가 무한개의 가지를 가지므로, 복소멱 z^a도 무한개의 가지를 가진다. 즉 z^a은 다가함수이다. 특히 $\mathrm{Log}\,z$에 해당하는 z^a의 가지를 **주요가지**라고 한다.

정의 13 복소멱함수의 주요가지

복소멱함수 z^a의 **주요가지** $\mathrm{p.v.}(z^a)$은

$$\mathrm{p.v.}(z^a) = e^{a\,\mathrm{Log}\,z}$$

로 정의한다.

복소멱함수 z^a의 주요가지 $\mathrm{p.v.}(z^a)$을 z^a의 **주치** 또는 **주값**이라고 정의하기도 한다.

예 i^i의 주요가지 $\mathrm{p.v.}(i^i)$은

$$\mathrm{p.v.}(i^i) = e^{i\,\mathrm{Log}\,i} = e^{i\frac{\pi i}{2}} = e^{-\frac{\pi}{2}}$$

로 주어진다.

예제 $z^{\frac{1}{2}}$의 주요가지 $\mathrm{p.v.}(z^{\frac{1}{2}})$을 구하시오.

풀이 $\theta = \mathrm{Arg}\,z$와 $r = |z|$이라고 두면

$$z^{\frac{1}{2}} = e^{\frac{\log z}{2}} = e^{\frac{\ln r + i(\theta + 2k\pi)}{2}}$$
$$= \sqrt{r}\left[\cos\left(\frac{\theta + 2k\pi}{2}\right) + i\sin\left(\frac{\theta + 2k\pi}{2}\right)\right] \quad (\text{단, } k\text{는 정수})$$

이다. 이때 $k=0$으로 두면 $z^{\frac{1}{2}}$의 주요가지 $\mathrm{p.v.}(z^{\frac{1}{2}})$은

$$\sqrt{r}\left(\cos\frac{\theta}{2} + i\sin\frac{\theta}{2}\right)$$

로 주어진다. ■

정리 14

z, a와 b가 0이 아닌 복소수일 때, 편각에 있어서 2π의 배수의 차를 무시하면 다음 법칙들이 성립한다.

(1) $z^a z^b = z^{a+b}$ (2) $\dfrac{z^a}{z^b} = z^{a-b}$

(6) 복소역삼각함수

복소지수함수를 이용하여 복소역삼각함수(inverse trigonometric complex function)를 정의한다.

정의 15 복소역삼각함수

복소역삼각함수 $\sin^{-1}z$와 $\cos^{-1}z$를

$$\sin^{-1}z = \frac{1}{i}\log[iz + (1-z^2)^{\frac{1}{2}}]$$
$$\cos^{-1}z = \frac{1}{i}\log[iz - (1-z^2)^{\frac{1}{2}}]$$

으로 정의한다.

복소로그함수 $\log z$는 다가함수이므로 복소역삼각함수 $\sin^{-1}z$와 $\cos^{-1}z$도 다가함수이다.

연습문제 2.1 EXERCISES

1. 선형분수변환 $w=f(z)=\dfrac{z+i}{z-i}$에 의해 단위원 $\{z\in\mathbb{C}:|z|=1\}$가 허수축

$$\{w\in\mathbb{C}:\text{Re}\ w=0\}$$

에 대응됨을 보이시오.

2. $z=x+iy$일 때, 다음이 성립함을 보이시오.

(1) $\overline{\sin z}=\sin\bar{z}$ (2) $\overline{\cos z}=\cos\bar{z}$

3. 다음 함수의 주치를 구하시오.

(1) $f(z)=\log i$ (2) $g(z)=(-1)^i$

4. 방정식 $\cos z=2$의 근을 구하시오.

5. 다음 방정식의 모든 근을 구하시오.

(1) $e^z=i\pi$ (2) $\cos z=0$

6. 확장된 복소평면 $\mathbb{C}^*=\mathbb{C}\cup\{\infty\}$에 대하여, 복소함수 $f(z)=\dfrac{z^2-1}{2z+1}$의 $\mathbb{C}^*$에서의 모든 고정점, 즉 $f(z)=z$를 만족하는 점을 구하시오.

7. 복소멱을 이용하여, 다음 값을 구하시오.

(1) $(-1)^i$ (2) 1^i

2.2 복소함수의 극한과 연속

복소함수의 극한과 연속은 실함수의 경우와 마찬가지로 정의한다.

1. 복소함수의 극한

한 점 $z_0 \in \mathbb{C}$에서의 복소함수 $f(z)$에 대한 극한개념을 서술함에 있어, $f(z)$의 정의역 안에서 z_0에 접근하는 점들의 존재성을 보장하기 위해 항상 z_0를 $f(z)$의 정의역의 한 집적점이라고 가정한다.

정의 1 극한

복소평면 $\mathbb{C}$에 대하여, $A \subset \mathbb{C}$, $f: A \to \mathbb{C}$이고 $z_0 \in \mathbb{C}$가 A의 집적점이라 하자. 이때 임의의 $\varepsilon > 0$에 대하여

$$0 < |z - z_0| < \delta \Rightarrow |f(z) - w_0| < \varepsilon$$

을 만족하는 $\delta > 0$가 존재하면, w_0를 $z_0 \in \mathbb{C}$에서 복소함수 $f(z)$의 극한(limit)이라고 하고, $z \to z_0$일 때 $f(z) \to w_0$ 또는 간단히

$$\lim_{z \to z_0} f(z) = w_0$$

로 표기한다.

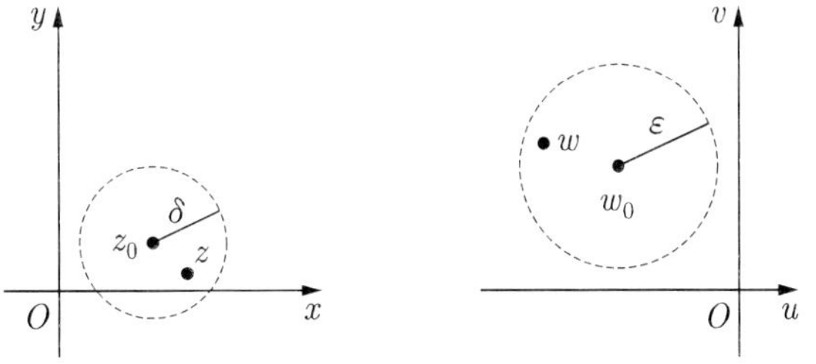

| 그림 2.3 |

참고 복소평면 $\mathbb{C}$에 대하여, $A \subset \mathbb{C}$, $f: A \to \mathbb{C}$이고 $z_0 \in \mathbb{C}$가 A의 집적점이라 하자. 이때 w_0를 포함하는 임의의 열린집합 V에 대하여

$$z \in A \cap U \text{ (단, } z \neq z_0) \Rightarrow f(z) \in V$$

를 만족하는 $z_0 \in \mathbb{C}$의 근방 U가 존재하면 $w_0 \in \mathbb{C}$를 z_0에서의 복소함수 $f(z)$의 극한이라고 한다. 복소함수 $f(z)$가 $z_0 \in \mathbb{C}$에서 극한 w_0를 가지면, $f(z)$는 z_0에서 w_0로 수렴한다고 하고

$$w_0 = \lim_{z \to z_0} f \ \text{ 또는 } \ w_0 = \lim_{z \to z_0} f(z)$$

로 표현한다. 만일 복소함수 $f(z)$가 $z_0 \in \mathbb{C}$에서 극한을 갖지 않으면, $f(z)$는 z_0에서 발산한다고 한다.

예제 복소함수 $f(z) = \dfrac{z^2}{|z|^2}$에 대하여, 극한 $\displaystyle\lim_{z \to 0} \frac{z^2}{|z|^2}$이 존재하지 않는다.

증명 $z = x + iy$로 두면

$$\frac{z^2}{|z|^2} = \frac{(x+iy)^2}{x^2+y^2} = \frac{x^2 - y^2 + 2ixy}{x^2+y^2}$$

이다. 그런데 z가 0에 접근하는 경로는 무수히 많다. 먼저 실수축을 따라 접근하면 $y = \operatorname{Im} z = 0$이므로

$$\lim_{z \to 0} \frac{z^2}{|z|^2} = \lim_{x \to 0} \frac{x^2}{x^2} = 1$$

이 된다. 한편, z가 허수축을 따라 접근하면 $x = \operatorname{Re} z = 0$이므로

$$\lim_{z \to 0} \frac{z^2}{|z|^2} = \lim_{y \to 0} \frac{-y^2}{y^2} = -1$$

이 된다. 따라서 z의 접근 경로에 따라 다른 값을 갖는다. 그러므로 $\dfrac{z^2}{|z|^2}$은 $z = 0$에서 극한을 갖지 않는다. ■

예제 복소함수 $f(z) = \dfrac{z-1}{z-2}$에 대하여, 극한 $\displaystyle\lim_{z \to 3} \frac{z-1}{z-2} = 2$가 성립한다.

증명 임의의 $\varepsilon > 0$에 대하여 $\delta < \min\left\{\dfrac{1}{2}, \dfrac{\varepsilon}{2}\right\}$인 δ를 취하면

$$0 < |z-3| < \delta \Rightarrow \left|\frac{z-1}{z-2} - 2\right| < \varepsilon$$

이 성립하므로, $\displaystyle\lim_{z \to 3} \frac{z-1}{z-2} = 2$가 된다. ■

정리 2 극한법칙

$\lim_{z \to z_0} f(z) = A$이고 $\lim_{z \to z_0} g(z) = B$일 때, 다음 법칙이 성립한다.

(1) $\lim_{z \to z_0} [f(z) \pm g(z)] = A \pm B$ (2) $\lim_{z \to z_0} f(z)g(z) = AB$

(3) $\lim_{z \to z_0} \dfrac{f(z)}{g(z)} = \dfrac{A}{B}$ (단, $B \neq 0$)

예 복소함수 $f(z) = z + 1$에 대하여, 극한 $\lim_{z \to 2+i} (z+1) = 3 + i$가 성립한다.

복소평면 $\mathbb{C}$에 대하여, $A \subset \mathbb{C}$, $f : A \to \mathbb{C}$이고 $z_0 \in \mathbb{C}$가 A의 집적점일 때, $\lim_{z \to z_0} f(z)$가 존재하면 복소함수 $f(z)$는 z_0에서 유일한 극한을 갖는다.

참고 $h(z)$가 $\lim_{z \to z_0} h(z) = 0$을 만족하는 실함수이고, 모든 $z \neq z_0$에 대하여

$$|f(z) - w_0| < h(z)$$

를 만족하면, $\lim_{z \to z_0} f(z) = w_0$가 성립한다.

2. 복소함수의 연속

여기서는 복소변수에 대하여 복소수를 함숫값으로 가지는 복소함수의 연속성을 설명한다. 1821년 코시에 의하여 처음으로 정의된 함수의 연속성은 실직선의 위상개념과 함수에 대한 극한개념을 토대로 하여 설명되는 개념이다.

정의 3 연속

$\mathbb{C}$가 복소평면일 때, $\Omega \subset \mathbb{C}$에서 정의된 복소함수 $f(z)$와 $z_0 \in \Omega$에 대하여

$$\lim_{z \to z_0} f(z) = f(z_0)$$

를 만족하면, $f(z)$는 z_0에서 **연속**(continuous)이라고 한다. 또한 복소함수 $f(z)$가 $\Omega \subset \mathbb{C}$의 모든 점에서 연속이면, $f(z)$는 Ω에서 연속이라고 한다.

참고 (연속함수) : $\mathbb{C}$가 복소평면일 때, $A \subset \mathbb{C}$, $f: A \to \mathbb{C}$이고 $z_0 \in A$라고 하자. $f(z_0)$를 포함하는 임의의 열린집합 $V_{f(z_0)}$에 대하여

$$z \in A \cap U_{f(z_0)} \Rightarrow f(z) \in V_{f(z_0)}$$

를 만족하는 z_0를 포함하는 열린집합 $U_{f(z_0)}$가 존재할 때, 복소함수 $f: A \to \mathbb{C}$는 z_0에서 연속이라고 하고, A의 모든 점에서 연속이면 $f(z)$는 집합 A에서 연속이라고 한다.

예 복소지수함수 $f(z) = e^z$는 복소평면 $\mathbb{C}$에서 연속이다.

정리 4

복소로그함수 $\log z$의 주요가지 $\operatorname{Log} z = \ln|z| + i \operatorname{Arg} z$는

$$z_0 = x_0 + i y_0 \ (\text{단, } x_0 \le 0,\ y_0 = 0)$$

에서 연속이 아니다. 따라서 $\operatorname{Log} z$는 $\operatorname{Arg} z = \pi$에서 연속이 아니다.

증명 $z = x + iy \to z_0 = x_0 + iy_0$라 하자. 이때 $y > 0$, $y_0 = 0$이면

$$\operatorname{Log} z \to \ln|x_0| + \pi i$$

이고, $y < 0$, $y_0 = 0$이면

$$\operatorname{Log} z \to \ln|x_0| - \pi i$$

이다. 따라서 $\operatorname{Log} z$는 $z_0 = x_0 + iy_0$ (단, $x_0 \le 0$, $y_0 = 0$)에서 연속이 아니다. ■

참고 주편각의 가지 $\operatorname{Arg} z$는 원점을 포함하는 음의 실수축, 즉 $\operatorname{Arg} z = \pi$에서 불연속이다. 이때 음의 실수축은 $\operatorname{Arg} z$의 가지절단이다.

예 편각 $\arg z$의 가지 $w = \operatorname{Arg}_{(\alpha, \alpha + 2\pi]}(z)$는

$$\{z \in \mathbb{C} : \alpha = \arg z\}$$

에서 하나의 가지절단을 갖는다.

복소함수 $f(z)$가 A의 집적점 z_0에서 연속일 필요충분조건은 함수기호 f와 극한기호 $\lim_{z \to z_0}$가 서로 교환가능한 것이라고 말할 수 있다.

정리 5

$\mathbb{C}$가 복소평면이고 $A \subset \mathbb{C}$일 때, 복소함수 $f: A \to \mathbb{C}$가 $z_0 \in A$에서 연속일 필요충분조건은 $\lim_{n \to \infty} z_n = z_0$를 만족하는 A의 복소수열 $\langle z_n \rangle$에 대하여

$$\lim_{n \to \infty} f(z_n) = f(z_0)$$

가 성립하는 것이다.

복소평면 $\mathbb{C}$에서 정의된 연속인 두 복소함수 f, g와 $c \in \mathbb{C}$에 대하여

$$|f|, \quad f+g, \quad cf, \quad f-g, \quad fg$$

는 $\mathbb{C}$에서 연속이다. 또한 $g(z) \neq 0$ (단, $z \in \mathbb{C}$)이면, $\dfrac{f}{g}$도 $\mathbb{C}$에서 연속이다.

예 모든 n차 복소다항식

$$p(z) = a_0 + a_1 z + a_2 z^2 + \cdots + a_n z^n$$

은 복소평면 $\mathbb{C}$에서 연속함수이다.

정리 6 연속함수의 합성

복소평면 $\mathbb{C}$에 대하여 $A, B \subset \mathbb{C}$이고 $f: A \to \mathbb{C}$와 $g: B \to \mathbb{C}$가 $f[A] \subset B$를 만족하는 복소함수일 때, f가 $z_0 \in A$에서 연속이고, g가 $b = f(z_0) \in B$에서 연속이면, 합성함수

$$g \circ f: A \to \mathbb{C}$$

도 z_0에서 연속이다. 따라서 f가 A에서 연속이고 g가 B에서 연속이면, 합성함수 $g \circ f: A \to \mathbb{C}$도 A에서 연속이다.

예 실함수 $u(x, y)$와 $v(x, y)$가 x와 y에 관하여 연속이면, 복소함수

$$f(z) = f(x+iy) = u(x, y) + iv(x, y)$$

는 $z = x + iy$에 관하여 연속이다.

연속함수의 개념은 다음 대역적 연속성 정리로 특징화될 수 있다.

정리 7 **대역적 연속성 정리** (global continuity theorem)

A가 복소평면 $\mathbb{C}$의 부분집합일 때, 복소함수 $f: A \to \mathbb{C}$에 대하여 다음은 서로 동치이다.

(1) $f(z)$는 A에서 연속이다.

(2) 닫힌집합 $F \subset \mathbb{C}$에 대하여, 역상 $f^{-1}[F]$는 A에서 닫힌집합이다.

(3) 열린집합 $G \subset \mathbb{C}$에 대하여, 역상 $f^{-1}[G]$는 A에서 열린집합이다.

3. 콤팩트 집합에서의 연속함수

정리 8

복소평면 $\mathbb{C}$에서 정의된 복소함수 $f: \mathbb{C} \to \mathbb{C}$가 연속일 때 $M \subset \mathbb{C}$이 콤팩트이면, $f[M]$도 콤팩트이다.

참고 일대일 대응인 복소함수 $f(z)$가 연속일 경우, 역함수 $f^{-1}(z)$는 일반적으로 연속이 아니다. 그러나 X, $Y \in \mathbb{C}$에 대하여 복소함수 $f: X \to Y$가 일대일 대응이고 연속일 때 X가 콤팩트이면, $f(z)$는 연속인 역함수를 갖는다.

$f: \mathbb{C} \to \mathbb{C}$가 복소함수일 때, 임의의 실수 $\varepsilon > 0$에 대하여

$$|x-y| < \delta \text{이고 } x,\ y \in \mathbb{C}\text{일 때, } |f(x) - f(y)| < \varepsilon$$

을 만족하는 $\delta > 0$가 존재하면, $f(z)$는 복소평면 $\mathbb{C}$에서 **균등연속** (uniformly continuous)이라고 한다.

연습문제 2.2

1. 복소함수 $f(z) = \dfrac{z}{|z|}$에 대하여, 극한 $\lim_{z \to 0} \dfrac{z}{|z|}$는 존재하지 않음을 보이시오.

2. $f(z) = \begin{cases} \dfrac{z^2 - 1}{z - 1}, & z \neq 1 \\ 3 & , z = 1 \end{cases}$

   으로 정의된 복소함수 $f(z)$는 $z = 1$에서 연속이 아님을 보이시오.

3. $X, Y \subset \mathbb{C}$에 대하여 복소함수 $f : X \to Y$가 일대일 대응이고 연속일 때 X가 콤팩트이면, 역함수 f^{-1}는 Y에서 연속임을 보이시오.

제3장 복소수열과 복소급수

3.1 복소수열과 복소급수

복소수를 함숫값으로 갖는 복소함수의 무한급수 표현은 복소변수의 함수론에서 매우 중요한 역할을 하며, 다양하게 응용된다. 이 절에서는 복소수열과 복소함수열, 그리고 복소급수와 복소함수항급수에 대하여 살펴볼 것이다. 이 절에서 서술된 복소수열과 복소함수열, 그리고 복소급수와 복소함수항급수에 대한 개념은 모두 복소평면 $\mathbb{C}$ 대신에 실직선 $\mathbb{R}$ 위에서 일어난다고 하면 실수열과 실함수열, 그리고 실급수와 실함수항급수에 동일하게 적용된다.

1. 복소수열

참고 모든 자연수의 집합 $\mathbb{N}$으로부터 어떤 집합 X로의 함수 $s : \mathbb{N} \to X$를 **수열**(sequence) 또는 점렬이라 하고

$$\langle s_1, s_2, \cdots \rangle, \ \langle s_n \mid n \in \mathbb{N} \rangle \text{ 또는 간단히 } \langle s_n \rangle$$

으로 표시한다. 즉 수열은 각 $n \in \mathbb{N}$에 점 s_n을 대응시킨다. 이때 $n \in \mathbb{N}$의 상 $s(n)$, 즉 s_n을 그 수열의 제n항(nth term)이라고 하고, s의 치역을

$$\{s_n \mid n \in \mathbb{N}\} \text{ 또는 간단히 } \{s_n\}$$

으로 나타낸다.

수열이란 그 정의역이 양의 정수의 집합인 함수이다. 이때 함수의 값을 수열의 항이라고 한다. 수열의 극한은 수학뿐만 아니라 모든 자연과학과 사회과학에서 매우 중요하다. 특히 수열의 극한을 구체적으로 구할 수 없는 경우라도 그 존재 여부는 매우 큰 의미를 갖는다.

(1) 복소수열

모든 자연수의 집합 $\mathbb{N}$으로부터 모든 복소수의 집합 $\mathbb{C}$로의 함수 $s : \mathbb{N} \to \mathbb{C}$를 **복소수열**(complex sequence)이라 한다. 즉 수열의 항이 복소수인 수열을 복소수열이라고 한다. 보통 복소수열을 $\langle z_n \rangle$으로 표기한다. 이때 z_n을 복소수열 $\langle z_n \rangle$의 일반항이라 한다.

정의 1 수열의 수렴과 발산

$\langle z_n \rangle$이 복소평면 $\mathbb{C}$에서의 복소수열이고 z_0가 복소수일 때, 임의의 $\varepsilon > 0$에 대하여 자연수 K가 존재하여

$$n \geq K \Rightarrow |z_n - z_0| < \varepsilon$$

이 성립하면 $\langle z_n \rangle$은 극한 z_0를 갖는다고 하고, 이것을

$$\lim_{n \to \infty} z_n = z_0 \quad \text{또는} \quad z_n \to z_0$$

로 표기한다. 특히 복소평면 $\mathbb{C}$에서 극한 $z_0 \in \mathbb{C}$가 존재하면 복소수열 $\langle z_n \rangle$은 **수렴한다** (converge)고 하거나 **수렴수열** (convergent sequence)이라고 하고, 그렇지 않으면 **발산한다** (diverge)고 하거나 **발산수열** (divergent sequence)이라고 한다.

복소평면 $\mathbb{C}$에서의 복소수열 $\langle z_n \rangle$과 복소수 z_0에 대하여 $\lim_{n \to \infty} |z_n - z_0| = 0$이면, $\langle z_n \rangle$은 극한 z_0를 갖는다고 한다.

예 복소수열 $\left\langle 1 + \dfrac{i^n}{n} \right\rangle$은 1로 수렴한다.

예제 다음 복소수열의 수렴 여부를 판정하시오.

(1) $\left\langle \dfrac{e^{in}}{n} \right\rangle$ (2) $\langle (-i)^n \rangle$

풀이 (1) 복소수열 $\left\langle \dfrac{e^{in}}{n} \right\rangle$은 0으로 수렴한다. 왜냐하면 $|e^{in}| = 1$이며, 따라서 $\dfrac{e^{in}}{n} \to 0$ 이기 때문이다.

(2) 복소수열 $\langle (-i)^n \rangle$은 발산한다. 왜냐하면 수열의 항들이 ± 1과 $\pm i$ 중에서 교대로 값을 취하지만 n이 커질 때 어떤 고정된 수로 접근하지 못하기 때문이다. ■

참고 (복소수열의 극한) : $\langle z_n \rangle$이 복소평면 $\mathbb{C}$에서의 복소수열일 때 $z_0 \in \mathbb{C}$를 포함하는 임의의 열린집합 V에 대하여

$$n \geq K \Rightarrow z_n \in V$$

를 만족하는 자연수 K가 존재하면, $\langle z_n \rangle$은 z_0로 **수렴한다**고 한다. 이때 $z_0 \in \mathbb{C}$를 복소수열 $\langle z_n \rangle$의 **극한**이라고 한다. 즉 복소평면 $\mathbb{C}$에서의 복소수열 $\langle z_n \rangle$에

대하여 $\langle z_n \rangle$이 $z_0 \in \mathbb{C}$로 수렴한다는 것은, $\langle z_n \rangle$의 유한개를 제외한 나머지 모든(almost all 또는 all but finite) 항이 z_0를 포함하는 임의의 열린집합 V의 원소가 된다는 것을 의미한다.

복소평면 $\mathbb{C}$에 있어서 수렴의 개념은 $\mathbb{R}$에 있어서 수렴의 개념을 사용하여 특징지을 수 있다. 실수열의 경우처럼 복소수열이 수렴하면, 극한은 유일하다. 또한 복소평면 $\mathbb{C}$에서의 복소수열 $\langle z_n \rangle$이 $z_0 \in \mathbb{C}$로 수렴하면, 모든 $\langle z_n \rangle$의 부분수열도 z_0로 수렴한다.

정리 2

복소수열 $\langle z_n \rangle = \langle x_n + i y_n \rangle$에 대하여, $\langle z_n \rangle$이 복소수 $z_0 = x_0 + i y_0$로 수렴하기 위한 필요충분조건은 실수열 $\langle x_n \rangle$과 $\langle y_n \rangle$이 각각 x_0와 y_0로 수렴하는 것, 즉

$$\lim_{n \to \infty} \operatorname{Re}(z_n) = \operatorname{Re}(z_0), \quad \lim_{n \to \infty} \operatorname{Im}(z_n) = \operatorname{Im}(z_0)$$

이다. 이때

$$z_0 = \lim_{n \to \infty} z_n = \lim_{n \to \infty} (x_n + i y_n) = x_0 + i y_0$$

가 성립한다.

증명 $\lim_{n \to \infty} z_n = x_0 + i y_0$라고 가정하고, 임의의 $\varepsilon > 0$에 대하여

$$n \geq K \Rightarrow |z_n - (x_0 + i y_0)| < \varepsilon$$

이 성립하도록 자연수 K를 택하자. 그러면

$$|x_n - x_0| \leq \sqrt{(x_n - x_0)^2 + (y_n - y_0)^2} = |z_n - (x_0 + i y_0)| < \varepsilon$$

이므로, $\lim_{n \to \infty} x_n = x_0$가 된다. 유사한 방법으로 $\lim_{n \to \infty} y_n = y_0$임을 보일 수 있다. 역으로 실수열 $\langle x_n \rangle$과 $\langle y_n \rangle$이 각각 x_0와 y_0에 수렴한다고 가정하고, 임의의 $\varepsilon > 0$이 주어졌다고 하자. 이때

$$n \geq K_1 \Rightarrow |x_n - x_0| < \frac{\varepsilon}{\sqrt{2}}$$

이 되도록 자연수 K_1을 택하고

$$n \geq K_2 \Rightarrow |y_n - y_0| < \frac{\varepsilon}{\sqrt{2}}$$

이 되도록 자연수 K_2를 택하면, $n \geq \max\{K_1, K_2\}$을 만족하는 모든 자연수 n에 대하여

$$\begin{aligned}|z_n - z_0| &= |(x_n + iy_n) - (x_0 + iy_0)| = |(x_n - x_0) + i(y_n - y_0)| \\ &= \sqrt{(x_n - x_0)^2 + (y_n - y_0)^2} < \sqrt{\left(\frac{\varepsilon}{\sqrt{2}}\right)^2 + \left(\frac{\varepsilon}{\sqrt{2}}\right)^2} = \varepsilon\end{aligned}$$

이 된다. 따라서

$$\lim_{n \to \infty} (x_n + iy_n) = x_0 + iy_0$$

가 성립한다. ■

참고 복소평면 $\mathbb{C}$에서 $z_n = (x_n, y_n)$으로 주어진 복소수열 $\langle z_n \rangle$과 복소수 $z_0 = (x_0, y_0)$에 대하여 $z_n \to z_0$이기 위한 필요충분조건은 $x_n \to x_0$이고 $y_n \to y_0$이다.

예 복소평면 $\mathbb{C}$에서 복소수열 $\langle z_n \rangle$이 $z_0 \in \mathbb{C}$에 수렴하면, 공액복소수열 $\langle \overline{z_n} \rangle$은 $\overline{z_0}$에 수렴한다.

예제 $0 < \theta < 2\pi$이면, 복소수열 $\langle e^{in\theta} \rangle$는 발산한다.

증명 $0 < \theta < 2\pi$이면, 두 실수열 $\langle \cos n\theta \rangle$와 $\langle \sin n\theta \rangle$는 모두 발산한다. 따라서 복소수열

$$\langle e^{in\theta} \rangle \text{ (단, } 0 < \theta < 2\pi)$$

는 발산한다. ■

예제 복소수열 $\langle z_n \rangle$이 $z_0 \in \mathbb{C}$에 수렴하면, 실수열 $\langle |z_n| \rangle$이 실수 $|z_0|$에 수렴한다.

증명 복소수열 $\langle z_n \rangle$이 복소수 z_0에 수렴하면, 임의의 $\varepsilon > 0$에 대하여

$$n \geq K \Rightarrow |z_n - z_0| < \varepsilon$$

을 만족하는 자연수 K가 존재한다. 그런데

$$||z_n| - |z_0|| \leq |z_n - z_0| < \varepsilon$$

이므로

$$n \geq K \Rightarrow ||z_n| - |z_0|| < \varepsilon$$

이다. 따라서 실수열 $\langle |z_n| \rangle$은 실수 $|z_0|$에 수렴한다. ■

정리 3 복소수열의 극한

$\lim_{n \to \infty} z_n = z_0$이고 $\lim_{n \to \infty} w_n = w_0$일 때, 다음 법칙이 성립한다.

(1) $\lim_{n \to \infty} (z_n + w_n) = z_0 + w_0$

(2) $\lim_{n \to \infty} (z_n w_n) = z_0 w_0$

(3) $\lim_{n \to \infty} \dfrac{z_n}{w_n} = \dfrac{z_0}{w_0}$ (단, $w_0 \neq 0$)

참고 복소평면 $\mathbb{C}$에서 복소수열 $\langle z_n \rangle$이 $z_0 \in \mathbb{C}$에 수렴하고 복소함수 $f(z)$가 z_0에서 연속이면, $\langle f(z_n) \rangle$은 $f(z_0)$에 수렴한다. 따라서 복소함수 $\sin z$가 연속이므로, 복소수열 $\langle \sin(1 + i^n/n) \rangle$은 $\sin 1$에 수렴한다.

정리 4 조임 판정법 (squeeze test)

양의 실수열 $\langle a_n \rangle$이 $\lim_{n \to \infty} a_n = 0$을 만족할 때, 모든 자연수 n에 대하여

$$|z_n - z_0| < a_n$$

이 성립하면, 복소수열 $\langle z_n \rangle$은 복소수 z_0에 수렴한다.

모든 자연수 n에 대하여 $|z_n| \le M$을 만족하는 $M > 0$이 존재할 때, 복소수열 $\langle z_n \rangle$을 유계수열 (bounded sequence)이라고 한다.

예제 복소수열 $\langle e^{in\theta} \rangle$는 유계수열이다.

증명 모든 자연수 n에 대하여 $|e^{in\theta}| = 1$이므로, 복소수열 $\langle e^{in\theta} \rangle$는 유계수열이다. ■

정리 5

모든 수렴하는 복소수열은 유계이다. 따라서 유계가 아닌 복소수열은 반드시 발산한다.

(2) 부분수열

① 부분수열

부분수열에 대한 개념은 복소수열의 발산을 입증하는 데 매우 유용하다.

정의 6 부분수열

복소수열 $Z = \langle z_n \rangle$에 대하여 $\mathbb{N}$에서의 실수열 $\langle r_n \rangle$이

$$r_1 < r_2 < \cdots < r_n < \cdots$$

를 만족할 때, 복소수열 $Z' = \langle z_{r_n} \rangle$을 Z의 **부분수열** (subsequence)이라고 한다.

참고 복소평면 $\mathbb{C}$에서 유계인 복소수열 $\langle z_n \rangle$에 대하여, $\langle z_n \rangle$이 $z_0 \in \mathbb{C}$에 수렴하기 위한 필요충분조건은 $\langle z_n \rangle$의 모든 수렴하는 부분수열이 z_0에 수렴하는 것이다.

예제 복소수열 $\langle z_n \rangle$이 수렴하면, $\lim\limits_{n \to \infty} (z_n - z_{n-1}) = 0$이다.

증명 $z_n \to z_0$이면, $z_{n-1} \to z_0$이므로

$$\lim_{n \to \infty} (z_n - z_{n-1}) = \lim_{n \to \infty} z_n - \lim_{n \to \infty} z_{n-1} = 0$$

을 만족한다. 따라서 복소수열 $\langle z_n \rangle$이 수렴하면, $\lim\limits_{n \to \infty} (z_n - z_{n-1}) = 0$이 성립한다.

■

복소수열 $Z = \langle z_n \rangle$의 부분수열 $Z' = \langle z_{r_n} \rangle$의 극한은 집합 $\{z_n\}$의 집적점에 불과하다.

참고 복소평면 $\mathbb{C}$의 부분집합 M이 콤팩트일 필요충분조건은 M에서의 모든 수열이 수렴하는 부분수열을 갖는 것이다. 즉 $M \subset \mathbb{C}$이 콤팩트이면, M은 **수열콤팩트** (**점렬콤팩트**, sequentially compact)이다.

② 복소수열에 대한 볼차노-바이어슈트라스 정리

수렴하는 복소수열은 유계이지만, 그 역은 참이 아니다. 그러나 복소수열에 대하여 다음 볼차노-바이어슈트라스 정리를 갖는다.

정리 7 복소수열에 대한 볼차노-바이어슈트라스 정리

모든 유계인 복소수열은 수렴하는 부분수열을 갖는다.

증명 복소평면 $\mathbb{C}$에서 복소수열 $\langle z_n \rangle$이 유계라 하고, $S = \{z_n \in \mathbb{C} : n \in \mathbb{N}\}$을 $\langle z_n \rangle$의 치역이라고 하자. 먼저 $S \subset \mathbb{C}$가 유한집합이면, 무한히 많은 n에 대하여 z_n의 값이 되는 원소가 적어도 하나 S 안에 존재해야 한다. 이러한 수를 z_0라고 하면 모든 $k \in \mathbb{N}$에 대하여 $z_{n_k} = z_0$를 만족하는

$$n_1 < n_2 < \cdots < n_k < \cdots$$

가 존재하게 되므로, $\langle z_{n_k} \rangle$는 복소수열 $\langle z_n \rangle$의 부분수열이 되고 $z_0 \in \mathbb{C}$에 수렴한다.

다음으로 $S \subset \mathbb{C}$가 무한집합일 경우는 집합에 대한 볼차노-바이어슈트라스 정리에 의하여 S의 집적점 $z_0 \in \mathbb{C}$가 존재한다. 이제 $z_0 \in \mathbb{C}$로 수렴하는 복소수열 $\langle z_n \rangle$의 부분수열을 찾을 것이다. $z_0 \in \mathbb{C}$가 $S \subset \mathbb{C}$의 집적점이므로

$$0 < |z_{n_1} - z_0| < 1$$

을 만족하는 z_{n_1}을 S에서 택할 수 있다. 그 다음에 $n_2 > n_1$이면서 $0 < |z_{n_2} - z_0| < \frac{1}{2}$을 만족하는 z_{n_2}를 $S \subset \mathbb{C}$에서 택한다. 이와 같은 과정을 반복하여, 모든 $k \in \mathbb{N}$에 대하여

$$n_k > n_{k-1} \text{이고 } 0 < |z_{n_k} - z_0| < \frac{1}{k}$$

을 만족시키는 z_{n_k}를 $S \subset \mathbb{C}$에서 택할 수 있다. 따라서 $\langle z_{n_k} \rangle$는 복소수열 $\langle z_n \rangle$의 부분수열이 되며, $z_0 \in \mathbb{C}$에 수렴한다. ■

예 복소수열 $\langle z_n \rangle$의 치역 $\{z_n\}$이 집적점 $z_0 \in \mathbb{C}$를 갖는다면, $\langle z_n \rangle$은 z_0로 수렴하는 부분수열 $\langle z_{i_n} \rangle$을 갖는다.

참고 복소평면 $\mathbb{C}$에 대하여 $F \subset \mathbb{C}$일 때, 다음은 서로 동치이다.

(1) 집합 F는 복소평면 $\mathbb{C}$의 닫힌부분집합이다.

(2) 집합 F의 원소들로 이루어진 복소수열 Z에 대하여, $\lim Z$는 F의 원소이다.

정의 8 코시수열

$\langle z_n \rangle$이 복소수열일 때, 임의의 $\varepsilon > 0$에 대하여

$$n,\ m \geq K \Rightarrow |z_n - z_m| < \varepsilon$$

을 만족하는 자연수 K가 존재하면, 복소수열 $\langle z_n \rangle$을 **코시수열**(Cauchy sequence)이라고 한다.

예제 $z_n = \dfrac{i^n}{n}$으로 주어진 복소수열 $\langle z_n \rangle$은 코시수열이다.

증명 임의의 $\varepsilon > 0$에 대하여 $K > \dfrac{2}{\varepsilon}$를 만족하는 자연수 K를 택하면, $m > n \geq K$일 때

$$|z_n - z_m| = \left| \frac{i^n}{n} - \frac{i^m}{m} \right| \leq \frac{1}{n} + \frac{1}{m} < \frac{2}{n} \leq \frac{2}{K} < \varepsilon$$

을 만족한다. ■

참고 복소평면 $\mathbb{C}$에서 코시수열은 유계이다.

정리 9

복소평면 $\mathbb{C}$에서 모든 수렴하는 복소수열은 코시수열이다.

증명 복소평면 $\mathbb{C}$에서 복소수열 $\langle z_n \rangle$이 $z_0 \in \mathbb{C}$에 수렴한다고 하자. 그러면 임의의 실수 $\varepsilon > 0$에 대하여

$$n \geq K \Rightarrow |z_n - z_0| < \frac{\varepsilon}{2}$$

을 만족하는 자연수 K가 존재한다. 따라서 $n,\ m \geq K$이면

$$|z_n - z_m| = |z_n - z_0 + z_0 - z_m| \leq |z_n - z_0| + |z_m - z_0| < \frac{\varepsilon}{2} + \frac{\varepsilon}{2} = \varepsilon$$

을 만족한다. 그러므로 복소평면 $\mathbb{C}$에서 복소수열 $\langle z_n \rangle$이 $z_0 \in \mathbb{C}$에 수렴하면, $\langle z_n \rangle$은 코시수열이다. ■

참고 임의의 공간에서 수렴하는 수열은 모두 코시수열이다.

(3) 완비집합

복소평면 $\mathbb{C}$에서는 코시수열이 수렴하지만, 모든 공간에서 코시수열이 수렴하는 것은 아니다. 그러나 복소수열 $\langle z_n \rangle$이 수렴할 필요충분조건은 $\langle z_n \rangle$이 코시수열인 것이다.

정의 10 완비집합

복소평면 $\mathbb{C}$의 부분집합 A에 대하여, A의 원소로 이루어진 모든 코시수열이 A에 속하는 점으로 수렴할 때, A를 **완비집합**(complete set)이라고 한다.

복소평면 $\mathbb{C}$는 완비임을 다음 정리에서 밝힌다.

정리 11 코시 정리(Cauchy's theorem)

복소평면 $\mathbb{C}$는 완비이다. 즉 복소평면 $\mathbb{C}$에서 모든 코시수열은 반드시 복소수로 수렴한다.

증명 $\langle z_n \rangle$을 복소평면 $\mathbb{C}$에서 코시수열이라고 하자. 그러면 코시수열 $\langle z_n \rangle$은 유계이므로, 복소수열에 대한 볼차노-바이어슈트라스 정리에 의하여 $\langle z_n \rangle$은 어떤 복소수 $z_0 \in \mathbb{C}$로 수렴하는 부분수열 $\langle z_{n_k} \rangle$를 가진다. 이제 복소평면 $\mathbb{C}$에서 코시수열 $\langle z_n \rangle$이 $z_0 \in \mathbb{C}$에 수렴함을 보인다. $\varepsilon > 0$을 임의의 실수라고 하자. 그러면 $\langle z_n \rangle$이 코시수열이므로

$$m,\, n \geq K \Rightarrow |z_n - z_m| < \frac{\varepsilon}{2}$$

을 만족하는 자연수 K가 존재한다. 한편 $\lim_{k \to \infty} z_{n_k} = z_0$이므로, $k \geq K_1$일 때

$$|z_{n_k} - z| < \frac{\varepsilon}{2}$$

을 만족하는 자연수 K_1이 존재한다. 여기서 $k \geq K_1$이고 $n_k \geq K$인 자연수 k를 택하면 모든 $n \geq K$에 대하여

$$|z_n - z| \leq |z_n - z_{n_K}| + |z_{n_K} - z| < \frac{\varepsilon}{2} + \frac{\varepsilon}{2} = \varepsilon$$

이 성립한다. 따라서 복소평면 $\mathbb{C}$에서 코시수열 $\langle z_n \rangle$은 $z_0 \in \mathbb{C}$에 수렴한다. ■

(4) 닫힌집합

정의 12　폐포점

복소평면 $\mathbb{C}$의 부분집합 M에 대하여 $z_0 \in \mathbb{C}$일 때, 모든 $n \in \mathbb{N}$에 대하여 $z_n \in M$이고

$$\lim_{n \to \infty} z_n = z_0$$

를 만족하는 복소수열 $\langle z_n \rangle$이 존재하면, z_0를 M의 **폐포점** 또는 **밀착점**이라 한다. M의 모든 폐포점들의 집합을 $\overline{M}$로 표기하고, M의 **폐포**라 한다.

참고　M을 복소평면 $\mathbb{C}$의 부분집합이라고 하자. 이때 $M \subset \mathbb{C}$의 모든 집적점들의 집합을 M'으로 나타내면, 다음이 성립한다.

(1) $M \subset \mathbb{C}$이 닫힌집합일 필요충분조건은 $M' \subset M$이다.

(2) $z_0 \in \mathbb{C}$일 때, $z_0 \in M'$일 필요충분조건은 $\lim_{n \to \infty} z_n = z_0$ (단, $z_n \neq z_0$)를 만족하는 $\mathbb{C}$에서의 복소수열 $\langle z_n \rangle$이 존재하는 것이다.

(3) $\overline{M} = M \cup M'$

복소평면 $\mathbb{C}$의 부분집합 M의 모든 폐포점이 M에 속하면, M은 $\mathbb{C}$에서 **닫힌집합**이라고 한다. 복소평면 $\mathbb{C}$의 부분집합 M이 닫힌집합일 필요충분조건은 $M = \overline{M}$이다.

2. 복소급수

(1) 복소급수

복소급수는 실급수와 동일하게 정의된다. 복소급수의 수렴성은 부분합으로 이루어진 복소수열에 대한 극한의 존재성에 의존한다. 여기서는 실급수에서 전개되었던 성질들과 비교하며 복소급수에 대한 수렴판정법을 소개한다.

정의 13　복소급수

복소평면 $\mathbb{C}$에서의 복소수열 $\langle z_n \rangle$에 대하여

$$\sum_{n=1}^{\infty} z_n = z_1 + z_2 + \cdots$$

을 무한복소급수, 간단히 복소급수 (complex series)라고 한다. 이때 각 z_n을 복소급수의 항이라고 하고, $S_n = \sum_{k=1}^{n} z_k$로 주어진 S_n을 급수의 n번째 부분합이라 한다. 만일 부분합으로 이루어진 복소수열 $\langle S_n \rangle$이 $s \in \mathbb{C}$로 수렴하면, 즉 임의의 $\varepsilon > 0$에 대하여

$$n \geq K \Rightarrow \left| \sum_{k=1}^{n} z_k - s \right| < \varepsilon$$

을 만족하는 자연수 K가 존재하면, 복소급수 $\sum_{n=1}^{\infty} z_n$은 s로 수렴한다고 하고

$$\sum_{n=1}^{\infty} z_n = s$$

로 표기한다. 복소급수 $\sum_{n=1}^{\infty} z_n$이 수렴하지 않으면 발산한다고 한다.

복소급수 $\sum_{n=1}^{\infty} z_n$에 대하여

$$\sum_{n=1}^{\infty} z_n = \sum_{n=1}^{N} z_n + \sum_{n=N+1}^{\infty} z_n$$

이 성립한다.

참고 기하급수 (Geometric series) : 기하급수 $\sum_{n=0}^{\infty} z^n$은, $|z| < 1$일 때 수렴하고 $|z| \geq 1$일 때 발산한다. 더욱이 $|z| < 1$이면

$$\sum_{n=0}^{\infty} z^n = 1 + z + z^2 + z^3 + \cdots = \frac{1}{1-z}$$

이 성립한다.

예제 다음 복소급수의 수렴 여부를 판정하시오.

(1) $\sum_{n=0}^{\infty} \left(\frac{e^{i\theta}}{2} \right)^n$ (2) $\sum_{n=0}^{\infty} (2i)^n$

풀이 (1) 복소급수 $\sum_{n=0}^{\infty} \left(\frac{e^{i\theta}}{2} \right)^n$은 수렴한다. 왜냐하면 $\left| \frac{e^{i\theta}}{2} \right| = \frac{1}{2} < 1$이기 때문이다.

(2) 복소급수 $\sum_{n=0}^{\infty} (2i)^n$은 발산한다. 왜냐하면 $|2i| = 2 \geq 1$이기 때문이다. ■

정리 14 급수에 대한 대수적 연산

두 복소급수 $\sum_{n=1}^{\infty} z_n$과 $\sum_{n=1}^{\infty} w_n$이 각각 L과 M에 수렴하고 c가 복소수이면

(1) 복소급수 $\sum_{n=1}^{\infty} (z_n \pm w_n)$은 $L \pm M$에 수렴한다.

(2) 복소급수 $\sum_{n=1}^{\infty} (c z_n)$은 cL에 수렴한다.

예 복소급수 $\sum_{n=1}^{\infty} z_n$이 수렴하면

$$\mathrm{Re}\left(\sum_{n=1}^{\infty} z_n\right) = \sum_{n=1}^{\infty} \mathrm{Re}\,(z_n), \quad \mathrm{Im}\left(\sum_{n=1}^{\infty} z_n\right) = \sum_{n=1}^{\infty} \mathrm{Im}\,(z_n)$$

이 성립한다.

정리 15

복소급수 $\sum_{n=1}^{\infty} z_n$이 수렴할 필요충분조건은 실급수 $\sum_{n=1}^{\infty} \mathrm{Re}\,(z_n)$과 $\sum_{n=1}^{\infty} \mathrm{Im}\,(z_n)$이 수렴하는 것이다.

증명 $(\Rightarrow)$ $z_n = x_n + i y_n$일 때, $\sum_{n=1}^{\infty} z_n = s = x_0 + i y_0$이면

$$\sum_{n=1}^{\infty} z_n = s \Rightarrow \lim_{n \to \infty} S_n = \lim_{n \to \infty} \sum_{k=1}^{n} z_k = s$$

이다. 그런데 $\sum_{n=1}^{\infty} (x_n + i y_n) = \sum_{n=1}^{\infty} x_n + i \sum_{n=1}^{\infty} y_n = x_0 + i y_0$이므로

$$\sum_{n=1}^{\infty} \mathrm{Re}\,(z_n) = x_0, \quad \sum_{n=1}^{\infty} \mathrm{Im}\,(z_n) = y_0$$

$(\Leftarrow)$ $\sum_{n=1}^{\infty} \mathrm{Re}\,(z_n) = x_0$, $\sum_{n=1}^{\infty} \mathrm{Im}\,(z_n) = y_0$이면

$$\sum_{n=1}^{\infty} z_n = \sum_{n=1}^{\infty} [\mathrm{Re}\,(z_n) + i\,\mathrm{Im}\,(z_n)] = \sum_{n=1}^{\infty} \mathrm{Re}\,(z_n) + i \sum_{n=1}^{\infty} \mathrm{Im}\,(z_n) = x_0 + i y_0$$

이므로, 복소급수 $\sum_{n=1}^{\infty} z_n$은 수렴한다. ■

예제 복소급수 $\sum_{n=1}^{\infty}\frac{i^n}{n}$은 $-\frac{1}{2}\ln 2+\frac{\pi}{4}i$로 수렴한다. 즉 $\sum_{n=1}^{\infty}\frac{i^n}{n}=-\frac{1}{2}\ln 2+\frac{\pi}{4}i$이다.

증명 $\sum_{n=1}^{\infty}\frac{i^n}{n}=i-\frac{1}{2}-\frac{i}{3}+\frac{1}{4}+\cdots=\left(-\frac{1}{2}+\frac{1}{4}-\frac{1}{6}+\frac{1}{8}-\cdots\right)+i\left(1-\frac{1}{3}+\frac{1}{5}-\cdots\right)$

이다. 이때 $\ln(1+x)=x-\frac{x^2}{2}+\frac{x^3}{3}-\frac{x^4}{4}+\cdots$로부터

$$\ln 2=1-1/2+1/3-1/4+\cdots$$

이므로

$$-\frac{1}{2}\ln 2=-\frac{1}{2}+\frac{1}{4}-\frac{1}{6}+\frac{1}{8}-\cdots$$

이고, $\tan^{-1}x=x-\frac{x^3}{3}+\frac{x^5}{5}-\frac{x^7}{7}+\cdots$로부터

$$\frac{\pi}{4}=\tan^{-1}1=1-1/3+1/5-1/7+\cdots$$

이므로

$$-\frac{1}{2}+\frac{1}{4}-\frac{1}{6}+\frac{1}{8}-\cdots=-\frac{1}{2}\ln 2,\ 1-\frac{1}{3}+\frac{1}{5}-\cdots=\frac{\pi}{4}$$

이다. 따라서

$$\sum_{n=1}^{\infty}\frac{i^n}{n}=-\frac{1}{2}\ln 2+\frac{\pi}{4}i$$

로 주어진다. ■

정리 16

복소급수 $\sum_{n=1}^{\infty}z_n$이 수렴하면, $\lim_{n\to\infty}z_n=0$이 성립한다. 따라서 $\lim_{n\to\infty}z_n\neq 0$이면, 복소급수 $\sum_{n=1}^{\infty}z_n$은 발산한다.

증명 복소급수 $\sum_{n=1}^{\infty}z_n$의 부분합 $S_n=\sum_{k=1}^{n}z_k$로 이루어진 복소수열 $\langle S_n\rangle$이 $s\in\mathbb{C}$로 수렴한다고 하자. 그러면

$$\lim_{n\to\infty}z_n=\lim_{n\to\infty}(S_n-S_{n-1})=\lim_{n\to\infty}S_n-\lim_{n\to\infty}S_{n-1}=s-s=0$$

이 성립한다. ■

예제 복소급수 $\sum_{n=1}^{\infty} e^{in\theta}$ (단, θ는 실수)는 발산한다.

증명 $|e^{in\theta}|=1$이므로, $\lim_{n\to\infty} e^{in\theta}\neq 0$이다. 따라서 복소급수 $\sum_{n=1}^{\infty} e^{in\theta}$ (단, θ는 실수)는 발산한다. ■

참고 $\lim_{n\to\infty} z_n = 0$이 성립한다고 해서 복소급수 $\sum_{n=1}^{\infty} z_n$이 수렴하는 것은 아니다. 예를 들면 조화급수 $\sum_{n=1}^{\infty} \frac{1}{n}$은 발산한다.

정의 17 절대수렴과 조건수렴

$\sum_{n=1}^{\infty} |z_n|$이 수렴할 때 복소급수 $\sum_{n=1}^{\infty} z_n$은 **절대수렴**(absolute convergence)한다고 한다. 한편 복소급수 $\sum_{n=1}^{\infty} z_n$은 수렴하지만 $\sum_{n=1}^{\infty} |z_n|$이 발산할 때 $\sum_{n=1}^{\infty} z_n$은 **조건수렴**(conditional convergence)한다고 한다.

다음 정리는 복소급수의 수렴성을 보이는 데 매우 유용하다. 왜냐하면 절대급수 $\sum_{n=1}^{\infty} |z_n|$은 음수가 아닌 항들을 갖는 실급수이므로, 실급수에 대한 모든 판정법을 이용할 수 있기 때문이다.

정리 18

복소급수 $\sum_{n=1}^{\infty} z_n$이 절대수렴하면, $\sum_{n=1}^{\infty} z_n$은 수렴한다.

증명 복소급수 $\sum_{n=1}^{\infty} z_n$이 절대수렴하면, 임의의 실수 $\varepsilon>0$에 대하여

$$m, n \geq K \Rightarrow \sum_{k=n+1}^{m} |z_k| < \varepsilon$$

을 만족하는 자연수 K가 존재한다. 그런데 삼각부등식에 의해

$$\left|\sum_{k=n+1}^{m} z_k\right| \leq \sum_{k=n+1}^{m} |z_k|$$

이므로, 복소급수 $\sum_{n=1}^{\infty} z_n$은 수렴한다. ■

참고 정리 18의 역은 성립하지 않는다.

복소급수가 수렴하면 그 급수의 항들을 임의로 결합하여 얻은 새로운 급수도 같은 값으로 수렴한다. 그런데 복소급수의 항은 같고 순서만 임의로 바꾼 **재배열 급수**(rearrangement series)일 경우에는 어떤가를 알아보자.

정리 19

복소급수 $\sum_{n=1}^{\infty} z_n$이 절대수렴하면, $\sum_{n=1}^{\infty} z_n$의 임의의 **재배열**(rearrangement)도 동일한 값으로 절대수렴한다.

참고 복소급수 $\sum_{n=1}^{\infty} z_n$이 절대수렴하지 않고 조건수렴하면, $\sum_{n=1}^{\infty} z_n$의 재배열급수가 수렴한다고 하더라도 그 합은 일반적으로 $\sum_{n=1}^{\infty} z_n$의 합과 일치하지 않는다. 실제로 복소급수 $\sum_{n=1}^{\infty} z_n$이 조건수렴하면, 임의로 정한 수 $z_0 \in \mathbb{C}$에 수렴하는 $\sum_{n=1}^{\infty} z_n$의 재배열급수가 존재한다. 한편 복소급수 $\sum_{n=1}^{\infty} z_n$이 조건수렴하면 발산하는 $\sum_{n=1}^{\infty} z_n$의 재배열급수를 만들 수 있다.

예 조건수렴하는 교대급수 $\sum_{n=1}^{\infty} \frac{(-1)^{n+1}}{n}$에 대하여 그 합을 L이라고 두면

$$\frac{L}{2} = \frac{1}{2} - \frac{1}{4} + \frac{1}{6} - \frac{1}{8} + \cdots$$

이다. 또한

$$\frac{L}{2} = 0 + \frac{1}{2} + 0 - \frac{1}{4} + 0 + \frac{1}{6} + 0 - \frac{1}{8} + \cdots$$

이고, 역시

$$L = 1 - \frac{1}{2} + \frac{1}{3} - \frac{1}{4} + \frac{1}{5} - \frac{1}{6} + \frac{1}{7} - \frac{1}{8} + \cdots$$

이다. 이들 두 수렴하는 급수를 더하면

$$\begin{aligned}\frac{3L}{2} &= 1+0+\frac{1}{3}-\frac{1}{2}+\frac{1}{5}+0+\frac{1}{7}-\frac{1}{4}+\cdots \\ &= 1+\frac{1}{3}-\frac{1}{2}+\frac{1}{5}+\frac{1}{7}-\frac{1}{4}+\cdots\end{aligned}$$

이다. 이것은 $\sum_{n=1}^{\infty}\frac{(-1)^{n+1}}{n}$의 재배열이지만 합은 같지 않음을 보여준다.

(2) 수렴판정법

복소급수의 수렴판정법 중 중요한 부분을 서술한다.

정리 20 비교판정법 (comparison test)

모든 자연수 n에 대하여 $|z_n| \le a_n$이고 $\sum_{n=1}^{\infty} a_n$이 수렴하면, 복소급수 $\sum_{n=1}^{\infty} z_n$은 절대수렴한다.

증명 실급수 $\sum_{n=1}^{\infty} a_n$이 수렴하므로, 임의의 실수 $\varepsilon > 0$에 대하여

$$m,\, n \ge K \Rightarrow \sum_{k=n+1}^{m} a_k < \varepsilon$$

을 만족하는 자연수 K가 존재한다. 그런데

$$m,\, n \ge K \Rightarrow \left|\sum_{k=n+1}^{m} z_k\right| \le \sum_{k=n+1}^{m} |z_k| \le \sum_{k=n+1}^{m} a_k < \varepsilon$$

이므로, 복소급수 $\sum_{n=1}^{\infty} z_n$은 절대수렴한다. ■

예 기하급수 $\sum_{n=0}^{\infty} z^n$은 $|z| < 1$일 때 수렴하므로 복소급수 $\sum_{n=0}^{\infty}\frac{1}{(1+i)^n}$은 수렴하고

$$\sum_{n=0}^{\infty}\frac{1}{(1+i)^n} = \frac{1}{1-\dfrac{1}{1+i}} = 1-i$$

로 주어진다.

예제 복소급수 $\sum_{n=0}^{\infty} \frac{z^n}{n}$은 $|z| < 1$에서 절대수렴한다.

증명 모든 자연수 n에 대하여

$$\left|\frac{z^n}{n}\right| \leq |z^n| = |z|^n$$

이고, $|z| < 1$에서 $\sum_{n=0}^{\infty} |z|^n$이 수렴하므로, 비교판정법에 의해 복소급수 $\sum_{n=0}^{\infty} \frac{z^n}{n}$은 $|z| < 1$에서 절대수렴한다. ■

예제 복소급수 $\sum_{n=0}^{\infty} \frac{3+2i}{(n+1)^n}$는 절대수렴한다.

증명 $|3+2i| = \sqrt{13} < 4$이므로, $n \geq 3$일 때

$$\left|\frac{3+2i}{(n+1)^n}\right| < \frac{4}{(n+1)^n} < \frac{1}{2^n}$$

이다. 이때 실급수 $\sum_{n=0}^{\infty} \frac{1}{2^n}$이 수렴하므로, 비교판정법에 의해 $\sum_{n=0}^{\infty} \frac{3+2i}{(n+1)^n}$는 절대수렴한다. ■

정리 21 **비판정법** (ratio test)

복소수열 $\langle z_n \rangle$에 대하여 $\lim_{n \to \infty} \left|\frac{z_{n+1}}{z_n}\right| = r$일 때, 다음이 성립한다.

(1) $r < 1$이면, 복소급수 $\sum_{n=1}^{\infty} z_n$은 절대수렴한다.

(2) $r > 1$이면, 복소급수 $\sum_{n=1}^{\infty} z_n$은 발산한다.

증명 (1) $r < 1$이고 r_1이 $r < r_1 < 1$이면

$$n \geq K \Rightarrow \left|\frac{x_{n+1}}{x_n}\right| < r_1, \text{ 즉 } |z_{n+1}| < r_1 |z_n|$$

을 만족하는 자연수 K가 존재한다. 그러므로 모든 자연수 m에 대하여

$$|z_{K+m}| < {r_1}^m |z_K|$$

이 성립한다. 따라서 비교판정법에 의하여, 복소급수 $\sum_{n=1}^{\infty} z_n$은 절대수렴한다.

(2) $r > 1$이고 r_2가 $1 < r_2 < r$이면

$$n \geq K \Rightarrow \left|\frac{z_{n+1}}{z_n}\right| > r_2, \text{ 즉 } |z_{n+1}| > r_2|z_n|$$

을 만족하는 자연수 K가 존재한다. 그러므로 모든 자연수 m에 대하여

$$|z_{K+m}| > {r_2}^m |z_K|$$

이 성립한다. 그런데 $r_2 > 1$이므로, $\sum_{m=1}^{\infty} {r_2}^m |z_K| = |z_K| \sum_{m=1}^{\infty} {r_2}^m = \infty$이다. 따라서 비교판정법에 의하여, 복소급수 $\sum_{n=1}^{\infty} z_n$은 발산한다. ■

예 복소급수 $\sum_{n=0}^{\infty} \frac{(1+2i)^n}{n!}$은 절대수렴한다. 왜냐하면 $z_n = \frac{(1+2i)^n}{n!}$일 때

$$r = \lim_{n \to \infty} \left|\frac{z_{n+1}}{z_n}\right| = \lim_{n \to \infty} \frac{|1+2i|}{n+1} = 0 < 1$$

이 성립하기 때문이다.

예 임의의 복소수 z에 대하여, $\sum_{n=0}^{\infty} \frac{z^n}{n!}$은 절대수렴한다. 왜냐하면 $u_n = \frac{z^n}{n!}$일 때

$$r = \lim_{n \to \infty} \left|\frac{u_{n+1}}{u_n}\right| = |z| \lim_{n \to \infty} \frac{1}{n+1} = 0 < 1$$

이 성립하기 때문이다.

복소수열 $\langle z_n \rangle$에 대하여 $\lim_{n \to \infty} \left|\frac{z_{n+1}}{z_n}\right| = r$일 때, $r = 1$이면 복소급수 $\sum_{n=1}^{\infty} z_n$은 수렴하거나 또는 발산한다. 따라서 이 경우는 다른 판정법을 이용하여야 한다.

정리 22 근호판정법 (root test)

복소수열 $\langle z_n \rangle$에 대하여 $\lim_{n \to \infty} |z_n|^{\frac{1}{n}} = L$일 때, 다음이 성립한다.

(1) $L < 1$이면, 복소급수 $\sum_{n=1}^{\infty} z_n$은 절대수렴한다.

(2) $L > 1$이면, 복소급수 $\sum_{n=1}^{\infty} z_n$은 발산한다.

복소수열 $\langle z_n \rangle$에 대하여 $\lim_{n \to \infty} |z_n|^{\frac{1}{n}} = L$일 때, $L=1$이면 복소급수 $\sum_{n=1}^{\infty} z_n$은 수렴하거나 그렇지 않으면 발산한다. 따라서 이 경우는 다른 판정법을 이용하여야 한다.

참고 복소급수 $\sum_{n=1}^{\infty} z_n$에 있어서 $\lim_{n \to \infty} \left| \frac{z_{n+1}}{z_n} \right|$이 존재하면 $\lim_{n \to \infty} |z_n|^{\frac{1}{n}}$도 존재하고, 그 극한값은 $\lim_{n \to \infty} \left| \frac{z_{n+1}}{z_n} \right|$과 같다는 사실이 알려져 있다. 따라서 급수가 비판정법에 의해 수렴하면, 그 급수는 또한 근호판정법에 의해서도 수렴한다.

정의 23 코시곱

두 복소급수 $\sum_{n=1}^{\infty} z_n$과 $\sum_{n=1}^{\infty} w_n$의 코시곱 (Cauchy product) $\sum_{n=1}^{\infty} u_n$을

$$\sum_{n=1}^{\infty} u_n = \left(\sum_{n=1}^{\infty} z_n \right) \left(\sum_{n=1}^{\infty} w_n \right)$$

으로 정의한다. 이때 $\sum_{n=1}^{\infty} u_n$은

$$u_n = \sum_{k=1}^{n} z_k w_{n-k+1} \text{ (단, } n = 1, 2, \cdots)$$

을 제n항으로 하는 복소급수이다.

참고 수렴하는 두 복소급수의 코시곱은 수렴하지 않을 수 있다.

두 복소급수 중 적어도 하나가 절대수렴하면, 두 복소급수의 코시곱은 수렴한다. 특히 두 복소급수가 절대수렴하면, 코시곱은 절대수렴한다.

정리 24

두 복소급수 $\sum_{n=1}^{\infty} z_n$과 $\sum_{n=1}^{\infty} w_n$이 절대수렴하면, $\sum_{n=1}^{\infty} z_n$과 $\sum_{n=1}^{\infty} w_n$의 코시곱

$$\sum_{n=1}^{\infty} u_n = \left(\sum_{n=1}^{\infty} z_n \right) \left(\sum_{n=1}^{\infty} w_n \right)$$

도 절대수렴한다.

증명 두 복소급수 $\sum_{n=1}^{\infty} z_n$과 $\sum_{n=1}^{\infty} w_n$이 절대수렴하면

$$\lim_{m \to \infty} \left\{ \sum_{n=1}^{2m} u_n - \left(\sum_{n=1}^{m} z_n \right)\left(\sum_{n=1}^{m} w_n \right) \right\} = 0$$

이다. 그러므로

$$\sum_{n=1}^{\infty} u_n = \lim_{m \to \infty} \sum_{n=1}^{2m} u_n = \left(\sum_{n=1}^{m} z_n \right)\left(\sum_{n=1}^{\infty} w_n \right)$$

이 성립한다. 따라서 코시곱 $\sum_{n=1}^{\infty} u_n$은 절대수렴한다.

3. 복소함수열

정의 25 복소함수열

복소평면 $\mathbb{C}$의 부분집합 A와 각 $n \in \mathbb{N}$에 대하여 복소함수 $f_n : A \to \mathbb{C}$이 존재할 때, A에서 $\mathbb{C}$로의 복소함수열(sequence of complex functions)을

$$\langle f_n \rangle_{n=1}^{\infty} \text{ 또는 간단히 } \langle f_n \rangle$$

으로 나타낸다.

일반적으로 $A \subset \mathbb{C}$에서 정의된 복소함수열 $\langle f_n \rangle$이 주어졌을 때, 각 $z \in A$에 함숫값 $f_n(z)$를 제n항으로 하는 복소수열 $\langle f_n(z) \rangle$를 대응시킬 수 있다.

(1) 점별수렴

복소함수열 $\langle f_n \rangle$의 수렴성은 각 점 $z \in A$에 대응된 복소수열 $\langle f_n(z) \rangle$의 수렴성을 통하여 정의된다. 점별수렴(점마다 수렴)은 복소함수열의 극한을 계산하는 데 있어서 매우 제한적이다.

정의 26 점별수렴

$\mathbb{C}$가 복소평면일 때 집합 $A \subset \mathbb{C}$에서 $\mathbb{C}$로의 복소함수열 $\langle f_n \rangle$에 대하여, $f : A \to \mathbb{C}$라고 하자. 이때 각 $z \in A$에 대하여

$$f(z) = \lim_{n \to \infty} f_n(z)$$

이면, 복소함수열 $\langle f_n \rangle$은 f로 **점별수렴**(pointwise convergence)한다고 한다. 이때 복소함수 f를 복소함수열 $\langle f_n \rangle$의 A에서의 **점별극한**(pointwise limit), **점별극한함수**(pointwise limit function) 또는 간단히 **극한함수**(limit function)라 하고, $f = \lim_{n \to \infty} f_n$ 또는 $f_n \to f$, 때로는

$$f(z) = \lim_{n \to \infty} f_n(z) \text{ 또는 } f_n(z) \to f(z)$$

로 표기한다.

(2) 균등수렴

균등수렴이란 개념은 1850년 경에 스토크스, 코시, 바이어슈트라스 등에 의하여 독립적으로 발견되었다.

정의 27 균등수렴

$\langle f_n \rangle$이 복소평면 $\mathbb{C}$의 부분집합 A에서 $\mathbb{C}$로의 복소함수열이고, $f : A \to \mathbb{C}$라고 하자. 이때 임의의 실수 $\varepsilon > 0$에 대하여

$$n \geq K \Rightarrow |f_n(z) - f(z)| < \varepsilon \ {}^\forall z \in A$$

을 만족하는 자연수 K가 존재하면(ε에는 종속이지만 $z \in A$에는 독립), 복소함수열 $\langle f_n \rangle$은 A에서 복소함수 f로 **균등수렴**(uniform covergence)한다고 하고, f를 $\langle f_n \rangle$의 A에서의 **균등극한**(uniform limit) 또는 **균등극한함수**(uniform limit function)라고 한다.

예제 각 $n \in \mathbb{N}$에 대하여 $f_n(z) = \dfrac{z^n}{z^n - 3^n}$으로 주어진 복소함수열 $\langle f_n \rangle$은 $|z| < 3$에서 0으로, $|z| > 3$에서 1로 각각 균등수렴한다.

증명 $|z| < 3$일 때 $\left|\dfrac{z}{3}\right| < 1$이므로

$$\lim_{n \to \infty} f_n(z) = \lim_{n \to \infty} \frac{(z/3)^n}{(z/3)^n - 1} = 0$$

이고, $|z|>3$일 때 $\left|\dfrac{3}{z}\right|<1$이므로

$$\lim_{n\to\infty} f_n(z)=\lim_{n\to\infty}\frac{1}{1-(3/z)^n}=1$$

이 성립한다. ■

복소함수열 $\langle f_n \rangle$이 $A\subset\mathbb{C}$에서 복소함수 f에 균등수렴하면, $\langle f_n \rangle$은 A에서 f에 점별수렴함을 알 수 있다. 그러나 역은 성립하지 않는다.

참고 $A\subset\mathbb{C}$에서 $\mathbb{C}$로의 복소함수열 $\langle f_n \rangle$이 복소함수 $f: A\to\mathbb{C}$에 균등수렴하지 않을 필요충분조건은 어떤 실수 $\varepsilon_0>0$에 대하여, $\langle f_n \rangle$의 부분함수열 $\langle f_{n_k} \rangle$와 A에서의 복소수열 $\langle z_k \rangle$가 존재하여

$$k\in\mathbb{N}\text{일 때, } |f_{n_k}(z_k)-f(z_k)|\geq\varepsilon_0$$

를 만족하는 것이다.

$A\subset\mathbb{C}$에서 $\mathbb{C}$로의 복소함수열 $\langle f_n \rangle$에 대하여 균등수렴을 논의할 때, 유계함수들의 집합에서 균등노름의 개념을 사용하는 것이 편리하다. 복소함수 $f: A\to\mathbb{C}$가 $A\subset\mathbb{C}$에서 유계일 때, A에서 복소함수 $f(z)$의 **균등노름**(uniform norm)을

$$\|f\|_A=\sup\{|f(z)|: z\in A\}$$

로 정의한다.

정리 28

$\mathbb{C}$가 복소평면일 때, $A\subset\mathbb{C}$에서 $\mathbb{C}$로의 유계인 복소함수열 $\langle f_n \rangle$이 A에서 복소함수 f에 균등수렴할 필요충분조건은 $\|f_n-f\|_A\to 0$이다.

다음 정리는 복소함수열의 균등수렴성에 대한 코시 판정법이다.

정리 29 **복소함수열의 균등수렴성에 대한 코시 판정법**

$\mathbb{C}$가 복소평면일 때, $A \subset \mathbb{C}$에서 $\mathbb{C}$로의 유계인 복소함수열 $\langle f_n \rangle$이 A에서 복소함수 f에 균등수렴할 필요충분조건은 임의의 실수 $\varepsilon > 0$에 대하여

$$m,\ n \geq K \Rightarrow |f_m(z) - f_n(z)| < \varepsilon \ \ ^{\forall} z \in A$$

을 만족하는 자연수 K가 존재하는 것이다.

균등수렴이라는 부가적인 가정은 연속인 복소함수열의 극한이 연속이라는 보장을 주기에 충분하다.

정리 30 **균등수렴과 연속성**

$\mathbb{C}$가 복소평면일 때, $A \subset \mathbb{C}$에서 정의된 연속인 복소함수열 $\langle f_n \rangle$이 복소함수 $f: A \rightarrow \mathbb{C}$로 균등수렴하면, 극한함수 f는 A에서 연속이다.

증명 $\varepsilon > 0$을 임의의 실수라 하자. 복소함수열 $\langle f_n \rangle$이 복소함수 $f: A \rightarrow \mathbb{C}$로 균등수렴하므로, 모든 $z \in A$에 대하여

$$n \geq K \Rightarrow |f_n(z) - f(z)| < \frac{\varepsilon}{3}$$

을 만족하는 자연수 K가 존재한다. 이제 극한함수 $f(z)$가 임의의 점 $z_0 \in A$에서 연속임을 보이자. 복소함수 $f_K(z)$가 $z_0 \in A$에서 연속이므로, 주어진 $\varepsilon > 0$에 대하여 이에 대응하는 적당한 $\delta > 0$가 존재하여

$$|z - z_0| < \delta \Rightarrow |f_K(z) - f_K(z_0)| < \frac{\varepsilon}{3}$$

이 성립한다. 그러므로 $|z - z_0| < \delta$ (단, $z \in A$)이면

$$\begin{aligned} |f(z) - f(z_0)| &\leq |f(z) - f_K(z)| + |f_K(z) - f_K(z_0)| \\ &\quad + |f_K(z_0) - f(z_0)| \leq \frac{\varepsilon}{3} + \frac{\varepsilon}{3} + \frac{\varepsilon}{3} = \varepsilon \end{aligned}$$

이 된다. 따라서 극한함수 f는 $A \subset \mathbb{C}$에서 연속이다. ■

연속함수열의 균등수렴이 그 균등극한함수의 연속성을 보장하는 충분조건은 되지만 필요조건은 아니다.

참고 연속인 복소함수열 $\langle f_n \rangle$이 $A \subset \mathbb{C}$에서 복소함수 f에 균등수렴하고, 점 $z_0 \in A$가 A의 집적점이면

$$\lim_{z \to z_0} \lim_{n \to \infty} f_n(z) = \lim_{n \to \infty} \lim_{z \to z_0} f_n(z)$$

가 된다. 왜냐하면, $\lim_{n \to \infty} f_n(z) = f(z)$이고 f가 연속이므로, $\lim_{z \to z_0} f(z) = f(z_0)$이다. 또한 각 f_n이 연속이므로, $\lim_{z \to z_0} f_n(z) = f_n(z_0)$이고 $\lim_{n \to \infty} f_n(z_0) = f(z_0)$가 성립하기 때문이다.

4. 복소함수항급수

여기서는 복소함수열에 대한 복소함수항급수를 정의하고, 복소함수항급수의 점별수렴성과 균등수렴성에 대하여 논의한다.

정의 31 복소함수항급수

복소평면 $\mathbb{C}$에 대하여, $\langle f_n \rangle$이 $A \subset \mathbb{C}$에서 정의된 복소함수열일 때

$$f_1 + f_2 + \cdots + f_n + \cdots = \sum_{n=1}^{\infty} f_n$$

을 A에서 정의된 **복소함수항급수**(series of complex functions)라 하고, 각 $n \in \mathbb{N}$에 대하여 복소함수 $S_n : A \to \mathbb{C}$을

$$S_n(z) = \sum_{k=1}^{n} f_k(z)$$

로 정의하였을 때, 복소함수열 $\langle S_n \rangle$을 $\sum_{n=1}^{\infty} f_n$의 **부분합의 복소함수열**이라고 한다.

급수 $\sum_{n=1}^{\infty} |f_n(z)|$이 $A \subset \mathbb{C}$에서 수렴할 때, 복소함수항급수 $\sum_{n=1}^{\infty} f_n$은 A에서 **절대수렴**한다고 한다.

참고 $\lim_{n \to \infty} \left| f(z) - \sum_{k=1}^{n} f_k(z) \right| = 0$이면, $\sum_{n=1}^{\infty} f_n(z) = f(z)$이다.

정의 32 점별수렴과 균등수렴

복소평면 $\mathbb{C}$에 대하여, $A \subset \mathbb{C}$에서 정의된 복소함수항급수 $\sum_{n=1}^{\infty} f_n$의 부분합의 복소함수열을 $\langle S_n \rangle$이라 할 때

(1) $\langle S_n \rangle$이 A에서 복소함수 f에 점별수렴하면, $\sum_{n=1}^{\infty} f_n$은 A에서 f로 **점별수렴한다**고 한다. 이때 복소함수 f를 복소함수항급수 $\sum_{n=1}^{\infty} f_n$의 합이라고 하고, 기호로는 $f = \sum_{n=1}^{\infty} f_n$으로 나타낸다.

(2) $\langle S_n \rangle$이 A에서 복소함수 f에 균등수렴할 때, 즉

$$\lim_{n \to \infty} \sup \left\{ \left| f(z) - \sum_{k=1}^{n} f_k(z) \right| : z \in A \right\} = 0$$

일 때, 복소함수항급수 $\sum_{n=1}^{\infty} f_n$은 A에서 f로 **균등수렴한다**고 한다.

균등수렴하는 함수항급수에 대하여 다음 결과를 얻는다.

정리 33 균등수렴과 연속성

$\mathbb{C}$가 복소평면일 때 각 $n \in \mathbb{N}$에 대하여 f_n이 $A \subset \mathbb{C}$에서 정의된 연속인 복소함수이고, 복소함수항급수 $\sum_{n=1}^{\infty} f_n$이 A에서 복소함수 f로 균등수렴하면, f는 A에서 연속이다.

참고 Ω가 복소평면 $\mathbb{C}$에서의 한 영역이라 하자. 이때 각 $n \in \mathbb{N}$에 대하여 $f_n(z)$가 $\Omega \subset \mathbb{C}$에서 정의된 연속인 복소함수이고 복소함수항급수 $\sum_{n=1}^{\infty} f_n(z)$가 Ω에서 $f(z)$에 균등수렴하면, Ω 안의 모든 경로 C에 대하여

$$\int_C \sum_{n=1}^{\infty} f_n(z)\, dz = \sum_{n=1}^{\infty} \int_C f_n(z)\, dz = \int_C f(z)\, dz$$

가 성립한다.

복소함수항급수의 균등수렴성을 알아보는 대표적인 판정법으로는 코시 판정법과 바이어슈트라스 판정법이 있다.

정리 34 복소함수항급수의 균등수렴성에 대한 코시 판정법

$\mathbb{C}$가 복소평면일 때, $A \subset \mathbb{C}$에서 정의된 복소함수항급수 $\sum_{n=1}^{\infty} f_n$이 A에서 균등수렴할 필요충분조건은 임의의 실수 $\varepsilon > 0$과 모든 $z \in A$에 대하여

$$m,\ n \geq K\ (\text{단},\ m \geq n \geq K) \Rightarrow \left| \sum_{k=n+1}^{m} f_k(z) \right| = |f_n(z) + \cdots + f_m(z)| < \varepsilon$$

을 만족하는 자연수 K가 존재하는 것이다.

증명 복소함수항급수 $\sum_{n=1}^{\infty} f_n$이 A에서 균등수렴할 필요충분조건은 $\sum_{n=1}^{\infty} f_n$의 부분합의 복소함수열 $\langle S_n \rangle$이 A에서 균등수렴하는 것이므로 정리 29로부터 정리가 성립한다. ■

다음 정리는 복소함수항급수가 균등수렴하게 될 충분조건을 보여준다.

정리 35 바이어슈트라스 M - 판정법

$\mathbb{C}$가 복소평면일 때, $\langle f_n \rangle$이 $A \subset \mathbb{C}$에서 정의된 복소함수열이라 하자. 이때 모든 $z \in A$와 모든 $n \in \mathbb{N}$에 대하여 $\sum_{n=1}^{\infty} M_n$이 수렴하고 $|f_n(z)| \leq M_n$을 만족하는 실수열

$$\langle M_n \rangle\ (\text{단},\ M_n \geq 0)$$

이 존재하면, 복소함수항급수 $\sum_{n=1}^{\infty} f_n$은 A에서 절대수렴하고 균등수렴한다.

증명 실급수 $\sum_{n=1}^{\infty} M_n$이 수렴하므로, 임의의 실수 $\varepsilon > 0$에 대하여

$$m,\ n \geq K\ (\text{단},\ m \geq n \geq K) \Rightarrow \left| \sum_{k=n+1}^{m} M_k \right| = \sum_{k=n+1}^{m} M_k < \varepsilon$$

을 만족하는 자연수 K가 존재한다. 한편 가정으로부터 모든 $z \in A$에 대하여

$$\left| \sum_{k=n+1}^{m} f_k(z) \right| \leq \sum_{k=n+1}^{m} |f_k(z)| \leq \sum_{k=n+1}^{m} M_k < \varepsilon$$

이다. 따라서 정리 34에 의하여, 복소함수항급수 $\sum_{n=1}^{\infty} f_n$은 A에서 절대수렴하고 균등수렴한다. ■

예 기하급수 $\sum_{n=0}^{\infty} z^n$은 단위열린원판 $\{z \in \mathbb{C} : |z| < 1\}$에서 $\frac{1}{1-z}$로 균등수렴하지 않는다. 그러나 기하급수 $\sum_{n=0}^{\infty} z^n$은 열린원판 $\{z \in \mathbb{C} : |z| < 1/2\}$에서 $\frac{1}{1-z}$에 균등수렴한다(3.2절 참조).

예 복소함수항급수 $\sum_{n=0}^{\infty} \frac{z^n}{n}$은 닫힌원판 $\{z \in \mathbb{C} : |z| \le r,\ 0 \le r < 1\}$에서 균등수렴한다. 또한 복소함수항급수 $\sum_{n=1}^{\infty} \frac{z^n}{n^2}$은 단위닫힌원판 $\{z \in \mathbb{C} : |z| \le 1\}$에서 균등수렴한다.

예제 복소함수항급수 $\sum_{n=0}^{\infty} \frac{1}{z^n}$은 $A = \{z \in \mathbb{C} : |z| \ge 2\}$에서 균등수렴한다.

증명 $|z| \ge 2$이므로, $\left|\frac{1}{z^n}\right| \le \frac{1}{2^n}$을 만족한다. 이때 $M_n = \frac{1}{2^n}$이라고 하면, 기하급수의 수렴성에 의하여 실급수 $\sum_{n=1}^{\infty} M_n = \sum_{n=1}^{\infty} \frac{1}{2^n}$은 수렴한다. 따라서 바이어슈트라스 M-판정법에 의해 복소함수항급수 $\sum_{n=0}^{\infty} \frac{1}{z^n}$은 A에서 균등수렴한다. ■

연습문제 3.1 EXERCISES

1. 모든 자연수 $n \in \mathbb{N}$에 대하여 $|z_n| \ge M$을 만족하는 $M > 0$이 존재한다고 하자. 이때 복소수열 $\langle z_n \rangle$이 복소수 z_0에 수렴하면, 복소수열 $\left\langle \frac{1}{z_n} \right\rangle$은 복소수 $\frac{1}{z_0}$에 수렴함을 보이시오.

2. 복소평면 $\mathbb{C}$에서 코시수열은 유계임을 보이시오.

3. 다음 주어진 복소급수에 대하여, 절대수렴 여부를 판정하시오.

(1) $\sum_{n=1}^{\infty} \frac{1}{(n+i)^2}$ (2) $\sum_{n=1}^{\infty} \frac{n!}{n^n}$

4. 각 $n \in \mathbb{N}$에 대하여, $z_n = w_n = \dfrac{(-1)^n}{\sqrt{n}}$로 주어진 수렴하는 두 급수 $\sum_{n=1}^{\infty} z_n$과 $\sum_{n=1}^{\infty} w_n$의 코시곱 $\sum_{n=1}^{\infty} u_n$은 수렴하지 않음을 보이시오.

5. 다음 복소함수항급수에 대하여, 주어진 영역에서 균등수렴 여부를 판정하시오.

(1) $\displaystyle\sum_{n=0}^{\infty} \frac{z^n}{z^n+1}$, $D = \{z \in \mathbb{C} : |z| \le r,\ 0 \le r < 1\}$

(2) $\displaystyle\sum_{n=1}^{\infty} \frac{z^n}{n^2}$, $D = \{z \in \mathbb{C} : |z| \le 1\}$

6. 복소평면 $\mathbb{C}$의 부분집합 A에서 $\mathbb{C}$로의 유계인 복소함수열 $\langle f_n \rangle$이 A에서 복소함수 f에 균등수렴할 필요충분조건은 $\| f_n - f \|_A \to 0$임을 보이시오.

3.2 복소멱급수

이제 복소멱급수에 대하여 서술한다. 복소멱급수는 복소함수항급수의 특수한 경우이다.

1. 복소멱급수

정의 1 복소멱급수 (complex power series)

주어진 복소수열 $\langle a_n \rangle$에 대하여, z에 관한 **복소멱급수**는

$$\sum_{n=0}^{\infty} a_n z^n = a_0 + a_1 z + \cdots + a_n z^n + \cdots$$

형태의 급수이고, 주어진 복소수열 $\langle a_n \rangle$과 복소수 $z_0 \in \mathbb{C}$에 대하여, $z - z_0$에 관한 **복소멱급수는**

$$\sum_{n=0}^{\infty} a_n (z - z_0)^n = a_0 + a_1 (z - z_0) + \cdots + a_n (z - z_0)^n + \cdots$$

형태의 급수이다.

$z - z_0$에 관한 복소멱급수는 변수변환식 $w = z - z_0$에 의하여 w에 관한 복소멱급수로 변환되므로, z에 관한 복소멱급수에 대하여 논하면 충분하다.

정의 2

복소멱급수 $\sum_{n=0}^{\infty} a_n z^n$이 수렴하면 $\sum_{n=0}^{\infty} a_n z^n$은 z**에서 수렴한다**고 하고, 그렇지 않으면 z에서 **발산한다**고 한다. 특히 복소멱급수 $\sum_{n=0}^{\infty} a_n z^n$가 복소평면 $\mathbb{C}$ 내부에 있는 한 집합 A의 모든 복소수 z에 대하여 수렴하면, $\sum_{n=0}^{\infty} a_n z^n$은 A**에서 수렴한다**고 한다.

예 복소멱급수

$$\sum_{n=0}^{\infty} \frac{z^n}{3^n} = 1 + \frac{z}{3} + \frac{z^2}{3^2} + \cdots$$

은 $|z| < 3$일 때 절대수렴하고, $|z| \geq 3$일 때 발산한다.

예 고정된 0이 아닌 복소수 $z_0 \in \mathbb{C}$에 대하여 $|z| < |z_0|$일 때, 복소멱급수 $\sum_{n=0}^{\infty} \left(\frac{z}{z_0}\right)^n$은 수렴한다. 이때

$$\sum_{n=0}^{\infty} \left(\frac{z}{z_0}\right)^n = \frac{1}{1-\dfrac{z}{z_0}} = \frac{z_0}{z_0 - z}$$

로 주어진다.

정의 3 수렴반지름

복소멱급수 $\sum_{n=0}^{\infty} a_n(z-z_0)^n$이 $|z-z_0| < R$을 만족하는 모든 z에 대하여 수렴하고 $|z-z_0| > R$ (단, $0 < R < \infty$)을 만족하는 모든 z에 대하여 발산할 때, R을 **수렴반지름** (radius of convergence) 또는 **수렴반경**이라 한다. 이때 원 $|z-z_0| = R$을 복소멱급수 $\sum_{n=0}^{\infty} a_n(z-z_0)^n$의 **수렴원** (circle of convergence)이라 하고, 열린원판

$$\{z \in \mathbb{C} : |z-z_0| < R\}$$

를 **수렴원판** (disk of convergence)이라 한다.

복소멱급수의 수렴반지름은 비판정법에 의해 쉽게 얻어진다.

예 복소멱급수 $\sum_{n=0}^{\infty} \frac{nz^n}{2^n}$에 대하여, $a_n = \frac{nz^n}{2^n}$이라 놓으면

$$L = \lim_{n\to\infty} \left|\frac{a_{n+1}}{a_n}\right| = \lim_{n\to\infty} \left|\frac{(n+1)\dfrac{z^{n+1}}{2^{n+1}}}{n\dfrac{z^n}{2^n}}\right| = \frac{|z|}{2} \lim_{n\to\infty} \frac{n+1}{n} = \frac{|z|}{2}$$

이므로, $\sum_{n=0}^{\infty} \frac{nz^n}{2^n}$은 $|z| < 2$이면 수렴하고 $|z| > 2$이면 발산한다. 따라서 수렴반지름은 $R = \frac{1}{L} = 2$이고 수렴원은 $|z| = 2$로 주어진다. 특히 $z = -2$와 $z = 2$일 때, 복소멱급수 $\sum_{n=0}^{\infty} \frac{nz^n}{2^n}$은 발산한다.

예 복소멱급수 $\sum_{n=0}^{\infty} n!z^n$에 대하여, $a_n = n!z^n$이라 놓으면

$$L = \lim_{n\to\infty}\left|\frac{a_{n+1}}{a_n}\right| = \lim_{n\to\infty}\left|\frac{(n+1)!z^{n+1}}{n!z^n}\right| = |z|\lim_{n\to\infty}(n+1) = \infty$$

이므로, $\sum_{n=0}^{\infty} n!z^n$은 $z=0$에서만 수렴한다. 이때 수렴반지름은 $R=0$으로 주어진다.

예제 복소멱급수 $\sum_{n=0}^{\infty}(n+1)\frac{(z-1)^n}{2^n}$의 수렴원판을 구하시오.

풀이 $a_n = (n+1)\frac{(z-1)^n}{2^n}$이라고 하면

$$L = \lim_{n\to\infty}\left|\frac{a_{n+1}}{a_n}\right| = \lim_{n\to\infty}\left|\frac{(n+2)\dfrac{(z-1)^{n+1}}{2^{n+1}}}{(n+1)\dfrac{(z-1)^n}{2^n}}\right| = \frac{|z-1|}{2}$$

이다. 따라서 $L<1$, 즉 $|z-1|<2$이면

$$\sum_{n=0}^{\infty}(n+1)\frac{(z-1)^n}{2^n}$$

은 수렴하므로, 수렴원판은 $\{z\in\mathbb{C} : |z-1|<2\}$로 주어진다. ■

정의 4 복소이항급수 (complex binomial series)

$\binom{\alpha}{0}=1,\ \binom{\alpha}{n}=\frac{\alpha(\alpha-1)\cdots(\alpha-n+1)}{n!}$일 때, 복소이항급수를

$$(1+z)^{\alpha} = \sum_{n=0}^{\infty}\binom{\alpha}{n}z^n$$

으로 정의한다.

예 복소이항급수 $\sum_{n=0}^{\infty}\binom{\alpha}{n}z^n$에 대하여, $\alpha\ge 0$가 자연수가 아니면 모든 계수는

$$a_n = \binom{\alpha}{n} \ne 0$$

이므로

$$L = \lim_{n \to \infty} \left| \frac{a_{n+1}}{a_n} \right| = \lim_{n \to \infty} \left| 1 - \frac{\alpha}{n} \right| = 1$$

이다. 따라서 수렴반지름은 $R = \frac{1}{L} = 1$로 주어진다. 한편 α가 자연수이면 수렴반지름은 $R = \infty$이다.

$\sum_{n=0}^{\infty} a_n z^n$이 수렴반지름 R을 갖는 복소멱급수일 때, 이 복소멱급수를 $\sum_{n=0}^{\infty} b_n (z - z_0)^n$ 형태의 멱급수로 표현하는 것이 가능할까? 이 질문에 대한 답을 다음 정리가 보여준다.

정리 5

복소멱급수 $\sum_{n=0}^{\infty} a_n z^n$의 수렴반지름이 R이라고 하자. 이때 $|z_0| < R$에 대하여 $|z - z_0| < R - |z_0|$이면, $\sum_{n=0}^{\infty} b_n (z - z_0)^n$은 수렴하고

$$\sum_{n=0}^{\infty} a_n z^n = \sum_{n=0}^{\infty} b_n (z - z_0)^n$$

을 만족하는 복소수열 $\langle b_n \rangle$이 존재한다.

비판정법과 근호판정법에 대한 결과를 이용하여 다음 정리를 얻는다.

정리 6

복소멱급수 $\sum_{n=0}^{\infty} a_n z^n$에 대하여

$$\lim_{n \to \infty} \left| \frac{a_{n+1}}{a_n} \right| = L \text{ 또는 } \limsup_{n \to \infty} |a_n|^{\frac{1}{n}} = L$$

일 때, $0 < L < \infty$이면 $\sum_{n=0}^{\infty} a_n z^n$의 수렴반지름은 $R = \frac{1}{L}$로 주어진다. 이때 복소멱급수 $\sum_{n=0}^{\infty} a_n z^n$은 $|z| < R$에서 절대수렴하고, $|z| > R$에서 발산한다. 그러나 $|z| = R$이면 복소멱급수 $\sum_{n=0}^{\infty} a_n z^n$의 수렴성의 판정은 불가능하다.

증명 $$\lim_{n\to\infty}\left|\frac{a_{n+1}z^{n+1}}{a_n z^n}\right| = |z|\lim_{n\to\infty}\left|\frac{a_{n+1}}{a_n}\right| = |z|L$$

이므로, 비판정법에 의해 복소멱급수 $\sum_{n=0}^{\infty} a_n z^n$은 $|z|L<1$이면 수렴하고, $|z|L>1$이면 발산한다. 따라서 $0<L<\infty$일 때, $|z|<\frac{1}{L}=R$이면 복소멱급수는 절대수렴하고 $|z|>\frac{1}{L}=R$이면 발산한다. 근호판정법에 대한 증명은 유사한 방법으로 이루어진다. ■

예 복소멱급수 $\sum_{n=0}^{\infty}\frac{nz^n}{2^n}$에 대하여, $a_n=\frac{n}{2^n}$이라 놓으면

$$L=\lim_{n\to\infty}\left|\frac{a_{n+1}}{a_n}\right| = \lim_{n\to\infty}\left|\frac{(n+1)/2^{n+1}}{n/2^n}\right| = \frac{1}{2}$$

이므로, 수렴반지름은 $R=\frac{1}{L}=2$이고 수렴원은 $|z|=2$로 주어진다.

예제 유계인 복소수열 $\langle a_n\rangle_{n=0}^{\infty}$에 대하여, $|z|<1$일 때 복소멱급수 $\sum_{n=0}^{\infty}a_n z^n$은 수렴한다.

증명 $\langle a_n\rangle_{n=0}^{\infty}$이 유계인 복소수열이므로, 모든 $n=0, 1, 2, \cdots$에 대하여 $|a_n|\le M$을 만족하는 $M>0$이 존재한다. 이때

$$L=\lim_{n\to\infty}\sup|a_n|^{1/n}\le\lim_{n\to\infty}\sup M^{1/n}=1$$

이므로, 수렴반지름은 $R=\frac{1}{L}\ge 1$이다. 따라서 $|z|<1$일 때, 복소멱급수 $\sum_{n=0}^{\infty}a_n z^n$은 수렴한다. ■

복소멱급수는 $L=0$이면 모든 z에서 수렴한다. 한편 $L=\infty$이면 $z=0$에서만 수렴한다. 따라서 다음 정리를 얻는다.

정리 7

복소멱급수 $\sum_{n=0}^{\infty}a_n z^n$에 대하여

$$\lim_{n\to\infty}\left|\frac{a_{n+1}}{a_n}\right| = L \text{ 또는 } \lim_{n\to\infty}\sup|a_n|^{\frac{1}{n}} = L$$

일 때, 다음이 성립한다.

(1) $L=\infty$이면, 복소멱급수 $\sum_{n=0}^{\infty} a_n z^n$의 수렴반지름은 $R=0$이고 $\sum_{n=0}^{\infty} a_n z^n$은 $z=0$에서만 수렴한다.

(2) $L=0$이면, 복소멱급수 $\sum_{n=0}^{\infty} a_n z^n$의 수렴반지름은 $R=\infty$이고 $\sum_{n=0}^{\infty} a_n z^n$은 모든 z에서 수렴한다.

참고 복소멱급수

$$1+3z+4z^2+27z^3+\cdots+2^{2n}z^{2n}+3^{2n+1}z^{2n+1}+\cdots$$

에 대하여, $a_{2n}=2^{2n}$이고 $a_{2n+1}=3^{2n+1}$이므로

$$\lim_{n\to\infty}\left|\frac{a_{2n+1}}{a_{2n}}\right| = \lim_{n\to\infty}\frac{3^{2n+1}}{2^{2n}} = \lim_{n\to\infty} 3\cdot\left(\frac{3}{2}\right)^{2n} = \infty$$

이고

$$\lim_{n\to\infty}\left|\frac{a_{2n}}{a_{2n-1}}\right| = \lim_{n\to\infty}\frac{2^{2n}}{3^{2n-1}} = \lim_{n\to\infty} 3\cdot\left(\frac{2}{3}\right)^{2n} = 0$$

이다. 따라서 비판정법을 이용하여 주어진 복소멱급수의 수렴반지름을 구할 수 없다.

정리 8 아다마르 정리 (Hadamard theorem)

복소수열 $<|a_n|^{\frac{1}{n}}>$이 수렴하지 않을 때, 다음이 성립한다.

(1) 복소수열 $<|a_n|^{\frac{1}{n}}>$이 유계이면, $<|a_n|^{\frac{1}{n}}>$의 수렴하는 부분수열의 극한값 중 최댓값이 M일 때, 복소멱급수 $\sum_{n=0}^{\infty} a_n(z-z_0)^n$의 수렴반지름은 $R=\frac{1}{M}$이다.

(2) 복소수열 $<|a_n|^{\frac{1}{n}}>$이 유계가 아니면, 복소멱급수 $\sum_{n=0}^{\infty} a_n(z-z_0)^n$의 수렴반지름은 $R=0$이며 $\sum_{n=0}^{\infty} a_n(z-z_0)^n$은 $z=z_0$에서만 수렴한다.

예제 복소멱급수

$$1+3z+4z^2+27z^3+\cdots+2^{2n}z^{2n}+3^{2n+1}z^{2n+1}+\cdots$$

의 수렴반지름은 $R=\dfrac{1}{3}$이다.

증명 모든 자연수 n에 대하여

$$|a_{2n}|^{\frac{1}{2n}}=(2^{2n})^{\frac{1}{2n}}=2,\quad |a_{2n+1}|^{\frac{1}{2n+1}}=(3^{2n+1})^{\frac{1}{2n+1}}=3$$

이므로, 최대인 극한은 $M=3$이 된다. 따라서 아다마르 정리에 의해 주어진 복소멱급수의 수렴반지름은 $R=\dfrac{1}{3}$이다. ■

2. 복소멱급수의 균등수렴

임의의 $\varepsilon>0$에 대하여

$$n\geq K\Rightarrow\left|\sum_{k=0}^{n}a_k z_0{}^k-L\right|<\varepsilon$$

을 만족하는 자연수 K가 존재하면, 복소멱급수 $\displaystyle\sum_{n=0}^{\infty}a_n z^n$은 $z_0\in\mathbb{C}$에서 L로 수렴한다고 한다. 그러나 이 자연수 K는 ε과 z_0에 의존하여 결정된다. 이때 K가 ε에만 의존하고 $z_0\in\mathbb{C}$에는 의존하지 않는다면 복소멱급수의 수렴의 형태를 **균등수렴**이라고 한다.

정의 9 균등수렴

복소평면 $\mathbb{C}$에 대하여 $\displaystyle\sum_{n=0}^{\infty}f_n(z)$이 $\Omega\subset\mathbb{C}$에서 정의된 복소멱급수라고 하자. 이때 임의의 $\varepsilon>0$과 모든 $z\in\Omega$에 대하여

$$n\geq K\Rightarrow\left|f(z)-\sum_{k=0}^{n}f_k(z)\right|<\varepsilon$$

을 만족하는 자연수 K가 존재하면, 복소멱급수 $\displaystyle\sum_{n=0}^{\infty}f_n(z)$는 $\Omega\subset\mathbb{C}$에서 복소함수 $f(z)$로 **균등수렴**한다고 한다.

예제 복소멱급수 $\sum_{n=0}^{\infty} z^n$은 닫힌원판 $\Omega = \left\{ z \in \mathbb{C} : |z| \le \frac{1}{2} \right\}$에서 $\frac{1}{1-z}$로 균등수렴한다.

증명 $|z| \le \frac{1}{2}$이므로

$$\left| \frac{1}{1-z} - \sum_{n=0}^{K} z^n \right| = \left| \sum_{n=K+1}^{\infty} z^n \right| \le \sum_{n=K+1}^{\infty} |z^n|$$
$$\le \left(\frac{1}{2}\right)^{K+1} \sum_{n=0}^{\infty} \left(\frac{1}{2}\right)^n = \left(\frac{1}{2}\right)^K$$

을 얻는다. 이때 임의의 $\varepsilon > 0$에 대하여 $\left(\frac{1}{2}\right)^K < \varepsilon$을 만족하는 자연수 K를 택하면, Ω에 속하는 모든 z에 대하여

$$n \ge K \Rightarrow \left| \frac{1}{1-z} - \sum_{k=0}^{n} f_k(z) \right| < \varepsilon$$

이 성립한다. 따라서 복소멱급수 $\sum_{n=0}^{\infty} z^n$은 $\Omega \subset \mathbb{C}$에서 $\frac{1}{1-z}$로 균등수렴한다. ■

특히 복소멱급수 $\sum_{n=0}^{\infty} a_n (z-z_0)^n$인 경우에 다음 결과는 매우 중요하다.

정리 10 **복소멱급수의 균등수렴**

$R > 0$이 복소멱급수 $\sum_{n=0}^{\infty} a_n z^n$의 수렴반지름이고 열린원판 $\{z \in \mathbb{C} : |z| < R\}$의 부분집합 K가 콤팩트이면, $\sum_{n=0}^{\infty} a_n z^n$은 K에서 균등수렴한다.

증명 K가 열린원판 $\{z \in \mathbb{C} : |z| < R\}$에서 콤팩트이므로, 모든 $z \in K$에 대하여 $|z| < cR$을 만족하는 양의 상수 $c < 1$가 존재한다. 따라서 n이 충분히 크면 모든 $z \in K$에 대하여

$$|a_n z^n| \le c^n$$

이 성립한다. 그런데 $c < 1$이므로, K에서 복소멱급수 $\sum_{n=0}^{\infty} a_n z^n$의 균등수렴은 $M_n = c^n$인 함수항급수의 바이어슈트라스 M-판정법의 직접적인 결과이다. ■

참고 아벨 정리(Abel's theorem) : R (단, $R > 0$)을 수렴반지름으로 갖는 복소멱급수

$$\sum_{n=0}^{\infty} a_n (z - z_0)^n$$

은 임의의 닫힌원판 $\{z \in \mathbb{C} : |z - z_0| \le r\}$ (단, $r < R$)에서 균등수렴하고, 절대수렴한다.

정리 11 균등수렴과 연속

R (단, $R > 0$)이 복소평면 $\mathbb{C}$에서 주어진 복소멱급수 $\sum_{n=0}^{\infty} a_n z^n$의 수렴반지름일 때, $\sum_{n=0}^{\infty} a_n z^n$의 극한은 열린원판 $\{z \in \mathbb{C} : |z| < R\}$에서 연속이다.

3. 복소멱급수의 코시곱

(1) 코시곱

정의 12 코시곱

두 복소멱급수 $\sum_{n=0}^{\infty} a_n z^n$과 $\sum_{n=0}^{\infty} b_n z^n$의 코시곱 $\sum_{n=0}^{\infty} c_n z^n$을

$$\sum_{n=0}^{\infty} c_n z^n = \left(\sum_{n=0}^{\infty} a_n z^n\right)\left(\sum_{n=0}^{\infty} b_n z^n\right) = \sum_{n=0}^{\infty} \left(\sum_{k=0}^{n} a_k b_{n-k}\right) z^n$$

으로 정의한다. 이때 $c_n = \sum_{k=0}^{n} a_k b_{n-k}$ (단, $n = 0, 1, 2, \cdots$)으로 주어진다.

수렴하는 두 복소멱급수의 코시곱은 수렴하지 않을 수 있다.

정리 13

복소평면 $\mathbb{C}$에서 두 복소멱급수 $\sum_{n=0}^{\infty} a_n z^n$과 $\sum_{n=0}^{\infty} b_n z^n$의 수렴반지름이 각각 R과 S이고

$$|z| < \min\{R, S\}$$

이면, $\sum_{n=0}^{\infty} a_n z^n$과 $\sum_{n=0}^{\infty} b_n z^n$의 코시곱

$$\sum_{n=0}^{\infty} c_n z^n = \left(\sum_{n=0}^{\infty} a_n z^n\right)\left(\sum_{n=0}^{\infty} b_n z^n\right) = \sum_{n=0}^{\infty}\left(\sum_{k=0}^{n} a_k b_{n-k}\right) z^n$$

은 열린원판 $\{z \in \mathbb{C} : |z| < \min\{R, S\}\}$에서 절대수렴한다.

예 복소멱급수 $\sum_{n=0}^{\infty} z^n$의 수렴반지름은 $R=1$이다. 실제로 $|z|<1$에서 $\sum_{n=0}^{\infty} z^n = \dfrac{1}{1-z}$ 이다. 따라서 $|z|<1$에서

$$\left(\sum_{m=0}^{\infty} z^m\right)\left(\sum_{n=0}^{\infty} z^n\right) = 1 + 2z + 3z^2 + \cdots = \frac{1}{(1-z)^2}$$

로 주어진다.

(2) 복소지수함수

정의 14 복소지수함수

복소지수함수 $\exp : \mathbb{C} \to \mathbb{C}$는 모든 복소수 z에 관하여

$$\exp(z) = e^z = \sum_{n=0}^{\infty} \frac{z^n}{n!}, \quad \text{수렴반지름 } R = \infty$$

로 정의된 함수이다.

임의의 복소수 z에 대하여, $\exp(z) \neq 0$이다.

예 복소지수함수 $\exp : \mathbb{C} \to \mathbb{C} \setminus \{0\}$는 전사(surjective)이다.

정리 15

임의의 복소수 z_1, z_2에 대하여, $\exp(z_1 + z_2) = \exp(z_1)\exp(z_2)$가 성립한다.

증명

$$\exp(z_1)\exp(z_2) = \sum_{k=0}^{\infty} \frac{(z_1)^k}{k!} \sum_{m=0}^{\infty} \frac{(z_2)^m}{m!}$$

$$= \sum_{n=0}^{\infty} \frac{1}{n!} \sum_{k=0}^{n} \frac{n!}{k!(n-k)!} (z_1)^k (z_2)^{n-k}$$

$$= \sum_{n=0}^{\infty} \frac{(z_1+z_2)^n}{n!}$$

$$= \exp(z_1) + \exp(z_2)$$ ■

예 임의의 복소수 z에 대하여, $\exp(z)\exp(-z) = \exp(z-z) = \exp(0) = 1$이므로

$$\exp(-z) = \frac{1}{\exp(z)}$$

이다. 또한 $\exp(z) = e^x(\cos y + i\sin y)$이다. 왜냐하면

$$\exp(z) = \exp(x+iy) = \exp(x)\exp(iy) = e^x(\cos y + i\sin y)$$

가 성립하기 때문이다.

예 임의의 복소수 z에 대하여

$$\exp(iz) = \cos z + i\sin z, \quad \exp(-iz) = \cos z - i\sin z$$

이므로

$$\cos z = \frac{\exp(iz)+\exp(-iz)}{2}, \quad \sin z = \frac{\exp(iz)-\exp(-iz)}{2i}$$

로 주어진다.

참고 임의의 복소수 z에 대하여, 다음이 성립한다.

(1) $\sin z = \sum_{n=0}^{\infty} \frac{(-1)^n z^{2n+1}}{(2n+1)!}$ (2) $\cos z = \sum_{n=0}^{\infty} \frac{(-1)^n z^{2n}}{(2n)!}$

정리 16

임의의 복소수 z_1, z_2에 대하여, $\exp(z_1) = \exp(z_2)$일 필요충분조건은

$$z_1 - z_2 = 2\pi i n$$

을 만족하는 정수 $n \in \mathbb{Z}$이 존재하는 것이다.

증명 $\exp(z_1) = \exp(z_2)$이고, $z_1 - z_2 = u + iv$ (단, $u, v \in \mathbb{R}$)이면

$$\exp(z_1 - z_2) = \exp(u + iv) = e^u(\cos v + i\sin v) = 1$$

이므로

$$e^u = 1, \ \cos v = 1, \ \sin v = 0$$

이 성립한다. 따라서 $u = 0$이고 $v = 2n\pi$를 만족하는 정수 $n \in \mathbb{Z}$이 존재한다. 그러므로 $z_1 - z_2 = 2\pi i n$을 만족하는 정수 $n \in \mathbb{Z}$이 존재한다. 역으로 $z_1 - z_2 = 2\pi i n$을 만족하는 정수 $n \in \mathbb{Z}$이 존재하면

$$\exp(z_1) = \exp(z_2)\exp(2\pi i n) = \exp(z_2)\exp(\cos 2\pi n + i\sin 2\pi n) = \exp(z_2)$$

가 성립한다. ■

정리 17

복소평면 $\mathbb{C}$에 대하여 $D = \mathbb{C} \setminus \{x \in \mathbb{R} : x \le 0\}$일 때, 다음 네 조건

(1) $\log 1 = 0$

(2) $|\mathrm{Im}(\log z)| < \pi$

(3) $\exp(\log z) = z \ \forall z \in D$

(4) $\log z = \log|z| + i\,\mathrm{Arg}\, z$ (단, $-\pi < \mathrm{Arg}\, z < \pi$)

를 만족하는 유일한 연속함수 $\log : D \to \mathbb{C}$가 존재한다.

참고 $D = \mathbb{C} \setminus \{x \in \mathbb{R} : x \le 0\}$에서 정의된 연속함수 $\log : D \to \mathbb{C}$에 대하여, 다음이 성립한다.

(1) $\log z = \log|z| + i\arg z$이다.

(2) 임의의 $a, b \in \mathbb{R}$에 대하여 $a^b = e^{b \ln a}$이다.

(3) 임의의 $\alpha, \beta \in \mathbb{C}$에 대하여, $\alpha^\beta = e^{\beta \log \alpha} = e^{\beta[\log|\alpha| + i\arg \alpha]}$이다.

연습문제 3.2 EXERCISES

1. $e = \sum_{n=0}^{\infty} \frac{1}{n!}$로 정의된 e는 무리수임을 보이시오.

2. 복소멱급수 $\sum_{n=1}^{\infty} \frac{z^n}{n}$의 수렴반지름이 $R=1$임을 보이시오.

3. 다음 복소멱급수의 수렴반지름을 구하시오.

(1) $\sum_{n=0}^{\infty} \frac{2^n}{\ln(n+2)} z^n$ (2) $\sum_{n=1}^{\infty} \frac{z^n}{n}$ (3) $\sum_{n=0}^{\infty} 2^n z^{2n}$

4. 복소멱급수 $\sum_{n=1}^{\infty} \frac{z^n}{n^2}$의 수렴 여부를 판단하시오.

5. 고정된 0이 아닌 복소수 z_0에 대하여 $0 < r < |z_0|$이면, 복소멱급수 $\sum_{n=0}^{\infty} \left(\frac{z}{z_0}\right)^n$은 닫힌 원판

$$\Omega = \{z \in \mathbb{C} : |z| \le r\}$$

에서 균등수렴함을 보이시오.

6. (아벨 정리) : R (단, $R > 0$)을 수렴반지름으로 갖는 복소멱급수

$$\sum_{n=0}^{\infty} a_n (z - z_0)^n$$

은 열린원판 $\{z \in \mathbb{C} : |z - z_0| < R\}$에 포함되는 임의의 닫힌원판

$$\{z \in \mathbb{C} : |z - z_0| \le r\} \text{ (단, } r < R)$$

에서 균등수렴하고, 절대수렴함을 보이시오.

7. 복소멱급수 $\sum_{n=0}^{\infty} a_n z^n$에 대하여 $\lim_{n \to \infty} \sup |a_n|^{\frac{1}{n}} = L$일 때, $\sum_{n=0}^{\infty} a_n z^n$의 수렴반지름이 $R = \frac{1}{L}$임을 보이시오.

제4장 복소변수 해석함수

4.1 복소함수의 미분가능성

1. 미분가능한 복소함수

여기서는 복소변수에 대하여 복소수를 함숫값으로 갖는 복소함수의 도함수에 대하여 설명한다. 복소함수의 도함수도 실함수의 도함수와 같은 방법으로 정의한다. 그러나 복소함수의 미분은 실함수의 미분과는 다른 성질도 가짐에 유의한다.

정의 1 미분가능

복소평면 $\mathbb{C}$의 임의의 부분집합 Ω에서 정의된 복소함수 $f(z)$에 대하여, 극한 $\lim_{h \to 0} \frac{f(z_0+h)-f(z_0)}{h}$가 존재하면

$$f'(z_0) = \lim_{h \to 0} \frac{f(z_0+h)-f(z_0)}{h}$$

로 정의된 $f'(z_0)$를 $z_0 \in \Omega$에서 $f(z)$의 **미분계수** (Differential coefficient)라고 한다. 특히 $z_0 \in \Omega$에서 복소함수 $f(z)$의 미분계수가 존재할 때, $f(z)$는 z_0에서 **복소 미분가능** (complex differentiable) 또는 간단히 **미분가능** (differentiable)하다고 한다.

참고 복소평면 $\mathbb{C}$의 임의의 부분집합 Ω에서 정의된 복소함수 $f(z)$에 대하여, 극한 $\lim_{z \to z_0} \frac{f(z)-f(z_0)}{z-z_0}$가 존재할 때

$$f'(z_0) = \lim_{z \to z_0} \frac{f(z)-f(z_0)}{z-z_0}$$

로 정의된 $f'(z_0)$를 $z_0 \in \Omega$에서 $f(z)$의 **미분계수**라고 한다.

예 모든 n차 복소다항식

$$p(z) = a_0 + a_1 z + a_2 z^2 + \cdots + a_n z^n$$

은 복소평면 $\mathbb{C}$에서 미분가능하다.

복소함수 $\operatorname{Arg} z$, $\operatorname{Re} z$, $\operatorname{Im} z$, $|z|$, $\bar{z}$는 복소평면 $\mathbb{C}$에서 미분가능하지 않다. 그러나 복소함수 $f(z)=|z|^2$은 $z=0$에서 미분가능하지만, $z \neq 0$에서 미분가능하지 않다.

예 복소로그함수 $\operatorname{Log} z = \ln|z| + i\operatorname{Arg} z$는 $z_0 = x_0 + iy_0$ (단, $x_0 \leq 0$, $y_0 = 0$)에서 연속이 아니다. 따라서 복소로그함수 $\operatorname{Log} z$는

$$z_0 = x_0 + iy_0 \ \ (\text{단, } x_0 \leq 0,\ y_0 = 0)$$

에서 미분가능하지 않다.

정리 2

복소함수 $f(z)$가 $z_0 \in \mathbb{C}$에서 미분가능하면, $f(z)$는 z_0에서 연속이다.

증명 복소함수 $f(z)$가 $z_0 \in \mathbb{C}$에서 미분가능하므로, $f'(z_0)$가 존재한다. 따라서

$$\begin{aligned}\lim_{z \to z_0} \{f(z) - f(z_0)\} &= \lim_{z \to z_0} \frac{f(z)-f(z_0)}{z-z_0}(z-z_0) \\ &= \lim_{z \to z_0} \frac{f(z)-f(z_0)}{z-z_0} \lim_{z \to z_0}(z-z_0) = f'(z_0) \cdot 0 = 0\end{aligned}$$

이 성립한다. ■

복소함수의 미분에 관하여 다음 법칙이 성립한다.

정리 3

복소함수 f와 g가 $z_0 \in \mathbb{C}$에서 미분가능하고, c가 복소수일 때 $f+g$, cf, fg는 z_0에서 미분가능하고 다음이 성립한다.

(1) $(f+g)'(z_0) = f'(z_0) + g'(z_0)$

(2) $(cf)'(z_0) = cf'(z_0)$

(3) $(fg)'(z_0) = f(z_0)g'(z_0) + g(z_0)f'(z_0)$

특히 $g(z_0) \neq 0$이면 $\dfrac{f}{g}$도 $z_0 \in \mathbb{C}$에서 미분가능하고 다음이 성립한다.

(4) $\left(\dfrac{f}{g}\right)'(z_0) = \dfrac{g(z_0)f'(z_0) - f(z_0)g'(z_0)}{g^2(z_0)}$

참고 복소함수 g가 $z_0 \in \mathbb{C}$에서 미분가능하고, 복소함수 f가 $g(z_0)$에서 미분가능하면, 합성함수 $f \circ g$는 z_0에서 미분가능하고

$$(f \circ g)'(z_0) = f'(g(z_0))g'(z_0)$$

가 성립한다.

2. 코시 - 리만 방정식

지금까지 복소함수의 미분은 실함수의 미분과 많은 유사점이 있음을 보았다. 이제 복소함수와 실함수의 미분에서의 근본적인 차이점을 알아보자.

정리 4 코시 - 리만 방정식

복소평면 $\mathbb{C}$에서 정의된 복소함수 $f(z)$가 $z_0 \in \mathbb{C}$에서 미분가능하면

$$\frac{df}{dz}(z_0) = \frac{\partial f}{\partial x}(z_0) = -i\frac{\partial f}{\partial y}(z_0)$$

가 성립한다. 이때 방정식

$$\frac{\partial f}{\partial x}(z_0) = -i\frac{\partial f}{\partial y}(z_0)$$

를 코시-리만 방정식(Cauchy-Riemann equation)이라 한다.

증명 복소평면 $\mathbb{C}$에서 정의된 복소함수 $f(z)$가 $z_0 = (x_0, y_0) \in \mathbb{C}$에서 미분가능하다고 하자. 이때 h가 실수이면

$$f'(z_0) = \lim_{h \to 0} \frac{f(x_0+h, y_0) - f(x_0, y_0)}{h} = \frac{\partial f}{\partial x}(z_0) = f_x(z_0)$$

이고, $h = ik$가 순허수이면

$$f'(z_0) = \lim_{k \to 0} \frac{f(x_0, y_0+k) - f(x_0, y_0)}{ik} = \frac{1}{i}\frac{\partial f}{\partial y}(z_0) = -if_y(z_0)$$

가 된다. 따라서 복소함수 $f(z)$가 $z_0 \in \mathbb{C}$에서 미분가능하면

$$\frac{df}{dz}(z_0) = \frac{\partial f}{\partial x}(z_0) = -i\frac{\partial f}{\partial y}(z_0)$$

가 성립한다. ■

예 복소함수 $f(z)=\bar{z}=x-iy$에 대하여 편도함수

$$\frac{\partial f}{\partial x}=1, \quad \frac{\partial f}{\partial y}=-1$$

이므로, $\frac{\partial f}{\partial x}\neq -i\frac{\partial f}{\partial y}$이다. 따라서 복소함수 $f(z)=\bar{z}$는 복소평면 $\mathbb{C}$에서 미분가능하지 않다.

복소함수 $f(z)$에서 도함수의 존재성은 편미분방정식

$$\frac{\partial f}{\partial x}=-i\frac{\partial f}{\partial y}, \text{ 즉 } f_x=-if_y$$

가 성립함을 보장한다.

참고 (코시-리만 방정식의 직교형식)

복소함수 $f(z)=u(z)+iv(z)$에 대한 코시-리만 방정식 $\frac{\partial f}{\partial x}=-i\frac{\partial f}{\partial y}$의 직교형식은

$$\frac{\partial u}{\partial x}=\frac{\partial v}{\partial y}, \quad \frac{\partial v}{\partial x}=-\frac{\partial u}{\partial y}$$

로 주어진다. 왜냐하면 복소변수 실함수 $u(z)$와 $v(z)$를 사용하여

$$f(z)=u(z)+iv(z)$$

로 두고

$$u_x+iv_x=f_x=-if_y=v_y-iu_y$$

의 실수부와 허수부를 각각 같게 놓으면

$$u_x=v_y, \quad v_x=-u_y$$

를 얻는다. 직교형식을 카테시안 형식이라고 한다.

따름정리 미분가능성의 필요조건

복소함수 $f(z)=u(z)+iv(z)$가 z에서 도함수를 가지면, x와 y에 관한 실함수 $u(z)$와 $v(z)$의 일계편도함수가 존재하여 코시-리만 방정식

$$u_x = v_y,\ v_x = -u_y$$

를 만족한다.

참고 코시-리만 방정식은 여러 가지 용도를 가진다. 예를 들면 코시-리만 방정식이 성립하지 않는 점에서 복소함수는 미분가능하지 않다.

예 $f(z) = |z|^2 = x^2 + y^2$일 때, $u = x^2 + y^2$, $v = 0$에 대하여

$$u_x = 2x,\quad u_y = 2y,\quad v_x = 0 = v_y$$

이므로, 복소함수 $f(z)$는 원점에서만 코시-리만 방정식을 만족한다. 따라서 $z \neq 0$에서 복소함수 $f(z)$는 미분가능하지 않다. 그러나 복소함수 $f(z)$는 $z=0$에서 미분가능하다. 이때 코시-리만 방정식을 만족함에 유의한다.

참고 코시-리만 방정식은 미분가능을 위한 충분조건이 아니다. 왜냐하면

$$f(z) = \begin{cases} \dfrac{z^5}{|z|^4} & , z \neq 0 \\ 0 & , z = 0 \end{cases}$$

으로 주어진 복소함수 $f(z)$는 $z=0$에서 미분가능하지 않지만, $f(z)$는 $z=0$에서 코시-리만 방정식을 만족한다.

정리 5

복소평면 $\mathbb{C}$에 대하여 z_0를 포함하는 영역 $G \subset \mathbb{C}$에서 정의된 복소함수 $f(z)$가 z_0에서 연속인 편도함수 f_x와 f_y를 가지며, z_0에서 코시-리만 방정식

$$\frac{\partial f}{\partial x}(z_0) = -i\frac{\partial f}{\partial y}(z_0)$$

를 만족하면, $f(z)$는 z_0에서 미분가능하다.

증명 $z = z_0 + \Delta z = z_0 + \Delta x + i\Delta y$에 대하여, 테일러 정리를 이용하면

$$f(z) = f(z_0) + \frac{\partial f}{\partial x}(z_0)\Delta x + \frac{\partial f}{\partial y}(z_0)\Delta y + R_2$$

$$= f(z_0) + \frac{\partial f}{\partial x}(z_0)(\Delta x + i\Delta y) + R_2$$

이므로

$$f'(z_0) = \lim_{z \to z_0} \frac{f(z) - f(z_0)}{z - z_0}$$

$$= \lim_{(\Delta x, \Delta y) \to (0, 0)} \frac{f(z_0 + \Delta x + i\Delta y) - f(z_0)}{\Delta x + i\Delta y} = \frac{\partial f}{\partial x}(z_0)$$

가 성립한다. ■

예 $f(z) = e^z = e^{x+iy} = e^x \cos y + ie^x \sin y$ 에 대하여, 편도함수

$$\frac{\partial f}{\partial x} = e^x \cos y + ie^x \sin y, \quad \frac{\partial f}{\partial y} = -e^x \sin y + ie^x \cos y$$

가 연속이고, 모든 x 와 y 에 대하여

$$\frac{\partial f}{\partial x} = -i\frac{\partial f}{\partial y}$$

을 만족하므로, 복소함수 $f(z)$는 복소평면 $\mathbb{C}$에서 미분가능하고

$$\frac{df}{dz} = \frac{\partial f}{\partial x} = e^x(\cos y + i\sin y) = e^z$$

으로 주어진다.

따름정리 미분가능성의 충분조건

복소평면 $\mathbb{C}$에 대하여 z_0를 포함하는 영역 $G \subset \mathbb{C}$에서 정의된 복소함수 $f(z) = u(z) + iv(z)$가 z_0에서 연속인 편도함수 f_x와 f_y를 가지며, z_0에서 코시-리만 방정식

$$u_x = v_y, \quad v_x = -u_y$$

를 만족하면, $f'(z_0)$가 존재한다.

연습문제 4.1 EXERCISES

1. $f(z)=|z|^2$으로 주어진 복소함수 $f(z)$는 $z=0$에서 미분가능함을 보이시오.

2. 복소함수 $f(z)$가 $f(z)=z\sin\dfrac{1}{z}$로 정의될 때, 모든 z_n에 대하여 $f(z_n)=0$을 만족하는 0에 수렴하는 복소수열 $\langle z_n \rangle_{n=0}^{\infty}$가 존재함을 보이시오.

3. 고정된 0이 아닌 복소수 α에 대하여, 복소함수 $f(z)=z^{\alpha}$의 도함수는

$$f'(z)=\alpha z^{\alpha-1}$$

으로 주어짐을 보이시오.

4.2 해석함수와 조화함수

1. 해석함수

정의 1 복소해석함수

복소평면 $\mathbb{C}$에 대하여 복소함수 $f(z)$가 영역 $G \subset \mathbb{C}$의 모든 점에서 미분가능하면, $f(z)$를 G에서 해석적 (analytic) 또는 정칙 (holomorphic)이라고 한다.

이 책을 서술함에 있어 복소해석함수를 간단히 해석함수로 표기하기로 한다.

참고 복소함수 $f(z)$가 $z_0 \in \mathbb{C}$ 자신을 포함해서 z_0의 어떤 ε-근방

$$N(z_0, \varepsilon) = \{z \in \mathbb{C} : |z - z_0| < \varepsilon\}$$

에 속하는 모든 점에서 미분가능할 때, $f(z)$는 z_0에서 해석함수라고 한다. 일반적으로 해석함수의 정의역은 미분가능한 함수의 정의역의 내부이다. 특히 복소함수 $f(z)$가 영역 $\Omega \subset \mathbb{C}$에서 해석함수인 것과 $f(z)$가 Ω의 모든 점에서 미분가능함은 서로 동치이다.

예 유리함수 $\dfrac{p(z)}{q(z)}$는 $q(z) \neq 0$이 되는 z를 포함하지 않는 모든 영역에서 해석적이다. 따라서 복소함수 $f(z) = \dfrac{1}{z(z-1)}$은 $\mathbb{C} \setminus \{0, 1\}$에서 해석적이다.

예 $f(z) = |z|^2 = x^2 + y^2$으로 정의된 복소함수 $f(z)$는 원점에서 해석적이 아니다. 왜냐하면 복소함수 $f(z)$는 원점 $z = 0$에서 미분가능하지만, 어떠한 원점 근방에서도 미분가능하지 않기 때문이다.

예제 복소함수 $f(z) = \dfrac{z+3}{z^2+1}$이 해석적이 되는 최대영역 S를 구하시오.

풀이 $z^2 + 1 \neq 0$, 즉 $z \neq \pm i$일 때 복소함수 $f(z)$는 미분가능하다. 따라서 복소함수 $f(z)$는

$$S = \{z \in \mathbb{C} \mid z \neq \pm i\}$$

에서 해석적이다. ■

참고 실함수 $f(x)$가 닫힌구간 $\{x \in \mathbb{R} : |x - x_0| \le r\}$에서 수렴하는 멱급수로 표현되면, 즉

$$f(x) = \sum_{n=0}^{\infty} a_n (x - x_0)^n \quad (\text{단, } |x - x_0| \le r)$$

이면, $f(x)$는 $x_0 \in \mathbb{R}$에서 **실해석함수** (real analytic function)라고 한다.

정의 2 정함수

복소함수 $f(z)$가 복소평면 $\mathbb{C}$에서 해석적이면 $f(z)$를 **정함수** (entire function) 또는 전해석함수라고 한다.

예 모든 n차 복소다항식은 정함수이다.

예제 복소평면 $\mathbb{C}$에서 정의된 복소함수 $f(z) = z^2$은 정함수이다.

증명 복소함수 $f(z) = z^2 = x^2 - y^2 + i\,2xy$는 복소평면 $\mathbb{C}$에 있는 모든 x와 y에 대하여 연속인 편도함수 f_x와 f_y를 가지며, 코시-리만 방정식

$$\frac{\partial f}{\partial x} = -i\frac{\partial f}{\partial y}, \quad \text{즉 } 2x + i\,2y = -i(-2y + i\,2x)$$

를 만족한다. 그러므로 복소함수 $f(z)$는 복소평면 $\mathbb{C}$에서 미분가능하다. 따라서 복소함수 $f(z)$는 복소평면 $\mathbb{C}$에서 해석적이므로, $f(z)$는 정함수이다. ■

참고 $e^z = e^x(\cos y + i \sin y)$로 정의된 복소지수함수 e^z는 정함수이고

$$(e^z)' = e^z, \quad e^0 = 1, \quad e^z \ne 0$$

을 만족한다.

정리 3

복소삼각함수 $\cos z$와 $\sin z$는 정함수이고

$$(\cos z)' = -\sin z, \quad (\sin z)' = \cos z$$

가 성립한다.

증명 $(\cos z)' = \left(\dfrac{e^{iz}+e^{-iz}}{2}\right)' = \dfrac{ie^{iz}-ie^{-iz}}{2} = \dfrac{e^{iz}-e^{-iz}}{-2i} = -\sin z$

$(\sin z)' = \left(\dfrac{e^{iz}-e^{-iz}}{2i}\right)' = \dfrac{ie^{iz}+ie^{-iz}}{2i} = \dfrac{e^{iz}+e^{-iz}}{2} = \cos z$ ■

예제 $f(z) = e^{x^2-y^2}(\cos 2xy + i\sin 2xy)$로 정의된 복소함수 $f(z)$는 정함수이다.

증명 $u(x, y) = e^{x^2-y^2}\cos 2xy$, $v(x, y) = e^{x^2-y^2}\sin 2xy$라고 두면

$$u_x = 2e^{x^2-y^2}(x\cos 2xy - y\sin 2xy) = v_y$$
$$-u_y = 2e^{x^2-y^2}(y\cos 2xy + x\sin 2xy) = v_x$$

이므로, 코시-리만 방정식이 성립한다. 또한 이 편도함수들은 복소평면 $\mathbb{C}$에서 연속이므로 복소함수 $f(z)$는 $\mathbb{C}$에서 해석적이다. 따라서 복소함수 $f(z)$는 정함수이다. ■

참고 복소삼각함수

$$\tan z = \frac{\sin z}{\cos z}, \quad \cot z = \frac{\cos z}{\sin z}, \quad \sec z = \frac{1}{\cos z}, \quad \csc z = \frac{1}{\sin z}$$

은 분모가 0이 되지 않는 점에서는 해석적이고, 다음 법칙이 성립한다.

$$(\tan z)' = \sec^2 z, \quad (\cot z)' = -\csc^2 z$$
$$(\sec z)' = \sec z \tan z, \quad (\csc z)' = -\csc z \cot z$$

예 k가 정수일 때, $(\tan z)' = \sec^2 z \left(단, z \neq \left(k+\dfrac{1}{2}\right)\pi,\ k는\ 정수\right)$로 주어진다.

정리 4

복소쌍곡선함수 $\cosh z$와 $\sinh z$는 정함수이고

$$(\cosh z)' = \sinh z, \quad (\sinh z)' = \cosh z$$

가 성립한다.

다음 정리 5에 대한 증명은 복소로그함수 $\log z$의 모든 가지에 동일하게 적용된다.

정리 5

복소로그함수 $\log z$의 주요가지 $\mathrm{Log}\, z = \ln|z| + i\,\mathrm{Arg}\, z$는 영역

$$G = \{ z \in \mathbb{C} : |z| > 0,\ -\pi < \arg z < \pi \}$$

즉

$$G = \mathbb{C} \setminus \{ z = x + iy \mid x \le 0,\ y = 0 \}$$

에서 해석적이다. 이때 영역 G에서

$$\frac{d}{dz} \mathrm{Log}\, z = \frac{1}{z}$$

로 주어진다.

증명 $z = x + iy$에 대하여, 편의상 $|\mathrm{Arg}\, z| < \frac{\pi}{2}$라고 두자. 그러면 $\tan^{-1}\left(\frac{y}{x}\right)$가 정의된다. 이때

$$u + iv = \mathrm{Log}\, z = \ln|z| + i\,\mathrm{Arg}\, z = \frac{1}{2}\ln(x^2 + y^2) + i\tan^{-1}\left(\frac{y}{x}\right)$$

이고, 따라서

$$u_x = \frac{x}{x^2 + y^2}, \quad v_x = -\frac{y}{x^2 + y^2}$$
$$u_y = \frac{y}{x^2 + y^2}, \quad v_y = \frac{x}{x^2 + y^2}$$

가 된다. 여기서 $u_x = v_y$, $v_x = -u_y$이므로 코시-리만 방정식이 성립한다. 또한 이 편도함수들은 G에서 연속이므로, 복소로그함수 $\mathrm{Log}\, z$는 G에서 해석적이다. 이때 영역 G에서

$$\frac{d}{dz}\mathrm{Log}\, z = u_x + iv_x = \frac{x}{x^2 + y^2} + i\frac{-y}{x^2 + y^2} = \frac{x - iy}{x^2 + y^2}$$
$$= \frac{\bar{z}}{|z|^2} = \frac{\bar{z}}{z\bar{z}} = \frac{1}{z}$$

로 주어진다. ■

참고 복소로그함수 $\log z$를 각각 제한된 정의역을 가지는 무한개의 함수, 즉 $\log z$의 가지로 생각할 수 있다. 이때 가지절단을 포함하지 않는 모든 영역에서 복소로그함수 $\log z$의 분기는 해석적이다. 특히 $z = 0$을 제외한 모든 점에서 해석적이 되도

록 복소로그함수 $\log z$를 정의하는 방법도 있다. 그렇게 하기 위해서는 가지절단을 다른 곳으로 옮겨야 한다.

예제 복소멱함수 z^a의 모든 가지는 가지절단을 제외한 모든 점에서 미분가능하고

$$\frac{d}{dz}\text{p.v.}(z^a) = \text{p.v.}(a z^{a-1})$$

이 성립한다.

증명

$$\begin{aligned}\frac{d}{dz}\text{p.v.}(z^a) &= \frac{d}{dz}\left(e^{a\,\mathrm{Log}\,z}\right) = a e^{a\,\mathrm{Log}\,z}\frac{d}{dz}\mathrm{Log}\,z = a e^{a\,\mathrm{Log}\,z}\frac{1}{z} \\ &= a e^{a\,\mathrm{Log}\,z} e^{-\mathrm{Log}\,z} = a e^{(a-1)\mathrm{Log}\,z} = \text{p.v.}(az^{a-1})\end{aligned}$$

■

도함수가 어떤 구간에서 0인 실함수는 그 구간에서 상수함수가 된다. 복소함수에 관해서도 이 사실이 성립한다.

정리 6

Ω가 복소평면 $\mathbb{C}$의 한 영역일 때, Ω에서 정의된 복소함수 $f(z)$가

$$\forall z \in \Omega,\ f'(z) = 0$$

을 만족하면, $f(z)$는 Ω에서 상수함수이다.

증명 $f'(z) = u_x(z) + i\,v_x(z) = v_y(z) - i\,u_y(z) = 0$이므로, $f'(z) = 0$이면

$$u_x = v_y,\quad v_x = -u_y$$

도 모두 0이다. 그런데

$$du = \frac{\partial u}{\partial x}dx + \frac{\partial u}{\partial y}dy = 0,\quad dv = \frac{\partial v}{\partial x}dx + \frac{\partial v}{\partial y}dy = 0$$

이므로, $u(z) = a$, $v = (z) = b$ (단, a, b는 실수 상수)가 된다. 따라서 복소함수 $f(z)$는 $\Omega \subset \mathbb{C}$에서 상수함수이다. ■

예제 Ω가 복소평면 $\mathbb{C}$의 한 영역일 때, 복소함수 $f : \Omega \to \mathbb{C}$가 해석적이고 모든 $z \in \Omega$에 대하여 $|f(z)|$이 상수함수이면, $f(z)$도 Ω에서 상수함수이다.

증명 $f(z) = u(x, y) + iv(x, y)$이면, $|f(z)| = |u + iv| = c$, 즉 $c = \sqrt{u^2 + v^2}$ 이다.

(1) $c = 0$이면, $u = v = 0$이므로 $f(z) = 0$이다.

(2) $c \neq 0$, 즉 $u^2 + v^2 = c^2$이면

$$\begin{cases} 2u\,u_x + 2v\,v_x = 0 \\ 2u\,u_y + 2v\,v_y = 0 \end{cases}, \text{ 즉 } \begin{cases} u\,u_x + v\,v_x = 0 \\ u\,u_y + v\,v_y = 0 \end{cases}$$

이다. 그런데 복소함수 $f(z)$가 해석적이므로, 코시-리만 방정식을 만족하여

$$\begin{cases} u\,u_x - v\,u_y = 0 \\ u\,u_y + v\,u_x = 0 = v\,u_x + u\,u_y \end{cases}$$

이 성립한다. 그러므로 **크라머 법칙**(Cramer's rule)에 의해

$$(u^2 + v^2)\,u_x = 0, \quad (u^2 + v^2)\,u_y = 0$$

이다. 이때 $c \neq 0$이므로, $u_x = 0$, $u_y = 0$이다. 그러므로 $du = 0$이다. 같은 방법으로 $dv = 0$을 얻는다. 따라서

$$u(z) = a, \quad v = (z) = b \text{ (단, } a, b\text{는 실수 상수)}$$

이다.

그러므로 복소함수 $f(z)$는 영역 $\Omega \subset \mathbb{C}$에서 상수함수이다. ■

참고 Ω가 복소평면 $\mathbb{C}$의 한 영역일 때, Ω에서 정의된 복소함수 $f(z)$가 해석적이고 실숫값을 가지면, $f(z)$는 Ω에서 상수함수이다.

정리 7

Ω가 복소평면 $\mathbb{C}$의 한 영역일 때, Ω에서 정의된 복소함수 $f(z)$가

$$\frac{\partial f}{\partial x} = 0 = \frac{\partial f}{\partial y}$$

를 만족하면, $f(z)$는 Ω에서 상수함수이다.

증명 $\dfrac{\partial f}{\partial x} = 0$이므로, 미분적분학의 기본정리에 의하여 $\Omega \subset \mathbb{C}$에서의 모든 수평성분에서 복소함수 $f(z)$는 상수함수이다. 또한 $\dfrac{\partial f}{\partial y} = 0$이므로, $\Omega \subset \mathbb{C}$에서의 모든 수직성분에서 복소함수 $f(z)$는 상수함수이다. 그런데 $\Omega \subset \mathbb{C}$에서의 임의의 두 점은 수평성분과 수직성분에 의하여 연결할 수 있다. 따라서 복소함수 $f(z)$는 영역 $\Omega \subset \mathbb{C}$에서 상수함수이다. ■

예제 Ω가 복소평면 $\mathbb{C}$의 한 영역일 때, $\mathrm{Re}(f_1) = \mathrm{Re}(f_2)$를 만족하는 Ω에서의 두 복소함수 $f_1(z)$, $f_2(z)$, 즉

$$f_1(z) = u(z) + i\,v_1(z), \quad f_2(z) = u(z) + i\,v_2(z)$$

가 해석적이면, $v_1(z) = v_2(z) + c$를 만족하는 복소상수 c가 존재한다.

증명 두 복소함수 $f_1(z)$, $f_2(z)$가 $\Omega \subset \mathbb{C}$에서 해석적이므로, 코시-리만 방정식으로부터

$$\frac{\partial u}{\partial x} = \frac{\partial v_1}{\partial y} = \frac{\partial v_2}{\partial y}, \quad \frac{\partial u}{\partial y} = -\frac{\partial v_1}{\partial x} = -\frac{\partial v_2}{\partial x}$$

를 얻는다. 그러므로

$$\frac{\partial(v_1 - v_2)}{\partial x} = \frac{\partial(v_1 - v_2)}{\partial y} = 0$$

이다. 따라서 정리 7로부터 $v_1(z) = v_2(z) + c$를 만족하는 복소상수 c가 존재한다.

■

참고 실함수의 평균값정리가 복소함수에 대해서는 적용되지 않는다. 예를 들면 복소함수 $f(z) = z^3$에 대하여 $z_1 = 1$, $z_2 = i$일 때, z_1과 z_2를 잇는 선분 상에는

$$f(z_2) - f(z_1) = f'(z_0)(z_2 - z_1)$$

을 만족하는 점 $z_0 \in \mathbb{C}$가 존재하지 않는다.

극한과 도함수의 성질을 이용하여 다음 로피탈 정리를 증명한다.

정리 8 **로피탈 법칙** (L'Hospital's theorem)

복소평면 $\mathbb{C}$에서 정의된 두 복소함수 $f(z)$와 $g(z)$가 $z_0 \in \mathbb{C}$에서 연속적으로 미분가능할 때

$$f(z_0) = g(z_0) = 0, \quad g'(z_0) \neq 0$$

을 만족하면

$$\lim_{z \to z_0} \frac{f(z)}{g(z)} = \frac{f'(z_0)}{g'(z_0)}$$

가 성립한다.

증명 $f(z_0)=g(z_0)=0$, $g'(z_0)\neq 0$이므로

$$\begin{aligned}\lim_{z\to z_0}\frac{f(z)}{g(z)}&=\lim_{z\to z_0}\frac{f(z)-f(z_0)}{g(z)-g(z_0)}=\lim_{z\to z_0}\frac{f(z)-f(z_0)/(z-z_0)}{g(z)-g(z_0)/(z-z_0)}\\&=\frac{f'(z_0)}{g'(z_0)}\end{aligned}$$

가 성립한다. ■

예제 복소함수 $f(z)=\dfrac{z^2+z-1-3i}{z^2-2z+2}$에 대하여, 극한 $\displaystyle\lim_{z\to 1+i}\frac{z^2+z-1-3i}{z^2-2z+2}$를 구하시오.

풀이 $f(z)=z^2+z-1-3i$, $g(z)=z^2-2z+2$라고 놓으면

$$f(1+i)=g(1+i)=0,\quad g'(1+i)=2i\neq 0$$

이다. 이때 $f'(1+i)=3+2i$이므로

$$\lim_{z\to 1+i}\frac{z^2+z-1-3i}{z^2-2z+2}=\frac{f'(1+i)}{g'(1+i)}=\frac{3+2i}{2i}=1-\frac{3}{2}i$$

로 주어진다. ■

참고 두 복소함수 $f(z)$, $g(z)$가 $z_0\in\mathbb{C}$에서 연속적으로 미분가능할 때

$$f(z_0)=g(z_0)=0,\quad g'(z_0)\neq 0$$

이고, $\displaystyle\lim_{z\to z_0}\frac{f'(z)}{g'(z)}$가 존재하면

$$\lim_{z\to z_0}\frac{f(z)}{g(z)}=\lim_{z\to z_0}\frac{f'(z)}{g'(z)}$$

가 성립한다.

정의 9 특이점

복소평면 $\mathbb{C}$에서 정의된 복소함수 $f(z)$에 대하여, $z_0\in\mathbb{C}$에서 $f(z)$가 해석적이 아니라고 하자. 이때 $z_0\in\mathbb{C}$가 해석적인 점들의 복소수열 $\langle z_n\rangle$의 극한이면, 점 z_0를 복소함수 $f(z)$의 **특이점** (singular point)이라고 한다.

예 $z=0$은 복소함수 $f(z)=\dfrac{1}{z}$의 특이점이다.

2. 조화함수

정의 10 조화함수

$\mathbb{C}$가 복소평면일 때, 영역 $\Omega \subset \mathbb{C}$에서 라플라스 방정식

$$u_{xx} + u_{yy} = 0$$

을 만족하며, 연속인 이계편도함수를 갖는 이변수 실함수 $u(z) = u(x, y)$를 Ω에서 조화함수 (harmonic function)라고 한다.

$\mathbb{C}$가 복소평면일 때, 이변수 실함수 $u(z) = u(x, y)$가 영역 $\Omega \subset \mathbb{C}$에서

(1) $u \in C^2(\Omega)$　　　　(2) 라플라스 방정식: $u_{xx} + u_{yy} = 0$

를 만족할 때 조화함수라고 한다. 라플라스 방정식은 응용면에서 흔히 나타난다. 특히 물리학에서 매우 중요하며, 중력장과 정전기장에서와 같이 열의 흐름과 유체의 흐름과 관련되어 발생하고 있다.

예 다음 두 실함수

$$u(x, y) = x^2 - y^2, \quad v(x, y) = e^x \sin y$$

는 복소평면 $\mathbb{C}$에서 조화함수이다.

참고 코시 적분공식을 이용하여, 해석함수의 모든 도함수는 해석적임을 보일 수 있다. 따라서 해석함수는 무한 번 미분가능하다(5.3절 참조).

정리 11

복소평면 $\mathbb{C}$에서 정의된 복소함수 $f(z) = u(x, y) + iv(x, y)$가 영역 $\Omega \subset \mathbb{C}$에서 해석적이면, 두 실함수 $u(x, y)$와 $v(x, y)$는 Ω에서 조화함수이다.

증명 복소함수 $f(z)$가 영역 $\Omega \subset \mathbb{C}$에서 해석적이므로, 두 실함수 $u(x, y)$와 $v(x, y)$는 코시-리만 방정식

$$u_x = v_y, \quad u_y = -v_x \tag{*}$$

를 만족한다. 이때 방정식 (*)의 양변을 x에 관하여 미분하면

$$u_{xx} = v_{yx}, \quad u_{yx} = -v_{xx}$$

이고, 방정식 (*)의 양변을 y에 관하여 미분하면

$$u_{xy} = v_{yy}, \quad u_{yy} = -v_{xy}$$

가 된다. 그런데 이계편도함수가 모두 연속이므로

$$u_{xy} = u_{yx}, \quad v_{xy} = v_{yx}$$

이다. 따라서

$$u_{xx} + u_{yy} = v_{yx} - v_{xy} = 0, \quad v_{xx} + v_{yy} = -u_{yx} + u_{xy} = 0$$

이 성립한다. 그러므로 두 실함수 $u(x, y)$와 $v(x, y)$는 영역 $\Omega \subset \mathbb{C}$에서 모두 조화함수이다. ■

예 복소함수 $f(z) = z^3 = x^3 - 3xy^2 + i(3x^2y - y^3)$은 복소평면 $\mathbb{C}$에서 해석적이다. 이때

$$u(x, y) = x^3 - 3xy^2, \quad v(x, y) = 3x^2y - y^3$$

은 복소평면 $\mathbb{C}$에서 조화함수이다.

정의 12 켤레조화함수

복소평면 $\mathbb{C}$에 대하여, 실함수 $u(x, y)$가 영역 $\Omega \subset \mathbb{C}$에서 조화함수라고 하자. 이때 두 실함수 $u(x, y)$와 $v(x, y)$의 편도함수들이 $\Omega \subset \mathbb{C}$에서 코시-리만 방정식을 만족하는 다른 조화함수 $v(x, y)$가 존재하면 $v(x, y)$를 $u(x, y)$의 **켤레조화함수**(complex conjugate of harmonic function) 또는 **공액조화함수**라고 한다.

예 두 실함수 $u(x, y) = x^3 - 3xy^2$과 $v(x, y) = 3x^2y - y^3$은 복소평면 $\mathbb{C}$에서 조화함수이고, 코시-리만 방정식

$$u_x = v_y, \; u_y = -v_x$$

를 만족한다. 따라서 $v(x, y)$는 $u(x, y)$의 켤레조화함수이다. 이때 복소함수

$$f(z) = x^3 - 3xy^2 + i(3x^2y - y^3) = z^3$$

은 복소평면 $\mathbb{C}$에서 해석적이다.

예 두 실함수 $u(x, y) = x^2 - y^2$과 $v(x, y) = 2xy$는 복소평면 $\mathbb{C}$에서 조화함수이고, 코시-리만 방정식

$$u_x = v_y, \quad u_y = -v_x$$

를 만족한다. 따라서 $v(x, y)$는 $u(x, y)$의 켤레조화함수이다. 이때 복소함수

$$f(z) = x^2 - y^2 + 2ixy = z^2$$

은 복소평면 $\mathbb{C}$에서 해석적이다.

예제 실함수 $u(x, y) = xy^3 - x^3y$가 복소평면 $\mathbb{C}$에서 조화함수임을 보이고, $u(x, y)$의 켤레조화함수 $v(x, y)$를 구하시오.

풀이 복소평면 $\mathbb{C}$에서 $u_x = y^3 - 3x^2y$, $u_y = 3xy^2 - x^3$이므로, $u_{xx} = -6xy$, $u_{yy} = 6xy$이다. 따라서 $u_{xx} + u_{yy} = 0$이므로, $u(x, y)$는 조화함수이다. 이제 $u(x, y)$의 켤레조화함수 $v(x, y)$를 구해 보자. 먼저 $u_x = v_y = y^3 - 3x^2y$이므로, v_y를 y에 관하여 적분하면

$$v(x, y) = \frac{1}{4}y^4 - \frac{3}{2}x^2y^2 + \phi(x)$$

이다. 이때 $v_x = -3xy^2 + \phi'(x) = -u_y = -3xy^2 + x^3$이므로 $\phi'(x) = x^3$이 된다. 즉

$$\phi(x) = \frac{1}{4}x^4 + c \text{ (단, } c\text{는 실수 상수)}$$

이다. 그러므로 복소평면 $\mathbb{C}$에서 실함수 $u(x, y)$의 켤레조화함수는

$$v(x, y) = \frac{1}{4}x^4 - \frac{3}{2}x^2y^2 + \frac{1}{4}y^4 + c \text{ (단, } c\text{는 실수 상수)}$$

로 주어진다. ■

예제 복소평면 $\mathbb{C}$에서 주어진 실함수 $u(x, y) = x^2 - y^2$에 대하여 다음 물음에 답하시오.

(1) 실함수 $u(x, y) = x^2 - y^2$이 복소평면 $\mathbb{C}$에서 조화함수임을 보이시오.
(2) $u(x, y)$의 켤레조화함수 $v(x, y)$를 구하시오.
(3) 해석함수 $f(z) = u(x, y) + iv(x, y)$를 구하시오.

풀이 (1) 복소평면 $\mathbb{C}$에서 $u_x = 2x$, $u_y = -2y$이므로, $u_{xx} = 2$, $u_{yy} = -2$이다. 따라서

$$u_{xx} + u_{yy} = 0$$

이므로, $u(x, y)$는 조화함수이다.

(2) $u(x, y)$의 켤레조화함수 $v(x, y)$를 구해 보자. 먼저 $u_x = v_y = 2x$이므로, v_y를 y에 관하여 적분하면

$$v(x, y) = 2xy + \phi(x)$$

이다. 이때 $v_x = 2y + \phi'(x) = -u_y = 2y$이므로 $\phi'(x) = 0$이 된다. 즉

$$\phi(x) = c \text{ (단, } c\text{는 실수 상수)}$$

이다. 그러므로 복소평면 $\mathbb{C}$에서 실함수 $u(x, y)$의 켤레조화함수는

$$v(x, y) = 2xy + c \text{ (단, } c\text{는 실수 상수)}$$

(3) 해석함수 $f(z) = u(x, y) + iv(x, y)$는

$$f(z) = x^2 - y^2 + i(2xy + c) = z^2 + ic \text{ (단, } c\text{는 실수 상수)}$$

로 주어진다. ■

정리 13

복소평면 $\mathbb{C}$에 대하여 복소함수 $f(z) = u(x, y) + iv(x, y)$가 영역 $\Omega \subset \mathbb{C}$에서 해석적이면, $v(x, y)$는 $u(x, y)$의 켤레조화함수이다.

예제 복소함수 $f(z) = u(x, y) + iv(x, y)$가 영역 $\Omega \subset \mathbb{C}$에서 해석적일 때, 주어진 $u(x, y)$에 대하여 켤레조화함수 $v(x, y)$를 구하시오.

(1) $u(x, y) = \sin x \cosh y$　　　　(2) $u(x, y) = 2x^2 - 2y^2 + x - 1$

풀이 (1) 영역 $\Omega \subset \mathbb{C}$에서 $u_x = v_y = \cos x \cosh y$이므로, $v(x, y) = \cos x \sinh y + \phi(x)$이다. 그런데 $v_x = -u_y = -\sin x \sinh y$이므로

$$-\sin x \sinh y + \phi'(x) = -\sin x \sinh y, \quad \text{즉 } \phi'(x) = 0$$

이다. 따라서 $\phi(x) = c$ (단, c는 실수 상수)이다. 그러므로

$$v(x, y) = \cos x \sinh y + c \text{ (단, } c\text{는 실수 상수)}$$

로 주어진다.

(2) 영역 $\Omega \subset \mathbb{C}$에서 $u_x = v_y = 4x + 1$이므로, $v(x, y) = 4xy + y + \phi(x)$이다. 그런데 $v_x = -u_y = 4y$이므로

$$4y+\phi'(x)=4y \text{ 즉 } \phi'(x)=0$$

이다. 따라서 $\phi(x)=c$ (단, c는 실수 상수)이다. 그러므로

$$v(x, y)=4xy+y+c \text{ (단, } c\text{는 실수 상수)}$$

로 주어진다. ■

조화함수 $u_1(x, y)$, $u_2(x, y)$가 서로 켤레이면 곱 $u(x, y)v(x, y)$는 조화함수이지만, 서로 켤레가 아니면 곱 $u_1(x, y)u_2(x, y)$는 조화함수가 아니다.

참고 $\mathbb{C}$가 복소평면일 때, 어떤 영역 $\Omega\subset\mathbb{C}$에서 실함수 $u(x, y)$가 조화함수이면 $u(x, y)$의 켤레조화함수가 항상 존재하는 것은 아니다. 그러나 $\Omega\subset\mathbb{C}$가 단순연결영역(Ω 내부의 임의의 단순닫힌경로로 둘러싸인 영역이 Ω의 부분집합이 된다.) 일 때, Ω에서 조화함수 $u(x, y)$의 켤레조화함수는 항상 존재한다.

정리 14

복소평면 $\mathbb{C}$에 대하여 실함수 $u(x, y)$가 $z_0=(x_0, y_0)$를 포함하는 단순연결영역 $\Omega\subset\mathbb{C}$에서 조화함수이면, Ω에서 $u(x, y)$의 켤레조화함수 $v(x, y)$가 정의된다. 이때 복소함수

$$f(z)=u(x, y)+iv(x, y)$$

는 단순연결영역 $\Omega\subset\mathbb{C}$에서 해석적이다.

3. 코시-리만 방정식의 극형식

정리 15 코시-리만 방정식의 극형식

복소평면 $\mathbb{C}$에 대하여 복소함수 $f(z)=f(re^{i\theta})=f(r, \theta)=u(r, \theta)+iv(r, \theta)$가 영역 $G\subset\mathbb{C}$에서 해석적이면, 코시-리만 방정식의 극형식은

$$u_r=\frac{1}{r}v_\theta,\quad v_r=-\frac{1}{r}u_\theta$$

로 주어진다. 이때 복소함수 $f(z)$의 도함수는

$$f'(z)=f'(re^{i\theta})=e^{-i\theta}(u_r+iv_r)=\frac{e^{-i\theta}}{r}(v_\theta-iu_\theta)$$

이다.

증명 연쇄법칙에 의하여

$$u_r = \frac{\partial u}{\partial r} = \frac{\partial u}{\partial x}\frac{\partial x}{\partial r} + \frac{\partial u}{\partial y}\frac{\partial y}{\partial r} = u_x \cos\theta + u_y \sin\theta$$

$$u_\theta = \frac{\partial u}{\partial \theta} = \frac{\partial u}{\partial x}\frac{\partial x}{\partial \theta} + \frac{\partial u}{\partial y}\frac{\partial y}{\partial \theta} = u_x(-r\sin\theta) + u_y(r\cos\theta)$$

이고, 같은 방법으로

$$v_r = v_x \cos\theta + v_y \sin\theta, \quad v_\theta = v_x(-r\sin\theta) + v_y(r\cos\theta)$$

가 된다. 그런데 복소함수 $f(z)$가 $G \subset \mathbb{C}$에서 해석적이므로, $u_x = v_y$, $v_x = -u_y$이다. 따라서

$$\begin{aligned} r u_r &= u_x(r\cos\theta) + u_y(r\sin\theta) = v_y(r\cos\theta) - v_x(r\sin\theta) \\ &= v_x(-r\sin\theta) + v_y(r\cos\theta) = v_\theta \\ u_\theta &= -r(u_x \sin\theta - u_y \cos\theta) = -r(v_y \sin\theta + v_x \cos\theta) = -r v_r \end{aligned}$$

이다. 그러므로 $r u_r = v_\theta$, $u_\theta = -r v_r$이 성립한다. 이제 크라머 법칙에 의하여

$$u_x = \frac{r u_r \cos\theta - u_\theta \sin\theta}{r}, \quad u_y = \frac{u_\theta \cos\theta + r u_r \sin\theta}{r}$$

이므로, 복소함수 $f(z)$의 도함수는 $G \subset \mathbb{C}$에서

$$\begin{aligned} f'(z) &= u_x + i v_x = v_y - i u_y = u_r \cos\theta - \frac{1}{r} u_\theta \sin\theta - i\left(\frac{1}{r} u_\theta \cos\theta + u_r \sin\theta\right) \\ &= u_r \cos\theta + v_r \sin\theta - i(-v_r \cos\theta + u_r \sin\theta) \\ &= u_r(\cos\theta - i\sin\theta) + i v_r(\cos\theta - i\sin\theta) \\ &= e^{-i\theta}(u_r + i v_r) \end{aligned}$$

로 주어진다. ■

참고 극형식의 코시-리만 방정식을 사용하면 $\operatorname{Arg} z$에 대한 제약이 필요 없다. 왜냐하면

$$\frac{\partial u}{\partial r} = \frac{1}{r}\frac{\partial v}{\partial \theta}, \quad \frac{1}{r}\frac{\partial u}{\partial \theta} = -\frac{\partial v}{\partial r} \quad (\text{단, } r \neq 0)$$

이므로

$$w = \operatorname{Log} z = \ln|z| + i\operatorname{Arg} z = \ln r + i\theta$$

라고 두면, $u = \ln r$이고 $v = \theta$이다. 따라서

$$\frac{\partial u}{\partial r} = \frac{1}{r}, \quad \frac{\partial v}{\partial r} = 0, \quad \frac{\partial u}{\partial \theta} = 0, \quad \frac{\partial v}{\partial \theta} = 1$$

이므로, 코시-리만 방정식이 성립하기 때문이다.

정리 16

복소로그함수 $\log z$의 모든 가지에서 $\log z$의 도함수는 $\frac{1}{z}$이다.

증명 $w = \log z$라 두면 $z = e^w$이므로, 연쇄법칙을 이용하면

$$1 = w' e^w, \quad 즉 \ w' = \frac{1}{e^w} = \frac{1}{z}$$

을 얻는다. ■

참고 복소로그함수 $\log z$가 다가함수이므로

$$\sin^{-1} z = \frac{1}{i} \log [iz + (1 - z^2)^{\frac{1}{2}}], \ \cos^{-1} z = \frac{1}{i} \log [iz - (1 - z^2)^{\frac{1}{2}}]$$

으로 정의된 복소역삼각함수 $\sin^{-1} z$와 $\cos^{-1} z$도 다가함수이다.

예제 $\cos^{-1} z = -i \log (z \pm \sqrt{z^2 - 1})$이 성립한다.

증명 $w = \cos^{-1} z$라 놓으면, $\cos w = z$, 즉 $\frac{e^{iw} + e^{-iw}}{2} = z$이다. 따라서

$$e^{iw} - 2z + e^{-iw} = 0$$

이므로, $(e^{iw})^2 - 2z e^{iw} + 1 = 0$이 된다. 여기서 $\zeta = e^{iw}$라 놓으면 $\zeta^2 - 2z\zeta + 1 = 0$이므로, $\zeta = z \pm \sqrt{z^2 - 1}$, 즉 $w = \frac{1}{i} \log (z \pm \sqrt{z^2 - 1})$를 얻는다. 그러므로

$$\cos^{-1} z = -i \log (z \pm \sqrt{z^2 - 1})$$

이 성립한다. ■

참고 위 예제로부터, $\cos^{-1} z = -i \log (z \pm \sqrt{z^2 - 1})$이므로

$$\text{p.v.} (\cos^{-1} z) = -i \, \text{Log} (z + \text{p.v.} \sqrt{z^2 - 1})$$

이 된다. 이 가지는 $z^2 - 1$이 0이거나 음의 실수가 아닐 때 미분가능하다.

4. 복소멱급수의 미분

(1) 복소멱급수

영역 $\Omega \subset \mathbb{C}$에서 해석함수들로 이루어진 균등수렴하는 복소멱급수의 합은 해석함수가 되며, Ω에서 항별로 미분할 수 있다.

참고 바이어슈트라스 정리 (Weierstrass theorem) : 복소함수항급수 $\sum_{n=0}^{\infty} f_n(z)$가 영역 $\Omega \subset \mathbb{C}$에서 복소함수 $f(z)$로 균등수렴하고 각 $f_n(z)$가 Ω에서 해석적일 때, Ω에 속하는 임의의 z에 대하여

$$f'(z) = \sum_{n=0}^{\infty} f_n{}'(z)$$

가 성립한다.

이제 미분된 급수가 균등수렴한다는 가정없이, 복소멱급수가 항별로 미분될 수 있음을 보이자.

정리 17 복소멱급수의 미분

R (단, $R > 0$)을 수렴반지름으로 갖는 복소멱급수 $f(z) = \sum_{n=0}^{\infty} a_n z^n$에 대하여, 복소함수 $f(z)$는 복소평면 $\mathbb{C}$에서의 열린원판 $D = \{z \in \mathbb{C} : |z| < R\}$에서 해석적이고

$$f'(z) = \sum_{n=1}^{\infty} n a_n z^{n-1} \qquad (*)$$

을 만족한다. 즉 수렴하는 복소멱급수는 항별 (term by term)로 미분할 수 있다. 이때 복소멱급수 (*)도 수렴반지름 R을 갖는다.

증명 열린원판 $D = \{z \in \mathbb{C} : |z| < R\}$에서 $f(z) = \sum_{n=0}^{\infty} a_n z^n$일 때

$$g(z) = \sum_{n=1}^{\infty} n a_n z^{n-1}$$

이라고 하자. 그러면 $|a_n z^{n-1}| \le |n a_n z^{n-1}|$이므로

(1) $|z| < s < R$인 $s \in R$를 택하면 $\lim_{n \to \infty} n^{\frac{1}{n}} = 1$이므로

$$n \geq K \Rightarrow n^{\frac{1}{n}} < \frac{s}{|z|}$$

를 만족하는 자연수 K가 존재한다. 따라서

$$n \geq K \Rightarrow |n a_n z^{n-1}| = |a_n| \frac{\left(n^{\frac{1}{n}} |z_n|\right)^n}{|z|} < \frac{|a_n|}{|z|} s^n$$

이 성립한다. 그런데 $\sum_{n=1}^{\infty} |a_n| s^n$이 수렴하므로, 비교판정법에 의하여 $|z| < R$일 때 $\sum_{n=1}^{\infty} n a_n z^{n-1}$은 절대수렴한다. 그러므로 복소멱급수 $\sum_{n=1}^{\infty} n a_n z^{n-1}$의 수렴반지름은 R이다.

(2) $z_0 \in D$를 고정된 임의의 복소수라고 가정하면

$$\frac{f(z) - f(z_0)}{z - z_0} - g(z_0) = \sum_{n=1}^{\infty} a_n \left\{ \frac{z^n - z_0^n}{z - z_0} - n z_0^{n-1} \right\}$$

이다. 이때 $z^n - z_0^n = (z - z_0)(z^{n-1} + z^{n-2} z_0 + \cdots + z_0^{n-1})$이므로

$$\begin{aligned}\frac{z^n - z_0^n}{z - z_0} - n z_0^{n-1} &= (z^{n-1} + z^{n-2} z_0 + \cdots + z_0^{n-1}) - n z_0^{n-1} \\ &= (z - z_0)\left(z^{n-2} + 2 z^{n-3} z_0 + \cdots + (n-1) z_0^{n-2}\right)\end{aligned}$$

이다. 그런데 고정된 $z_0 \in D$에 대하여, $|z_0| < r < R$을 만족하는 $r > 0$이 존재하므로

$$\begin{aligned}|z_0| < r \Rightarrow \left| \frac{z^n - z_0^n}{z - z_0} - n z_0^{n-1} \right| &\leq |z - z_0| \sum_{k=1}^{n-1} k r^{n-2} \\ &= |z - z_0| r^{n-2} \frac{n(n-1)}{2}\end{aligned}$$

이 성립한다. 따라서 $\sum_{n=2}^{\infty} n(n-1)|a_n| r^{n-2} < \infty$이므로, 임의의 $\varepsilon > 0$에 대하여

$$\left| \frac{f(z) - f(z_0)}{z - z_0} - g(z_0) \right| \leq |z - z_0| \sum_{n=2}^{\infty} \frac{n(n-1)}{2} |a_n| r^{n-2} < \varepsilon$$

이다. 여기서 $r < R$이므로, $\sum_{n=2}^{\infty} n(n-1) a_n r^{n-2}$도 절대수렴한다. 따라서 고정된 z_0를 임의의 z로 바꾸면

$$f'(z) = g(z) = \sum_{n=1}^{\infty} n a_n z^{n-1}$$

이 성립한다. ■

예 복소멱급수

$$f(z) = 1 + z + \frac{z^2}{2!} + \frac{z^3}{3!} + \cdots = \sum_{n=0}^{\infty} \frac{z^n}{n!}$$

은 모든 복소수 z에 대하여 수렴하고

$$f'(z) = 1 + z + \frac{z^2}{2!} + \frac{z^3}{3!} + \cdots = f(z)$$

가 성립한다. 이때 $f(0) = 1$이다. 따라서 $f(z)$는 초기값 문제 $f'(z) = f(z)$, $f(0) = 1$을 만족한다. 이 초기값 문제의 유일한 해는 $f(z) = e^z$이므로

$$e^z = 1 + z + \frac{z^2}{2!} + \frac{z^3}{3!} + \cdots = \sum_{n=0}^{\infty} \frac{z^n}{n!}$$

으로 주어진다.

참고 항별로 미분하는 것이 수렴원의 내부에서 타당할지라도, 그것이 수렴원 위의 점에서 타당할 필요는 없다.

예 1을 수렴반지름으로 갖는 복소멱급수

$$f(z) = \sum_{n=0}^{\infty} \frac{z^n}{n^2}$$

는 $z = 1$에서 수렴하지만, 항별로 미분함으로써 얻어진 복소멱급수

$$f'(z) = \sum_{n=1}^{\infty} \frac{z^{n-1}}{n}$$

은 $z = 1$에서 수렴하지 않는다. 이때 $|z| < 1$를 만족하는 z에 대하여 복소함수 $f(z)$는 해석적임에 유의한다.

정리 18 **복소멱급수에 대한 유일성 정리**

두 복소멱급수 $\sum_{n=0}^{\infty} c_n z^n$과 $\sum_{n=0}^{\infty} d_n z^n$이 동일한 수렴반지름 $R>0$을 가지고, $|z|<R$를 만족하는 각 z에 대하여 동일한 값으로 수렴하면, 두 복소멱급수는 일치한다. 즉 $n=1, 2, \cdots$에 대하여

$$c_n = d_n$$

이 성립한다.

증명

$$c_0 + c_1 z + c_2 z^2 + \cdots = d_0 + d_1 z + d_2 z^2 + \cdots$$

이므로, $z=0$으로 놓음으로써 $c_0 = d_0$가 된다. 또한 양변을 미분하면

$$c_1 + 2c_2 z + 3c_3 z^2 + \cdots = d_1 + 2d_2 z + 3d_3 z^2 + \cdots$$

이므로, $z=0$일 때 $c_1 = d_1$이 된다. 이와 같은 과정을 반복함으로써, 모든 자연수 n에 대하여 $c_n = d_n$임을 알 수 있다. ■

정리 19 **해석적 연속성 정리**

$f(z) = \sum_{n=0}^{\infty} a_n z^n$이 복소멱급수이고 복소수열 $\langle z_m \rangle_{m=1}^{\infty}$ (단, $z_m \neq 0$)가 0에 수렴할 때, 모든 $m \in \mathbb{N}$에 대하여 $f(z_m)=0$이면 $f(z)=0$이 성립한다.

증명 간접증명법을 이용하여 증명한다. $f(z) \neq 0$이라 가정하면

$$f(z) = z^k(a_k + a_{k+1}z + \cdots + a_{k+n}z^n + \cdots), \quad g(z) = \sum_{n=0}^{\infty} a_{k+n} z^n$$

이라 놓을 때, 모든 $m \in \mathbb{N}$에 대하여 $g(z_m)=0$을 만족하는 $a_k \neq 0$가 존재한다. 그런데 복소함수 $g(z)$가 연속이므로, $a_k = g(0) = \lim_{m \to \infty} g(z_m) = 0$이 된다. 이것은 모순이다. 따라서 $f(z)=0$이 성립한다. ■

'해석적 연속성 정리'를 '일치의 정리'로 표기하기도 한다.

참고 복소함수 $f(z)$가 복소평면 $\mathbb{C}$에서 정의된 정함수일 때, 모든 실수 $x \in \mathbb{R}$에 대하여 $f(x+2\pi) = f(x)$이면, 모든 복소수 $z \in \mathbb{C}$에 대하여 $f(z+2\pi) = f(z)$가 성립한다.

정리 20

R (단, $R>0$)을 수렴반지름으로 갖는 복소멱급수 $f(z)=\sum_{n=0}^{\infty} a_n z^n$에 대하여, 복소함수 $f(z)$의 a_n은 열린원판 $D=\{z\in\mathbb{C}:|z|<R\}$에서

$$a_n = \frac{f^{(n)}(0)}{n!} \text{ (단, } n=0, 1, 2, \cdots \text{)}$$

으로 주어진다.

참고 R (단, $R>0$)을 수렴반지름으로 갖는 복소멱급수

$$f(z)=\sum_{n=0}^{\infty} a_n (z-z_0)^n$$

에 대하여, 수렴반지름 R을 갖는

$$g(z)=\sum_{n=0}^{\infty} \frac{a_n (z-z_0)^{n+1}}{n+1}+K$$

는 복소함수 $f(z)$의 역도함수이다. 즉 복소멱급수는 항별로 적분할 수 있다.

(2) 테일러 급수

참고 실함수 $f(x)$가

$$f(x)=\begin{cases} e^{-\frac{1}{x^2}}, & x\neq 0 \\ 0, & x=0 \end{cases}$$

으로 정의될 때, $f(x)$는 무한 번 미분가능하고 $n=1, 2, \cdots$에 대하여 $f^{(n)}(0)=0$이지만 $x_0=0$ 근방에서 수렴하는 멱급수로 표현될 수 없다. 왜냐하면 만일 그렇게 할 수 있다면

$$f(x)=f(0)+f'(0)x+\frac{f''(0)}{2!}x^2+\cdots=0$$

이 성립하여야 하기 때문이다. 그러나 복소 테일러 급수에서는 이와 같은 어려움이 생기지 않는다.

정리 21 **테일러 정리**

복소평면 $\mathbb{C}$에 대하여 복소함수 $f(z)$가 점 z_0를 포함하고 있는 영역 $\Omega \subset \mathbb{C}$에서 해석적이면, Ω에 포함되는 모든 열린원판 $\{z \in \mathbb{C} : |z - z_0| < r\}$ 위에서 멱급수표현

$$f(z) = f(z_0) + \frac{f'(x_0)}{1!}(z - z_0) + \cdots + \frac{f^{(n)}(z_0)}{2!}(z - z_0)^2 + \cdots$$

$$= \sum_{n=0}^{\infty} \frac{f^{(n)}(z_0)}{n!}(z - z_0)^n \qquad (*)$$

이 성립한다. 이때 (*)를 복소함수 $f(z)$에 대한 **테일러 급수표현**(Taylor series representation) 또는 **테일러 급수 전개식**이라고 한다.

특히 $z_0 = 0$일 때, 복소멱급수 (*)를 복소함수 $f(z)$에 대한 **매클로린 급수표현**(Maclaurin series representation) 또는 **매클로린 급수 전개식**이라고 한다.

예 복소지수함수 e^z은 복소평면 $\mathbb{C}$에서 해석적이므로, 매클로린 급수 전개식

$$e^z = \sum_{n=0}^{\infty} \frac{z^n}{n!} = 1 + z + \frac{z^2}{2!} + \frac{z^3}{3!} + \cdots \ (\text{단, } z \in \mathbb{C})$$

를 갖는다. 이때 $z_0 = 1$에서 e^z의 테일러 급수 전개식은

$$e^z = e^{(z-1)+1} = e \cdot e^{z-1} = e\sum_{n=0}^{\infty} \frac{(z-1)^n}{n!} = \sum_{n=0}^{\infty} \frac{e}{n!}(z-1)^n \ (\text{단, } z \in \mathbb{C})$$

으로 주어진다.

정리 22

복소삼각함수 $\sin z$와 $\cos z$에 대하여, 매클로린 급수 전개식

(1) $\sin z = \sum_{n=0}^{\infty} (-1)^n \frac{z^{2n+1}}{(2n+1)!} = z - \frac{z^3}{3!} + \frac{z^5}{5!} - \frac{z^7}{7!} + \cdots \ (\text{단, } z \in \mathbb{C})$

(2) $\cos z = \sum_{n=0}^{\infty} (-1)^n \frac{z^{2n}}{(2n)!} = 1 - \frac{z^2}{2!} + \frac{z^4}{4!} - \frac{z^6}{6!} + \cdots \ (\text{단, } z \in \mathbb{C})$

가 성립한다. 또한 $\frac{1}{1-z}$에 대한 매클로린 급수 전개식은

$$\frac{1}{1-z} = \sum_{n=0}^{\infty} z^n = 1 + z + z^2 + \cdots \ (\text{단, } |z| < 1)$$

이고, $\mathrm{Log}\,(1-z)$에 대한 매클로린 급수 전개식은

$$\mathrm{Log}\,(1-z)=-\sum_{n=1}^{\infty}\frac{z^n}{n}=-z-\frac{z^2}{2}-\frac{z^3}{3}-\frac{z^4}{4}+\cdots\ (\text{단, } |z|\le 1,\ z\ne 1)$$

로 주어진다.

예제 $|z|<\dfrac{\pi}{2}$에서 복소함수 $f(z)=\sec z$의 매클로린 급수 전개식을 구하시오.

풀이 $\sec z=\dfrac{1}{\cos z}$이고, 복소함수 $f(z)=\sec z$는 열린원판 $\left\{z\in\mathbb{C}: |z|<\dfrac{\pi}{2}\right\}$에서 해석적이므로 매클로린 급수 전개식

$$\sec z=a_0+a_1z+a_2z^2+\cdots$$

를 갖는다. 그런데 $\cos z\sec z=1$이므로

$$\left(1-\frac{z^2}{2!}+\frac{z^4}{4!}-\cdots\right)(a_0+a_1z+a_2z^2+\cdots)=1$$

을 만족한다. 따라서

$$a_0=1,\ a_1=0,\ \ a_2-\frac{a_0}{2}=0,\ \ a_3-\frac{a_1}{2}=0,\ \cdots$$

이다. 그러므로 $|z|<\dfrac{\pi}{2}$에서 $f(z)=\sec z$의 매클로린 급수 전개식은

$$\sec z=1+\frac{z^2}{2}-\frac{z^4}{12}+\cdots$$

로 주어진다. ■

참고 (기하급수의 수렴성): 1을 수렴반지름으로 갖는 기하급수 $\displaystyle\sum_{n=0}^{\infty}z^n=\frac{1}{1-z}$, 즉

$$1+z+z^2+\cdots=\frac{1}{1-z}\ \ (\text{단, } |z|<1) \qquad (*)$$

에 대하여, (*)를 항별로 미분하면

$$1+2z+3z^2+4z^3+\cdots=\frac{1}{(1-z)^2}\ \ (\text{단, } |z|<1)$$

이 된다. 이때 양변에 z를 곱하면

$$z + 2z^2 + 3z^3 + 4z^4 + \cdots = \frac{z}{(1-z)^2} \quad (\text{단, } |z| < 1)$$

를 얻는다. 한편 (*)에서 z 대신에 $-z$를 대입하면

$$\sum_{n=0}^{\infty} (-1)^n z^n = \frac{1}{1+z} \quad (\text{단, } |z| < 1)$$

이 성립한다.

예 $z + 2z^2 + 3z^3 + 4z^4 + \cdots = \dfrac{z}{(1-z)^2}$ (단, $|z| < 1$)이므로, $z = \dfrac{1}{2}$을 대입하면

$$\frac{1}{2} + 2\frac{1}{2^2} + 3\frac{1}{2^3} + 4\frac{1}{2^4} + \cdots = 2, \quad \text{즉 } \sum_{n=1}^{\infty} \frac{n}{2^n} = 2$$

를 얻는다.

예 $z + 2z^2 + 3z^3 + 4z^4 + \cdots = \dfrac{z}{(1-z)^2}$ (단, $|z| < 1$)를 항별로 미분하면

$$1 + 4z + 9z^2 + 16z^3 + \cdots = \frac{1+z}{(1-z)^3} \quad (\text{단, } |z| < 1)$$

이고, 이때 양변에 z를 곱하면

$$z + 4z^2 + 9z^3 + 16z^4 + \cdots = \frac{z+z^2}{(1-z)^3} \quad (\text{단, } |z| < 1)$$

이 된다.

복소로그함수 $\log z$와 같이 다가함수를 취급할 때 분기를 분명히 명시하는 것이 필요하다. 다른 분기들은 또 다른 테일러 급수 전개식을 이끌어내기 때문이다.

예제 $1 = z_0 = e^{2\pi i}$에서 복소로그함수 $f(z) = \log z$의 테일러 급수 전개식을 구하시오.

풀이 $\arg z_0 = 2\pi$이고 복소로그함수 $\log z$의 가지는

$$\log z = \ln|z| + i\arg z \quad (\text{단, } \pi < \arg z \le 3\pi)$$

로 주어짐을 이용하여야 한다. 이때 $1 = e^{2\pi i}$에서 계산된 복소로그함수 $f(z) = \log z$의 도함수의 값들은

$$f^{(n)}(1) = (-1)^{n-1}(n-1)!$$

이 된다. 그러나 여기에서

$$f(e^{2\pi i}) = \log 2\pi i = i \arg e^{2\pi i} = 2\pi i \neq \operatorname{Log} 1 = 0$$

이다. 따라서 복소로그함수 $\log z$의 z_0에서 테일러 급수 전개식은 항 $2\pi i$가 첨가되어

$$\log z = 2\pi i + \sum_{n=1}^{\infty} \frac{(-1)^{n-1}(z-1)^n}{n}$$

으로 주어진다. ■

연습문제 4.2

EXERCISES

1. Ω가 복소평면 $\mathbb{C}$의 한 영역일 때, $\Omega \subset \mathbb{C}$에서 정의된 복소함수 $f(z)$가 해석적이고 실숫값을 가지면, $f(z)$는 Ω에서 상수함수임을 보이시오.

2. Ω가 복소평면 $\mathbb{C}$의 한 영역일 때, $\Omega \subset \mathbb{C}$에서 정의된 두 복소함수 $f(z)$와 $\overline{f(z)}$가 해석적이면, $f(z)$는 Ω에서 상수함수임을 보이시오.

3. 변환 $u = u(x, y)$, $v = v(x, y)$의 야코비안(Jacobian) $J = \begin{vmatrix} \frac{\partial u}{\partial x} & \frac{\partial u}{\partial y} \\ \frac{\partial v}{\partial x} & \frac{\partial v}{\partial y} \end{vmatrix}$에 대하여, 복소함수 $f(z) = u(x, y) + iv(x, y)$가 해석적이면

$$J = |f'(z)|^2$$

이 성립함을 보이시오.

4. 복소평면 $\mathbb{C}$에서 $u(x, y) = \cos x \cosh y$로 정의된 실함수 $u(x, y)$가 조화함수임을 보이고

$$\operatorname{Re} f = u$$

를 만족하는 $\mathbb{C}$에서 해석적인 함수, 즉 정함수 $f(z)$를 구하시오.

5. $\mathbb{C}$가 복소평면일 때, 열린 왼쪽 반평면 $\{z \in \mathbb{C}: \operatorname{Re} z < 0\}$에서 연속인 다가복소함수 $f(z) = z^i$의 가지를 구하시오.

6. $\mathbb{C}$가 복소평면일 때, $\Omega = \{z \in \mathbb{C} : -\pi < \arg(e^z + 1) < \pi\}$로 주어진 영역 $\Omega \subset \mathbb{C}$에서 복소함수 $f(z) = \sqrt{e^z + 1}$이 해석적임을 보이시오.

7. $z_0 = \dfrac{1}{2}$에서 복소함수 $f(z) = \dfrac{1}{1-z}$의 테일러 급수 전개식을 구하시오.

8. $z_0 = 1$에서 복소로그함수 $f(z) = \operatorname{Log} z$의 테일러 급수 전개식을 구하시오.

9. R (단, $R > 0$)을 수렴반지름으로 갖는 복소멱급수 $f(z) = \sum_{n=0}^{\infty} a_n z^n$에 대하여, a_n은 열린원판

$$D = \{z \in \mathbb{C}: |z| < R\}$$

에서

$$a_n = \frac{f^{(n)}(0)}{n!} \text{ (단, } n = 0, 1, 2, \cdots)$$

으로 주어짐을 보이시오.

제5장
복소적분법

5.1 선적분

1. 곡선과 매개변수표현

정의 1 곡선과 경로

$\mathbb{C}$가 복소평면일 때, 영역 $\Omega \subset \mathbb{C}$ 내부의 곡선(curve) C는

$$\gamma'(t) = x'(t) + iy'(t) \text{ (단, } \gamma'(t) \neq 0)$$

가 닫힌구간 $[a, b]$에서 연속이 되는 미분가능한 복소함수 $\gamma : [a, b] \to \mathbb{C}$로 정의한다. 특히 경로(path 또는 contour)는 한 끝점과 다른 끝점을 연결하는 유한개의 곡선들의 합으로 정의한다. 때로는 경로를 연결선이라고 한다.

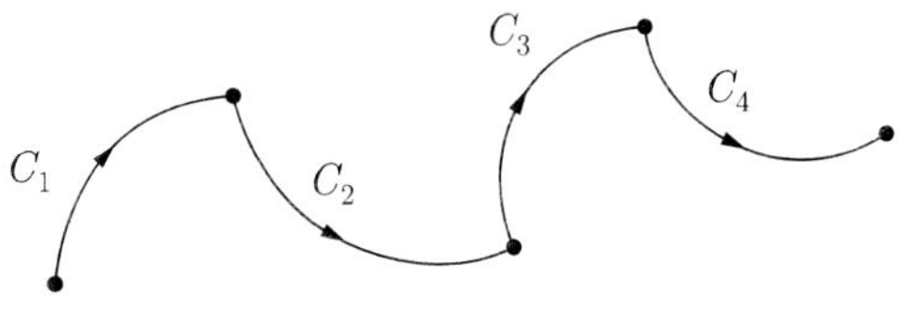

| 그림 5.1 | 경로 $C = C_1 + C_2 + C_3 + C_4$

일반적으로 복소평면 $\mathbb{C}$에서 곡선 또는 경로 C를

$$C\colon \gamma(t) = x(t) + iy(t) \text{ (단, } a \leq t \leq b\text{), 간단히 } C\colon \gamma(t) \text{ (단, } a \leq t \leq b)$$

로 표시한다. 경우에 따라서는

$$C\colon z(t) \text{ (단, } a \leq t \leq b)$$

를 사용하기도 한다.

이 책을 서술함에 있어, 복소적분법에서는 실변수 t의 복소수 값을 갖는 연속함수로 곡선 C를 정의하지 않는다. 단지 매끄러운 곡선(smooth curve)을 '곡선'으로, 구분적으로(또는 조각마다) 매끄러운 곡선(piecewise smooth curve)을 '경로'로 정의함에 유의한다. 또한 t에 관한 함수 $\gamma(t)$의 도함수를 표시할 때는

$$\frac{d\gamma(t)}{dt} \text{ 또는 } \gamma'(t)$$

대신에, 뉴턴의 점 표시법 $\dot{\gamma}(t)$를 사용하기도 한다.

매끄러운 곡선 매끄럽지 않은 곡선

▎그림 5.2▎

예 $C: \gamma(t) = e^{it}$ (단, $0 \leq t \leq 2\pi$)는 시계반대방향(양의 방향)으로 한 바퀴 회전하는 단위원의 매개변수표현이고, $C: \gamma(t) = e^{-it}$ (단, $0 \leq t \leq 2\pi$)는 시계방향(음의 방향)으로 한 바퀴 회전하는 단위원의 매개변수표현이다. 이때 C의 내부는 단위열린 원판

$$\{z \in \mathbb{C} : |z| < 1\}$$

로 주어진다.

예 $C: \gamma(t) = 1 + it$ (단, $0 \leq t \leq 1$)는 1에서 $1+i$까지의 직선을 나타낸다.

참고 $C: \gamma(t)$ (단, $a \leq t \leq b$)가 경로이면, $x(t)$와 $y(t)$는 연속함수이지만 그들의 도함수 $x'(t)$와 $y'(t)$는 구분적으로 연속인 함수이다.

정의 2 단순닫힌곡선

$\mathbb{C}$가 복소평면일 때, 영역 $\Omega \subset \mathbb{C}$ 내부의 곡선 $C: \gamma(t)$ (단, $a \leq t \leq b$)가 임의의 $t_1, t_2 \in (a, b)$에 대하여

$$t_1 \neq t_2 \Rightarrow \gamma(t_1) \neq \gamma(t_2)$$

를 만족할 때, 즉 C가 양 끝점 사이의 어떤 곳에서도 교차하지 않을 때, C를 **단순곡선**(simple curve)이라고 한다. 만일 $\gamma(a) = \gamma(b)$, 즉 시작점과 끝점이 일치할 때, 곡선 C를 **닫힌곡선**(closed curve)이라 한다.

특히 곡선 C가 닫힌곡선이고 두 끝점 a와 b를 제외하고 단순곡선일 때, C를 **단순닫힌곡선**(simple closed curve) 또는 **조르당 곡선**(Jordan curve)이라고 한다.

곡선 대신에 경로에 대해서도, 정의 2의 정의가 적용된다.

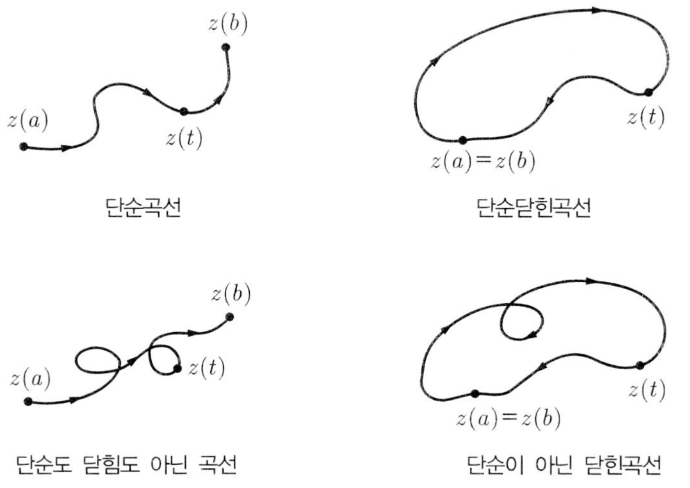

▌그림 5.3▌

예 매개변수방정식

$$C:\ \gamma(t) = e^{it}\ (\text{단},\ 0 \le t \le 2\pi)$$

는 $\gamma'(t) = (e^{it})' = ie^{it} \ne 0$이고 $\gamma'(t)$가 연속이므로, 곡선을 나타낸다. 이때 C는 단순곡선이다.

예 매개변수방정식

$$C : \gamma(t) = \begin{cases} 1 - i(1-t) & ,\ \ 0 \le t \le 1 \\ 1 + t - i & ,-1 \le t \le 0 \end{cases}$$

는 두 곡선의 합이므로 경로를 나타낸다. 이때 C는 단순경로이다.

참고 단순닫힌곡선에 유향 여부를 고려하는 것은 선적분을 논의할 때 유용하다. 만일 t가 증가하면서 변할 때 단순닫힌곡선 $C : \gamma(t)$ (단, $a \le t \le b$)를 따라서 점이 움직일 경우에 그 내부가 왼쪽에 놓인다면, 그 곡선은 **양의 방향**(positive orientation), 즉 시계반대방향이 주어졌다고 한다. 그렇지 않을 경우 단순닫힌곡선 C는 음의 방향, 즉 시계방향이 주어졌다고 한다. C가 양의 방향일 때, $-C$는 음의 방향이다.

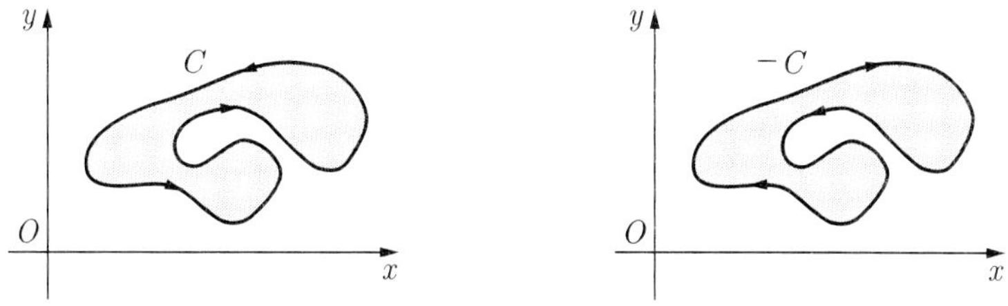

양의 방향의 단순닫힌곡선　　　　음의 방향의 단순닫힌곡선

❙ 그림 5.4 ❙

예　매개변수방정식

$$C : \gamma(t) = e^{it} = \cos t + i\sin t \ (\text{단, } 0 \le t \le 2\pi)$$

로 주어진 곡선, 즉 단위원은 양의 방향을 갖는다.

곡선 $C : \gamma(t)$ (단, $a \le t \le b$)에 대하여, $-C$는 $-\gamma(t) = \gamma(-t)$를 만족하는

$$-C : -\gamma(t) \ (\text{단, } -b \le t \le -a)$$

로 정의한다.

❙ 그림 5.5 ❙ 곡선 C와 그 반대 방향 곡선 $-C$

예　단위원 $C : \gamma(t) = e^{it}$ (단, $0 \le t \le 2\pi$)에 대하여, $-C$는

$$-C : -\gamma(t) = e^{-it} \ (\text{단, } -2\pi \le t \le 0)$$

로 주어진다.

2. 선적분

복소적분법은 수학에서 아름다운 이론들 중의 하나이다. 여기서는 복소평면 위에서 **복소선적분** (complex line integral)에 대하여 살펴본다. 복소선적분의 개념은 복소평면 위에서 적분법의 핵심이다. 이 책을 서술함에 있어 앞으로 복소선적분을 간단히 **선적분**이라 부르기로 하고, 특별한 언급이 없는 한 경로의 방향은 양의 방향이 주어졌다고 가정한다.

정의 3 곡선의 길이

곡선 $C:\gamma(t)$ (단, $a \le t \le b$)의 길이 $L(\gamma)$는

$$L(\gamma)=\int_a^b |\gamma'(t)|\,dt$$

로 정의한다.

예 단위원 $C:\gamma(t)=e^{it}$ (단, $0 \le t \le 2\pi$)의 길이는

$$L(\gamma)=\int_0^{2\pi} |i e^{it}|\,dt=\int_0^{2\pi} dt=2\pi$$

이다.

참고 $C: z(t)=x(t)+iy(t)$ (단, $a \le t \le b$)로 주어진 곡선 C의 길이 L은

$$L=\int_a^b \left|\frac{dz}{dt}\right| dt=\int_a^b \sqrt{\left(\frac{dx}{dt}\right)^2+\left(\frac{dy}{dx}\right)^2}\,dt$$

로 주어진다.

정의 4 복소평면에서 선적분

복소평면 $\mathbb{C}$ 위에 있는 곡선 $C:\gamma(t)$ (단, $a \le t \le b$)에 대하여, C 위에서 정의된 복소함수 $f(z)=u(z)+iv(z)$가 연속일 때, C 위에서 $f(z)$의 **선적분**(line integral) 또는 **경로적분**(contour integral)은

$$\begin{aligned}\int_C f(z)\,dz &= \int_a^b f(\gamma(t))\gamma'(t)\,dt \\ &= \int_a^b [u(\gamma(t))+i\,v(\gamma(t))][x'(t)+iy'(t)]\,dt \\ &= \int_a^b [u(\gamma(t))x'(t)-v(\gamma(t))y'(t)]\,dt \\ &\qquad +i\int_a^b [u(\gamma(t))y'(t)+v(\gamma(t))x'(t)]\,dt\end{aligned}$$

로 정의된다.

복소적분법에서는 복소수 z_1으로부터 복소수 z_2로의 경로 C를 따라, 연속인 복소함수

$w=f(z)$의 선적분을

$$\int_C f(z)\,dz = \int_{z_1}^{z_2} f(z)\,dz$$

로 표현한다.

참고 복소평면 $\mathbb{C}$ 위에서 주어진 $C:\gamma(t)$ (단, $a \le t \le b$)가 경로이고, C 위에서 정의된 복소함수 $f(z)=u(z)+iv(z)$가 구분적으로(또는 조각마다) 연속일 때, 즉 $f(\gamma(t))$가 $[a, b]$에서 구분적으로(또는 조각마다) 연속일 때 C에서 $f(z)$의 선적분 또는 경로적분은

$$\int_C f(z)\,dz = \int_a^b f(\gamma(t))\gamma'(t)\,dt$$

로 정의된다.

정리 5 **선적분의 성질 1**

경로 C를 따라 연속인 두 복소함수 $f(z)$와 $g(z)$에 대하여 α와 β가 복소수일 때, 다음이 성립한다.

$$\int_C [\alpha f(z)+\beta g(z)]\,dz = \alpha\int_C f(z)dz + \beta\int_C g(z)\,dz \qquad \text{(선형성)}$$

예제 곡선 $C:|z-3|=1$ (단, $0 \le t \le \pi$)에 대하여, $\int_{C:|z-3|=1} \bar{z}\,dz$의 값을 구하시오.

풀이 곡선 $C: z(t)=3+e^{it}$ (단, $0 \le t \le \pi$)는 중심이 3이고, 반지름이 1인 상반반원이다. 따라서

$$\int_C \bar{z}\,dz = \int_0^\pi (3+e^{-it})ie^{it}\,dt = 3i\int_0^\pi e^{it}\,dt + i\int_0^\pi dt$$
$$= 3i\left[\frac{e^{it}}{i}\right]_0^\pi + \pi i = -6+\pi i$$

로 주어진다. ■

정리 6 **선적분의 성질 2**

경로 C를 따라 연속인 복소함수 $f(z)$에 대하여

$$\int_{C=C_1+C_2} f(z)\,dz = \int_{C_1} f(z)\,dz + \int_{C_2} f(z)\,dz$$

가 성립한다. 여기서 C는 두 경로 C_1과 C_2의 합이다.

경로 $C = \sum_{i=1}^{n} C_i$를 따라 연속인 복소함수의 선적분은

$$\int_{C=\sum_{i=1}^{n} C_i} f(z)\,dz = \sum_{i=1}^{n} \int_{C_i} f(z)\,dz$$

로 정의된다. 즉 경로 $C : \gamma(t)$ (단, $a \le t \le b$) 위에서의 선적분은 $\gamma(t)$가 곡선이 되는 유한개 닫힌구간들의 각각에다 정의 4를 적용하고 그 결과들을 모두 합하여 구한다.

예 1에서 $1+i$까지의 직선 $C_1 : \gamma_1(t) = 1 + it$ (단, $0 \le t \le 1$)에 대하여

$$\int_{C_1} z\,dz = \int_0^1 (1+it)i\,dt = \int_0^1 (i-t)\,dt = \left(it - \frac{t^2}{2} \right) \Bigg|_0^1 = i - \frac{1}{2}$$

이고, $1+i$에서 i까지의 직선 $C_2 : \gamma_2(t) = 1 + i - t$ (단, $0 \le t \le 1$)에 대하여

$$\begin{aligned} \int_{C_2} z\,dz &= \int_0^1 (1+i-t)(-1)\,dt \\ &= \int_0^1 (t-1-i)\,dt = \left(\frac{t^2}{2} - t - it \right) \Bigg|_0^1 = -\frac{1}{2} - i \end{aligned}$$

이다. 따라서

$$\int_{C_1+C_2} z\,dz = \int_{C_1} z\,dz + \int_{C_2} z\,dz = -1$$

이 된다.

아래 두 예에서 두 점 1과 i를 맺는 두 개의 다른 경로 C와 C^* 위에서 함수 $f(z) = x$의 두 선적분에 대하여 서로 다른 결과가 주어짐을 보인다. 이것은 복소선적분이 일반적으로 경로에 무관하지 않음을 보여주고 있다.

예 직선

$$C : \gamma(t) = x(t) + iy(t) = (1-t) + it \text{ (단, } 0 \le t \le 1)$$

위에서 선적분 $\int_C x\,dz$의 값을 구하면

$$\int_C x\,dz = \int_0^1 x(t)\gamma'(t)\,dt = \int_0^1 (1-t)(-1+i)\,dt$$

$$= (-1+i)\int_0^1 (1-t)\,dt = -\frac{1}{2}+\frac{i}{2}$$

이다.

예 경로 C^*가

$$C^* : z(t) = \begin{cases} 1+it & , 0 \le t \le 1 \\ (2-t)+i, & 1 \le t \le 2 \end{cases}$$

로 주어질 때, C^* 위에서 선적분 $\int_{C^*} x\,dz$의 값을 구하면

$$\int_{C^*} x\,dz = \int_0^1 i\,dt + \int_1^2 (2-t)(-1)\,dt = -\frac{1}{2}+i$$

가 된다.

참고 경로 C를 따라 연속인 복소함수 $f(z)$에 대하여

$$\int_{-C} f(z)\,dz = -\int_C f(z)\,dz$$

가 성립한다. 따라서 경로 C를 따라 연속인 복소함수 $f(z)$에 대하여

$$\int_{C+(-C)} f(z)\,dz = 0$$

이 성립한다.

정리 7 선적분의 성질 3

경로 C를 따라 연속인 복소함수 $f(z)$에 대하여

$$\left|\int_C f(z)\,dz\right| \le \int_C |f(z)||dz|$$

이 성립한다.

참고 실함수 $f: [a, b] \to \mathbb{R}$ 가 연속이면

$$\left| \int_a^b f(x)\, dx \right| \le \int_a^b |f(x)|\, dx$$

가 성립한다.

예제 (적분에 관한 삼각부등식) : 복소함수 $f: [a, b] \to \mathbb{C}$ 가 연속이면

$$\left| \int_a^b f(t)\, dt \right| \le \int_a^b |f(t)|\, dt$$

가 성립한다.

증명 $\int_a^b f(t)\, dt = re^{i\theta}$로 놓으면

$$\left| \int_a^b f(t)\, dt \right| = r = \mathrm{Re}\, r = \mathrm{Re}\left(e^{-i\theta} \int_a^b f(t)\, dt \right) = \int_a^b \mathrm{Re}\,(e^{-i\theta} f(t))\, dt$$
$$\le \int_a^b |e^{-i\theta} f(t)|\, dt = \int_a^b |f(t)|\, dt$$

가 성립한다. ■

정리 8 **코시-ML 부등식**

곡선 $C: \gamma(t)$ (단, $a \le t \le b$)에 대하여

$$|f(z)| \le M \quad {}^\forall z \in C$$

을 만족하는 $M > 0$이 존재하면, $L(\gamma)$가 곡선 C의 길이일 때

$$\left| \int_C f(z)\, dz \right| \le ML(\gamma)$$

가 성립한다.

증명

$$\left| \int_C f(z)\, dz \right| = \left| \int_a^b f(\gamma(t))\gamma'(t)\, dt \right| \le \int_a^b |f(\gamma(t))||\gamma'(t)|\, dt$$
$$\le M \int_a^b |\gamma'(t)|\, dt = ML(\gamma)$$

가 성립한다. ■

예제 원 $C: \gamma(t) = 2e^{it}$ (단, $0 \le t \le 2\pi$)에 대하여, 코시-ML 부등식을 이용하여

$$\left| \int_C \frac{z+1}{z^4+1}\, dz \right|$$

의 상계를 구하시오.

풀이 C 위의 모든 z에 대하여, $|z| = 2$이고

$$\left| \frac{z+1}{z^4+1} \right| \le \left| \frac{|z|+1}{|z|^4-1} \right| = \frac{1}{5}$$

이므로

$$\left| \int_C \frac{z+1}{z^4+1}\, dz \right| \le \frac{1}{5} 2\pi \cdot 2 = \frac{4\pi}{5}$$

로 주어진다. ■

정의 9 미분형식에 관한 선적분

$C: \gamma(t) = x(t) + iy(t)$ (단, $a \le t \le b$)가 영역 $\Omega \subset \mathbb{C}$ 내부에 있는 경로이고 복소함수 $f(z) = u(z) + iv(z)$가 C 위에서 정의된 연속함수일 때

$$\begin{aligned} \int_C f(z)\, dz &= \int_C (u + iv)(dx + i\, dy) \\ &= \int_C (u\, dx - v\, dy) + i \int_C (v\, dx + u\, dy) \end{aligned}$$

를 C 위에서 $f(z)$의 미분형식에 관한 선적분이라고 한다.

복소평면 $\mathbb{C}$에 대하여 $f(t) = u(t) + iv(t)$로 주어진 복소함수 $f: [a, b] \to \mathbb{C}$가 연속일 때

$$\int_a^b f(t)\, dt = \int_a^b u(t)\, dt + i \int_a^b v(t)\, dt$$

즉, $\dfrac{df}{dt} = \dfrac{du}{dt} + i\dfrac{dv}{dt}$가 성립한다.

참고 곡선 $C: z(t)$ (단, $a \le t \le b$)를 따라 연속인 복소함수 $f(z)$에 대하여

$$\left| \int_C f(z)\, dz \right| = \left| \int_a^b f(z(t)) \frac{dz}{dt}\, dt \right| \le \int_a^b |f(z(t))| \left| \frac{dz}{dt} \right| dt$$

가 성립한다.

3. 미분적분학의 기본정리

복소평면 $\mathbb{C}$의 한 영역 $\Omega \subset \mathbb{C}$에서 정의된 복소함수 $f(z)$에 대하여

$$F'(z) = f(z)$$

를 만족하는 미분가능한 함수 $F(z)$를 $f(z)$의 **원시함수**(primitive function)라고 하고, 주어진 함수 $f(z)$의 원시함수들로 이루어진 집합을 $f(z)$의 **부정적분**(indefinite integral)이라고 한다.

정리 10 **미분적분학의 기본정리 1**

복소함수 $f(z)$가 복소평면 $\mathbb{C}$의 한 영역 Ω에서 연속이고, Ω의 모든 점 z에 대하여

$$F'(z) = f(z)$$

를 만족하면, Ω의 임의의 두 점 z_1, z_2와 z_1에서 z_2까지의 임의의 경로

$$C : \gamma(t) \text{ (단, } a \le t \le b)$$

에 대하여

$$\int_C f(z)\,dz = F(z)\Big|_{z_1}^{z_2} = F(z_2) - F(z_1)$$

이 성립한다. 여기서 $\gamma(a) = z_1$이고 $\gamma(b) = z_2$이다.

증명 경로 C가 곡선 C_1과 C_2의 합이라고 가정하면, C가 $C : \gamma(t)$ (단, $a \le t \le b$)로 주어진 곡선일 경우만 증명하여도 충분하다. 왜냐하면

$$\int_{C_1} f(z)\,dz = F(z)\Big|_{z_1}^{z} \text{ 이고 } \int_{C_2} f(z)\,dz = F(z)\Big|_{z}^{z_2}$$

이면, $\displaystyle\int_{C=C_1+C_2} f(z)\,dz = F(z)\Big|_{z_1}^{z_2}$이기 때문이다. 따라서

$$\begin{aligned}\int_C f(z)\,dz &= \int_a^b f(\gamma(t))\gamma'(t)\,dt \\ &= \int_a^b \frac{d}{dt}F(\gamma(t))\,dt = F(\gamma(b)) - F(\gamma(a)) \\ &= F(z_2) - F(z_1) = F(z)\Big|_{z_1}^{z_2}\end{aligned}$$

가 성립한다. ■

복소평면 $\mathbb{C}$에 대하여 영역 $\Omega \subset \mathbb{C}$ 위에서 정의된 연속인 복소함수 $f(z)$가 원시함수 $F(z)$를 가지면, 임의의 경로 C가 $z(t): [a, b] \to \Omega$로 주어질 때 정리 10으로부터

$$\int_C f(z)\, dz = F(z(b)) - F(z(a))$$

가 된다. 즉 적분은 경로 C에 무관하고 단지 끝점에만 의존한다.

참고 $\mathbb{C}$가 복소평면일 때, 어떤 영역 $\Omega \subset \mathbb{C}$에서 정의된 연속인 복소함수 $f(z)$가 원시함수 $F(z)$를 갖는다고 하자. 그러면 C_k (단, $k = 1, 2, \cdots, n$)가 시점이 z_k이고 종점이 z_{k+1}인 영역 Ω 내부의 임의의 경로일 때, $C = \sum_{k=1}^{n} C_k$에 대하여

$$\begin{aligned}\int_C f(z)\, dz &= \sum_{k=1}^{n} \int_{C_k} f(z)\, dz \\ &= \sum_{k=1}^{n} [F(z_{k+1}) - F(z_k)] = F(z_{n+1}) - F(z_1)\end{aligned}$$

이 성립한다. 즉 $\int_C f(z)\, dz$는 경로에 무관하고 단지 경로의 시점과 종점에만 의존하는 적분이다.

예 $-i$에서 i까지의 곡선을 C_1, i에서 $-i$까지의 곡선을 C_2라고 할 때

(1) $\displaystyle\int_{C_1} \frac{1}{z}\, dz = \mathrm{Log}_{(-\pi, \pi)}(z)\Big|_{-i}^{i} = \frac{\pi}{2} i - \left(-\frac{\pi}{2} i\right) = \pi i$

(2) $\displaystyle\int_{C_2} \frac{1}{z}\, dz = \mathrm{Log}_{(-\pi, \pi)}(z)\Big|_{i}^{-i} = -\frac{\pi}{2} i - \frac{\pi}{2} i = -\pi i$

가 된다.

예 시계반대방향으로 회전하는 단위원 $C: z(t) = e^{it}$ (단, $-\pi \le t \le \pi$)에 대하여

(1) $\displaystyle\int_C \frac{1}{z}\, dz = \int_{-\pi}^{\pi} \frac{ie^{it}}{e^{it}}\, dt = 2\pi i$ (2) $\displaystyle\int_C z\, dz = \int_{-\pi}^{\pi} e^{it} i e^{it}\, dt = 0$

으로 주어진다.

예제 C_1은 0에서 1까지의 직선, C_2는 1에서 $1+i$까지의 직선, 그리고 C_3가 $1+i$에서 i까지의 직선일 때, 경로 $C = C_1 + C_2 + C_3$에 대하여

$$\int_C e^z\, dz$$

의 값을 구하시오.

풀이 **(방법 1)** : C의 매개변수방정식과 선적분의 정의를 이용하면, $C = C_1 + C_2 + C_3$이고

$$C_1 : z(t) = t \text{ (단, } 0 \le t \le 1)$$
$$C_2 : z(t) = 1 + it \text{ (단, } 0 \le t \le 1)$$
$$C_3 : z(t) = (1-t) + i \text{ (단, } 0 \le t \le 1)$$

이므로

$$\begin{aligned}\int_C e^z\, dz &= \int_{C_1} e^z\, dz + \int_{C_2} e^z\, dz + \int_{C_3} e^z\, dz \\ &= \int_0^1 e^t\, dt + \int_0^1 e^{1+it} t\, dt + \int_0^1 e^{(1-t)+i}(-dt) \\ &= (e-1) + (e^{1+i} - e) + (e^i - e^{1+i}) = e^i - 1\end{aligned}$$

이다.

(방법 2) : $F(z) = e^z$가 $f(z) = e^z$의 역도함수이므로

$$\int_C f(z)\, dz = F(z)\Big|_0^i = F(i) - F(0) = e^i - 1$$

이다. ■

예제 임의의 $r > 0$과 임의의 $n \in \mathbb{Z}$ 에 대하여, 곡선 C가 원 $C : |z| = r$로 주어질 때

$$\int_{C:\,|z|=r} z^n\, dz$$

의 값을 구하시오.

풀이

$$\begin{aligned}\int_{C:\,|z|=r} z^n\, dz &= \int_{-\pi}^{\pi} (re^{it})^n\, ire^{it}\, dt = i r^{n+1} \int_{-\pi}^{\pi} e^{i(n+1)t}\, dt \\ &= \begin{cases} 2\pi i, & n = -1 \\ 0, & n \ne -1 \text{ 인 임의의 정수} \end{cases}\end{aligned}$$

로 주어진다. 여기서 $n \ne -1$인 임의의 정수일 때

$$\int_{-\pi}^{\pi} e^{i(n+1)t}\, dt = \frac{1}{i(n+1)} e^{i(n+1)t}\Big|_{-\pi}^{\pi} = 0$$

이다. ■

참고 복소함수 $f:[a, b] \to \mathbb{C}$가 연속이고, $f(t)=u(t)+iv(t)$ (단, $a \le t \le b$)이면

$$\int_a^b f(t)\,dt = \int_a^b u(t)\,dt + i\int_a^b v(t)\,dt$$

로 정의한다.

따름정리

연속인 복소함수 $f(z)$가 복소평면 $\mathbb{C}$의 한 영역 $\Omega \subset \mathbb{C}$에서 원시함수(역도함수) $F(z)$를 가지면, Ω 내부의 모든 닫힌경로 C에 대하여

$$\int_C f(z)\,dz = 0$$

이 성립한다.

증명 C를 영역 $\Omega \subset \mathbb{C}$ 내부의 임의의 닫힌경로라 하고 z_1, z_2를 C 위의 서로 다른 두 점이라 하자. 이때 z_1을 시점으로 하고 z_2를 종점으로 하는 C의 부분경로를 C_1이라 하고, z_2를 시점으로 하고 z_1을 종점으로 하는 C의 부분경로를 C_2라 하자.

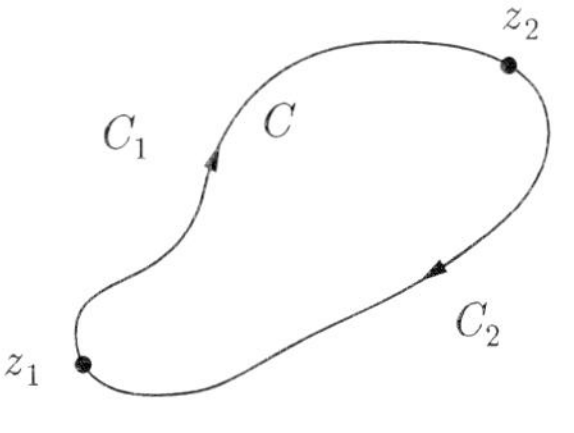

❙ 그림 5.6 ❙

그러면 C_1과 $-C_2$는 시점이 z_1이고 종점이 z_2인 경로이다. 따라서 복소평면 $\mathbb{C}$의 한 영역 $\Omega \subset \mathbb{C}$에서 원시함수 $F(z)$를 갖는 연속인 복소함수 $f(z)$에 대하여

$$\int_{C_1} f(z)\,dz = \int_{-C_2} f(z)\,dz$$

가 성립한다. 그러므로

$$\int_{C_1} f(z)\,dz + \int_{C_2} f(z)\,dz = \int_{C_1+C_2} f(z)\,dz = \int_C f(z)\,dz = 0$$

이 성립한다. ■

예 복소평면 $\mathbb{C}$에서 정의된 복소함수 $f(z)=z^2$은 원시함수 $F(z)=\dfrac{z^3}{3}$을 갖기 때문에, $\mathbb{C}$ 안의 모든 닫힌경로 C에 대하여

$$\int_C z^2\,dz=0$$

이 성립한다.

예 경로 C와 임의의 복소다항식 $P(z)$에 대하여, $\int_C P(z)\,dz$는 C의 양 끝점에만 의존한다. 왜냐하면 n차 복소다항식

$$P(z)=a_n z^n+a_{n-1}z^{n-1}+\cdots+a_1 z+a_0$$

는 복소평면 $\mathbb{C}$ 위에서 연속이고, 해석적인 다항식

$$Q(z)=\frac{a_n z^{n+1}}{n+1}+\frac{a_{n-1}z^n}{n}+\cdots+\frac{a_1 z^2}{2}+a_0 z$$

의 도함수이기 때문이다. 즉 n차 복소다항식 $P(z)$는 복소평면 $\mathbb{C}$에서 해석적이고, 역도함수 $Q(z)$를 갖기 때문이다. 특히 C가 닫힌경로이면

$$\int_C P(z)\,dz=0$$

이 성립한다.

어떤 함수의 원시함수가 항상 존재하는 것은 아니다. 다음 정리는 원시함수의 존재성과 경로적분의 관계에 대한 것이다.

정리 11 미분적분학의 기본정리 2

$\mathbb{C}$가 복소평면일 때 영역 $\Omega\subset\mathbb{C}$ 안의 모든 닫힌경로 C에 대하여

$$\int_C f(z)\,dz=0$$

이면, 연속인 복소함수 $f(z)$는 Ω에서 원시함수 $F(z)$를 갖는다.

증명 z_0를 영역 $\Omega\subset\mathbb{C}$ 내부에서 택하고, 임의의 $z_1\in\Omega$에 대하여

$$F(z_1)=\int_C f(z)\,dz$$

로 놓자. 여기서 C는 z_0에서 z_1까지의 Ω 내부의 임의의 경로이다. 그러면 z_0에서 z_1까지의 Ω 내부의 임의의 두 경로 C와 C^*에 대하여 $C+(-C^*)$는 닫힌경로이므로, 가정에 의해

$$\int_{C+(-C^*)} f(z)\,dz = 0$$

이 된다. 그러므로 $\int_C f(z)\,dz = \int_{C^*} f(z)\,dz$, 즉 $F(z_1)$은 경로 C에 독립적이다.

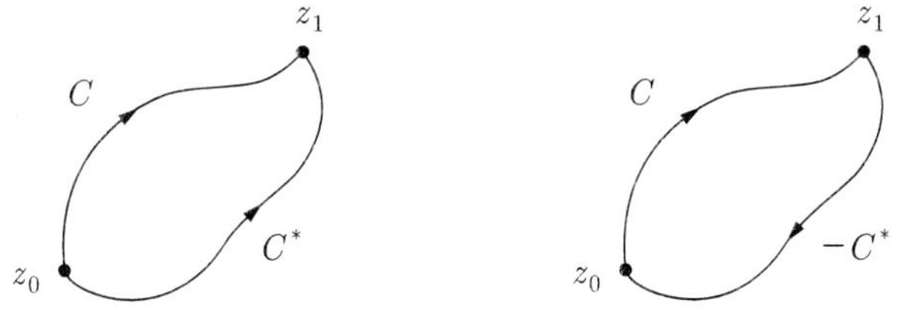

▎그림 5.7▎

이제 영역 Ω에서 $F'(z_1) = f(z_1)$임을 증명하면 충분하다.

$$\lim_{\Delta z \to 0} \frac{F(z_1 + \Delta z) - F(z_1)}{\Delta z} = f(z_1)$$

이므로, 정의로부터 $F(z_1 + \Delta z) - F(z_1) = \int_C f(z)\,dz$이다. 여기서 C는 z_1에서 $z_1 + \Delta z$까지의 직선이다.

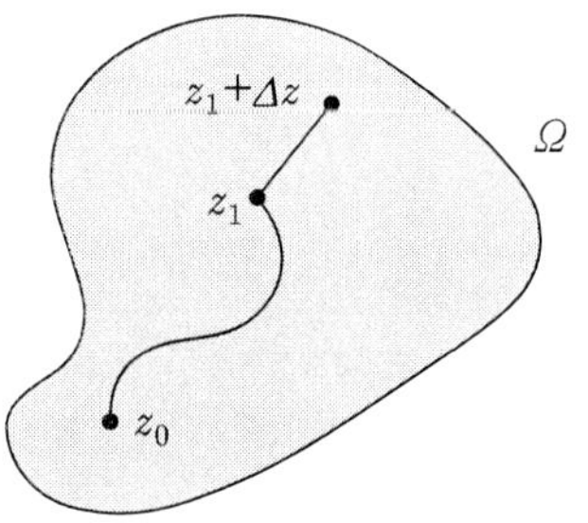

▎그림 5.8▎

직선 C를 매개변수화하면 $C : \gamma(t) = z_1 + \Delta z\, t$ (단, $0 \le t \le 1$)이므로

$$F(z_1 + \Delta z) - F(z_1) = \int_0^1 f(z_1 + \Delta z\, t)\, \Delta z\, dt$$

이다. 따라서 $\dfrac{F(z_1 + \Delta z) - F(z_1)}{\Delta z} = \int_0^1 f(z_1 + \Delta z\, t)\, dt$로부터

$$\lim_{\Delta z \to 0} \frac{F(z_1 + \Delta z) - F(z_1)}{\Delta z} = \int_0^1 f(z_1)\, dt = f(z_1)$$

을 얻는다. 그러므로 영역 Ω에서 $F'(z_1) = f(z_1)$이 성립한다. ■

정리 12

$\mathbb{C}$가 복소평면일 때, 어떤 영역 $\Omega \subset \mathbb{C}$에서 정의된 복소함수 $f(z)$가 연속이면 다음은 서로 동치이다.

(1) 복소함수 $f(z)$는 영역 Ω에서 원시함수 $F(z)$를 갖는다.

(2) C_1, C_2가 시점이 z_1이고 종점이 z_2인 영역 Ω 내부의 임의의 경로이면

$$\int_{C_1} f(z)\, dz = \int_{C_2} f(z)\, dz = F(z_2) - F(z_1)$$

(3) C가 영역 Ω 내부에 있는 닫힌경로이면

$$\int_C f(z)\, dz = 0$$

참고 Ω가 복소평면 $\mathbb{C}$에서의 한 영역일 때, 곡선 C의 매개변수방정식을

$$z(t) : [a, b] \to \Omega \ (\text{단, } z(a) = z_1 : \text{시점, } z(b) = z_2 : \text{종점})$$

로 정의하면

C_1의 매개변수방정식 $\gamma_1(t) : [a_1, b_1] \to \mathbb{C}$

C_2의 매개변수방정식 $\gamma_2(t) : [a_2, b_2] \to \mathbb{C}$ (단, $\gamma_1(b_1) = \gamma_2(a_2)$)

일 때, $C_1 + C_2$의 매개변수방정식은

$$(\gamma_1 + \gamma_2)(t) = \begin{cases} \gamma_1(t) & , a_1 \le t \le b_1 \\ \gamma_2(t + a_2 - b_1) & , b_1 \le t \le b_1 + b_2 - a_2 \end{cases}$$

으로 주어진다.

모든 해석함수의 도함수는 해석함수가 되고, 모든 해석함수는 해석함수인 도함수를 가짐에 유의한다.

연습문제 5.1

1. 다음 선적분의 값을 구하시오.

(1) C가 i에서 $\frac{i}{2}$까지의 직선일 때, $\int_C e^{\pi z}\, dz$

(2) 단위원 $C: z(t) = e^{it}$ (단, $0 \leq t \leq \pi$)에 대하여, $\int_C (1-z)\, dz$

(3) C가 원점과 $\pi + 2i$를 연결하는 곡선일 때, $\int_C \cos\left(\frac{z}{2}\right) dz$

2. 곡선 C를 따라 연속인 두 복소함수 $f(z)$와 $g(z)$에 대하여, α와 β가 복소수일 때

$$\int_C [\alpha f(z) + \beta g(z)]\, dz = \alpha \int_C f(z)\, dz + \beta \int_C g(z)\, dz$$

가 성립함을 보이시오.

3. $\mathrm{Re}\, z > 0$일 때, $f(z) = \dfrac{1}{z^2+1}$의 원시함수 $F(z)$를 구하시오.

4. 곡선 C를 따라 연속인 복소함수 $f(z)$에 대하여

$$\int_{-C} f(z)\, dz = -\int_C f(z)\, dz$$

가 성립함을 보이시오.

5. 영역 $\Omega \subset \mathbb{C}$ 위에서 정의된 연속인 복소함수 $f(z)$가 원시함수 $F(z)$를 가지면, 임의의 경로 C가 $z(t): [a, b] \to \Omega$로 주어질 때

$$\int_C f(z)\, dz = F(z(b)) - F(z(a))$$

가 성립함을 보이시오.

5.2 코시-구르사 정리

코시-구르사 정리는 복소해석학의 기초적인 핵심으로 "영역 $\Omega \subset \mathbb{C}$ 안의 단순닫힌경로 C 위와 내부에서 해석적인 복소함수의 선적분이 0이 된다."는 것이다. 코시-구르사 정리를 이용하여 여러 가지 중요한 성질을 유도할 수 있다. 코시-구르사 정리는 "해석함수가 부정적분을 가진다."는 사실을 의미함을 보여준다.

1. 그린 정리

복소평면 $\mathbb{C}$에서 경로 C가 $\gamma : [a, b] \to \mathbb{C}$로 주어질 때, $\gamma(a) = \gamma(b)$이면 C를 **닫힌경로**(closed contour)라 하고, 닫힌경로 C가 임의의 $t_1,\ t_2 \in (a, b)$에 대하여

$$t_1 \neq t_2 \Rightarrow \gamma(t_1) \neq \gamma(t_2)$$

를 만족하면, C를 **단순닫힌경로**(simple closed contour)라고 한다.

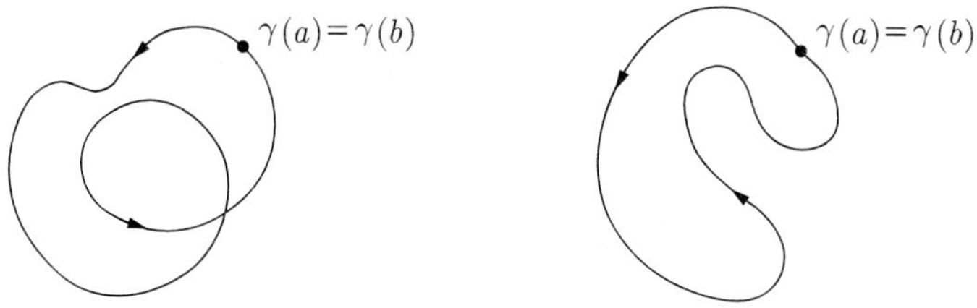

| 그림 5.9 | 닫힌경로와 단순닫힌경로

직관적으로 단순닫힌경로는 평면을 두 개의 영역으로 분리한다. 이 사실에 대한 일반적인 결과인 다음 **조르당 곡선정리**(Jordan curve theorem)는 아주 당연해 보인다. 그러나 엄밀하게 증명하는 것은 매우 어려우므로 여기서는 생략하기로 한다.

정리 1 조르당 곡선정리

복소평면 $\mathbb{C}$에서 $C \subset \mathbb{C}$가 단순닫힌경로이면, C의 여집합은 서로소인 두 개의 영역

$$\text{int}(C), \quad \text{ext}(C)$$

로 되어 있다. 즉 단순닫힌경로 C의 여집합 $\mathbb{C} \setminus C$는 유계인 C의 내부 $\text{int}(C)$와 유계가 아닌 C의 외부 $\text{ext}(C)$의 합

$$\mathbb{C} \setminus C = \mathrm{int}(C) \cup \mathrm{ext}(C)$$

으로 주어진다. 여기서 단순닫힌경로 C는 두 영역의 경계이다.

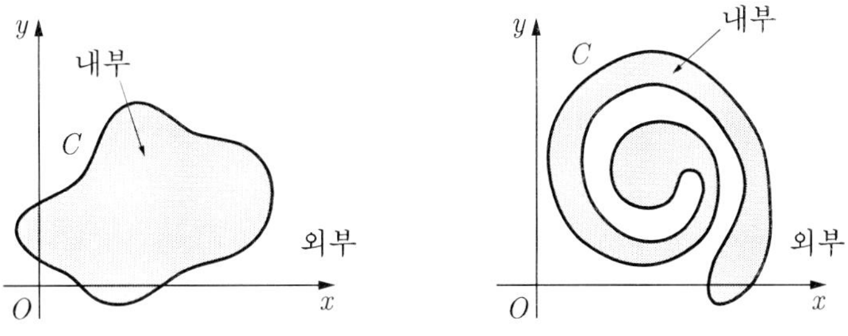

▍그림 5.10▍ 단순닫힌경로의 내부와 외부

선적분과 중적분 사이에 중요한 관계를 맺는 그린 정리는 단순닫힌경로 C에 따른 선적분과 C에 의하여 유계된 영역 $\Omega \subset \mathbb{C}$ 위에서의 중적분 사이의 관계이다.

정의 2 단순연결영역

Ω가 복소평면 $\mathbb{C}$에서 하나의 영역이라 하자. 이때 영역 Ω의 여집합이 복소평면 $\mathbb{C}$에서 연결집합이면, Ω를 단순연결영역(simple connected domain)이라 한다.

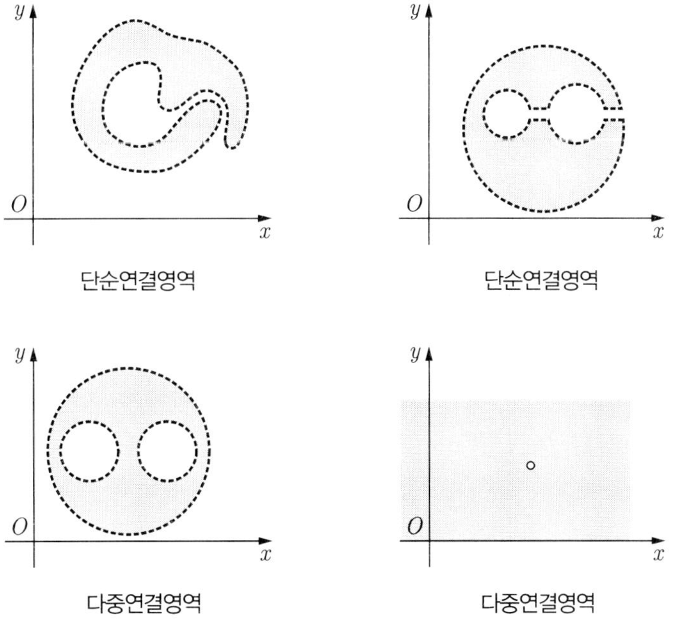

▍그림 5.11▍ 단순연결영역과 다중연결영역

영역 Ω가 복소평면 $\mathbb{C}$에서 단순연결영역이라 함은, Ω 내의 모든 단순닫힌곡선 C로 둘러싸인 영역의 모든 점이 Ω의 점일 때를 의미한다. 다시 말하면 단순연결영역에는 '구멍'이 존재하지 않는다. 단순연결영역이 아닌 영역을 **다중연결영역** (multiple connected domain)이라 한다.

예 다음 세 영역

$$\{z \in \mathbb{C} : z \neq 0\}, \quad \{z \in \mathbb{C} : 1 < |z| < 2\}, \quad \{z \in \mathbb{C} : |z| > 1, |z-3| > 1\}$$

는 단순연결영역이 아니다.

참고 그린의 이름에서 유래한 그린 정리는 복소평면 $\mathbb{C}$에 있는 단순연결영역의 경계 위에서 함수의 선적분이 그 영역 위에서의 중적분과 관계가 있음을 보여준다. 이 정리는 1846년 캘빈(Kelvin)에 의해 재발견됨으로써 비로소 주목을 받게 되었고, 러시아의 수학자 오스트로그라드스키(Ostrogradski)도 그린과는 독립적으로 이 정리를 발견하였다. 그린 정리는 **가우스 정리** (Gauss' theorem)라고도 알려져 있다.

이제부터, 그린 정리를 설명함에 있어서 복소평면 $\mathbb{C}$에서의 단순연결영역 Ω의 가장자리를 따라서 생기는 단순닫힌경로, 즉 Ω의 경계를 $\partial\Omega$로 나타내기로 하고, $\partial\Omega$의 양의 방향은 시계반대방향으로 움직이는 것으로 약속한다.

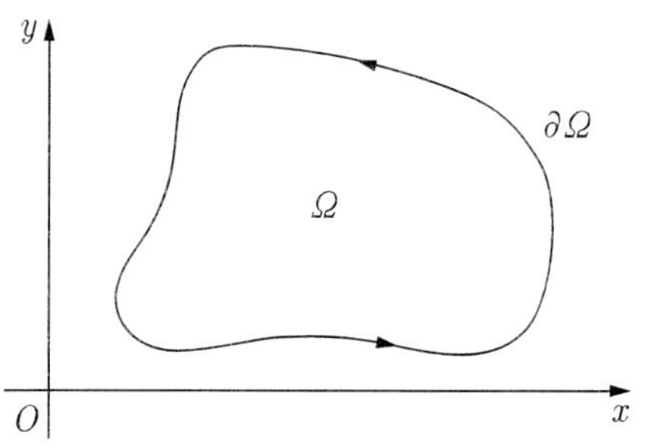

그림 5.12

경로 $\partial\Omega$가 매개변수표현

$$\partial\Omega : z(t) = x(t) + iy(t) \text{ (단, } a \leq t \leq b)$$

로 주어지면, 복소함수

$$F(z) = P(x, y) + i\,Q(x, y)$$

에 대하여, 경로 $\partial\Omega$를 따라서 $F(z)$의 선적분을

$$\oint_{\partial\Omega} P\,dx + Q\,dy$$

로 정의한다. 기호 $\oint_{\partial\Omega}$ 는 $\partial\Omega$가 단순닫힌경로이고, 적분할 때 $\partial\Omega$의 방향이 시계반대방향임을 의미한다.

정리 3 그린 정리 (Green's theorem)

복소평면 $\mathbb{C}$에서, 영역 $\Omega \subset \mathbb{C}$가 단순닫힌경로

$$\partial\Omega:\ z(t) = x(t) + i\,y(t)\ (\text{단, } a \le t \le b)$$

에 의하여 둘러싸여 있다고 하자. 이때 복소함수

$$F(z) = P(x, y) + i\,Q(x, y)$$

에 대하여, P와 Q가 Ω와 $\partial\Omega$의 모든 점에서 연속적으로 미분가능하면

$$\oint_{\partial\Omega} P\,dx + Q\,dy = \iint_{\Omega} \left(\frac{\partial Q}{\partial x} - \frac{\partial P}{\partial y} \right) dx\,dy$$

가 성립한다.

2. 코시-구르사 정리

임의의 단순닫힌경로 위에서 복소다항식함수의 선적분은 0이지만, 단위원 $C : |z| = 1$ 위에서 정의된 복소함수 $f(z) = \frac{1}{z}$의 선적분은

$$\int_{C:|z|=1} \frac{dz}{z} = 2\pi i$$

가 된다. 이때 복소함수 $f(z) = \frac{1}{z}$은 원점에서 해석적이 아님에 유의한다.

예제 복소함수 $f(z)$가 영역 $\Omega \subset \mathbb{C}$ 안의 사각형 R 위와 내부에서 해석적이면

$$\int_C f(z)\,dz = 0$$

이 성립한다. 여기서 경로 C는 사각형 R의 경계이다.

증명 R이 네 개의 정점 $a+ib$, $c+ib$, $c+id$, $a+id$ (단, $a \le x \le c$, $b \le y \le d$)를 연결하는 사각형이라고 하면, 경로 C는

$$C = C_1 + C_2 + (-C_3) + (-C_4)$$

로 표시할 수 있다. 여기서

$$\begin{aligned} &C_1: \gamma_1(x) = x + ib \text{ (단, } a \le x \le c) \\ &C_2: \gamma_2(y) = c + iy \text{ (단, } b \le y \le d) \\ &C_3: \gamma_3(x) = x + id \text{ (단, } a \le x \le c) \\ &C_4: \gamma_4(y) = a + iy \text{ (단, } b \le y \le d) \end{aligned}$$

이다. 그러므로

$$\begin{aligned} \int_C f(z)\,dz &= \int_{C_1} f(z)\,dz + \int_{C_2} f(z)\,dz + \int_{-C_3} f(z)\,dz + \int_{-C_4} f(z)\,dz \\ &= \int_a^c f(x+ib)\,dx + \int_b^d f(c+iy)i\,dy \\ &\qquad - \int_a^c f(x+id)\,dx - \int_b^d f(a+iy)i\,dy \\ &= -\int_a^c [f(x+id) - f(x+ib)]\,dx \\ &\qquad + i\int_b^d [f(c+iy) - f(a+iy)i\,dy]\,dy \\ &= -\int_a^c \int_b^d \frac{\partial f}{\partial y}(x+iy)\,dy\,dx + i\int_b^d \int_a^c \frac{\partial f}{\partial x}(x+iy)\,dx\,dy \\ &= \int_a^c \int_b^d \left[i\frac{\partial f}{\partial y}(x+iy) - \frac{\partial f}{\partial y}(x+iy) \right] dy\,dx \\ &= 0 \end{aligned}$$

이 된다. 왜냐하면 복소함수 $f(z)$가 사각형 R 위와 내부에서 해석적이므로, 코시-리만 방정식

$$\frac{\partial f}{\partial x} = -i\frac{\partial f}{\partial y}, \text{ 즉 } i\frac{\partial f}{\partial x} - \frac{\partial f}{\partial y} = 0$$

을 만족하기 때문이다. ■

정리 4 **코시-구르사 정리** (Cauchy-Goursat theorem)

$\mathbb{C}$가 복소평면일 때, 영역 $\Omega \subset \mathbb{C}$ 안의 임의의 단순닫힌경로 C 위와 내부에서 복소함수 $f(z)$가 해석적이면

$$\int_C f(z)\,dz = 0$$

이 성립한다.

증명 $z = x + iy$이므로, $dz = dx + i\,dy$이다. 따라서 그린 정리에 의해 임의의 단순닫힌경로 C가 D의 경계, 즉 $D : \partial D = C$일 때

$$\begin{aligned}\int_C f(z)\,dz &= \int_C f(x+iy)\,dx + i\,f(x+iy)\,dy \\ &= \iint_{D:\partial D = C} \left[i\frac{\partial f}{\partial x}(x+iy) - \frac{\partial f}{\partial y}(x+iy) \right] dx\,dy\end{aligned}$$

가 된다. 그런데 복소함수 $f(z)$가 D에서 해석적이므로, $f(z)$는 코시-리만 방정식 $\frac{\partial f}{\partial x} = -i\frac{\partial f}{\partial y}$를 만족한다. 즉 $i\frac{\partial f}{\partial x} - \frac{\partial f}{\partial y} = 0$이다. 그러므로

$$\int_C f(z)\,dz = 0$$

이 성립한다. ■

예 복소함수 $f(z) = e^{z^2}$와 $g(z) = ze^{z^2}$은 임의의 단순닫힌경로 C 위와 내부에서 해석적이므로, 코시-구르사 정리에 의해

$$\int_C e^{z^2}\,dz = 0, \quad \int_C ze^{z^2}\,dz = 0$$

이다.

예 단순닫힌경로 C 내부에 원점이 포함되지 않을 때, C를 포함하는 단순연결영역 D 위에서 복소함수 $f(z) = \frac{1}{z^n}$이 해석적이면 코시-구르사 정리에 의해

$$\int_C \frac{1}{z^n}\,dz = 0$$

이 성립한다.

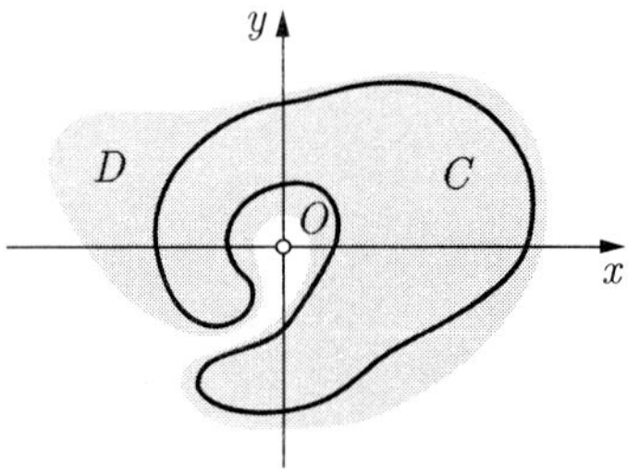

▌그림 5.13▐ 원점을 포함하지 않는 단순닫힌경로를 포함한 단순연결영역 D

참고 복소평면 $\mathbb{C}$에서 $C_1 : |z-3| = 1$일 때, 코시-구르사 정리에 의해

$$\int_{C_1} \frac{e^z}{z}\, dz = 0$$

이 성립한다. 그러나 $C_2 : |z| = 1$일 때

$$\int_{C_2} \frac{e^z}{z}\, dz$$

에 대해서는 코시-구르사 정리를 적용할 수 없다. 왜냐하면 복소함수 $f(z) = \dfrac{e^z}{z}$는 단위원 C_2의 내부에서 해석적이 아니기 때문이다.

예제 다음 선적분의 값을 구하시오.

(1) 시계반대방향으로 1회전하는 단위원 $C : \gamma(t) = e^{it}$ (단, $0 \le t \le 2\pi$)에 대하여

$$\int_C \bar{z}\, dz$$

(2) $-i$에서 i까지의 곡선을 C_1, i에서 $-i$까지의 곡선을 C_2라고 할 때

$$\int_{C_1+(-C_2)} \frac{1}{z}\, dz$$

풀이 (1) $\displaystyle\int_C \bar{z}\, dz = \int_0^{2\pi} e^{-it}(ie^{it})\, dt = i\int_0^{2\pi} dt = 2\pi i$

(2) $\displaystyle\int_{C_1} \frac{1}{z}\, dz = \pi i$와 $\displaystyle\int_{C_2} \frac{1}{z}\, dz = -\pi i$이므로, $\displaystyle\int_{C_1+(-C_2)} \frac{1}{z}\, dz = 2\pi i$ ■

위 예제에서 코시-구르사 정리를 적용할 수 없음에 유의한다. 왜냐하면 단순닫힌경로의 내부의 점 0에서 해석적이 아니기 때문이다.

3. 코시 정리

(1) 코시 정리

정리 5

복소평면 $\mathbb{C}$에 대하여 복소함수 $f(z)$가 단순연결영역 $\Omega \subset \mathbb{C}$ 위에서 해석적이면, Ω 내부의 임의의 단순닫힌경로 C에 대하여

$$\int_C f(z)\,dz = 0$$

이 성립한다.

증명 복소함수 $f(z) = u(x, y) + iv(x, y)$가 단순연결영역 $\Omega \subset \mathbb{C}$ 위에서 해석적이고, Ω 내부의 임의의 단순닫힌경로를 C라고 하자. 이때 단순닫힌경로 C를 따라서 복소함수 $f(z)$의 선적분은

$$\begin{aligned}\int_C f(z)\,dz &= \int_C (u+iv)(dx+i\,dy) \\ &= \int_C u\,dx - v\,dy + i\int_C v\,dx + u\,dy \qquad (1)\end{aligned}$$

로 표시할 수 있다. 그런데 $f'(z)$가 단순연결영역 $\Omega \subset \mathbb{C}$ 위에서 연속이므로, (1)의 우변에 있는 두 선적분에 그린 정리를 적용함으로써

$$\int_C f(z)dz = -\iint_{R:\,\partial R = C} (v_x + u_y)\,dx\,dy + i\iint_R (u_x - v_y)\,dx\,dy \qquad (2)$$

를 얻는다. 여기서 R은 단순닫힌경로 C로 둘러싸인 내부의 영역이다. 한편 복소함수 $f(z)$가 해석적이므로, 코시-리만 방정식 $u_x = v_y$와 $u_y = -v_x$를 만족한다. 따라서 (2)의 우변에 있는 두 피적분함수들은 모두 0이 된다. 그러므로

$$\int_C f(z)dz = 0$$

이 성립한다. ■

직관적이지만 임의의 닫힌경로는 여러 개의 단순닫힌경로의 합으로 나타낼 수 있다.

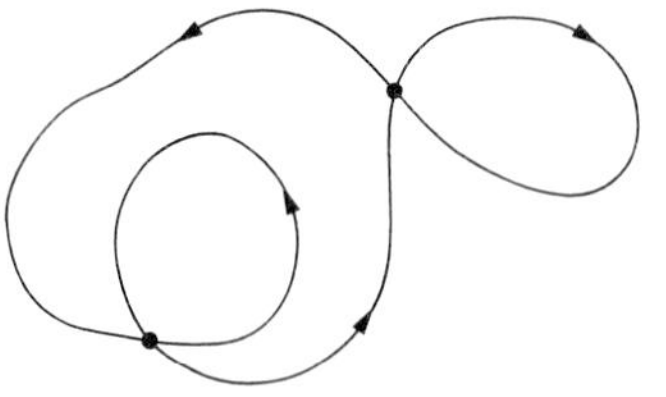

▎그림 5.14▎ 세 개의 단순닫힌경로로 구성된 닫힌경로

그리고 각각의 단순닫힌경로로 둘러싸인 영역과 그 닫힌경로 위에서 복소함수 $f(z)$가 해석적이므로 닫힌경로 C를 구성하는 각각의 단순닫힌경로 위에서 $f(z)$의 적분이 0이 된다. 따라서 다음 정리를 얻는다.

정리 6 **코시 정리** (Cauchy's theorem)

복소평면 $\mathbb{C}$에 대하여 복소함수 $f(z)$가 단순연결영역 $\Omega \subset \mathbb{C}$ 위에서 해석적이면, Ω 내부의 임의의 닫힌경로 C에 대하여

$$\int_C f(z)\, dz = 0$$

이 성립한다.

코시 정리를 적용함에 있어서, 복소함수 $f(z)$가 닫힌경로 C를 포함하고 있는 단순연결영역 $\Omega \subset \mathbb{C}$ 위에서 해석적임을 검증해 보는 것이 필수적이다.

예 유리함수 $\dfrac{p(z)}{q(z)}$에 대하여, C가 복소평면 $\mathbb{C}$에서 닫힌경로이고 C의 내부에는 $q(z)$의 근이 없을 때

$$\int_C \frac{p(z)}{q(z)}\, dz = 0$$

이 성립한다.

예 닫힌곡선 $C : |z-2| = 1$ 위에서 복소함수 $f(z) = \dfrac{1}{z}$의 선적분은

$$\int_{C:|z-2|=1} \frac{dz}{z} = 0$$

으로 주어진다. 왜냐하면 복소함수 $f(z) = \dfrac{1}{z}$은 닫힌곡선 $C : |z-2| = 1$ 위와 내부에서 해석적이기 때문이다.

참고 코시-구르사 정리를 이용하여, 코시 정리보다 더 일반적인 결과를 얻을 수 있다. C를 시계반대방향인 단순닫힌경로라 하고, C_1을 C로 둘러싸인 영역 내부에 존재하는 시계방향인 단순닫힌경로라 하자. 이때 복소함수 $f(z)$가 C와 C_1, 그리고 C와 C_1 사이의 닫힌영역 D에서 해석적이면

$$\int_C f(z)\,dz + \int_{C_1} f(z)\,dz = 0$$

이 성립한다.

정리 7 경로 호모토피 변형원리

복소평면 $\mathbb{C}$에 대하여 Ω가 $\mathbb{C}$에서 단순영결영역이고 $z_0 \in \Omega$일 때 복소함수 $f(z)$가 $\Omega \setminus \{z_0\}$에서 해석적이면, $\Omega \subset \mathbb{C}$ 내부의 임의의 단순닫힌경로 C에 대하여

$$\int_C f(z)\,dz = \int_{C_r : |z-z_0|=r} f(z)\,dz$$

가 성립한다. 여기서 $C_r : |z-z_0| = r$이고, $C_r \subset \mathbb{C}$이다.

증명 $C_r : |z-z_0| = r$로 주어진 곡선 $C_r \subset \mathbb{C}$에 대하여

$$C^* = C - C_r + L_1 - L_1 + L_2 - L_2$$

로 놓으면, 코시-구르사 정리에 의해

$$\int_{C^*} f(z)\,dz = 0$$

이 된다. 즉 $\int_{C-C_r} f(z)\,dz = 0$이므로

$$\int_C f(z)\,dz = \int_{C_r : |z-z_0|=r} f(z)\,dz$$

가 성립한다.

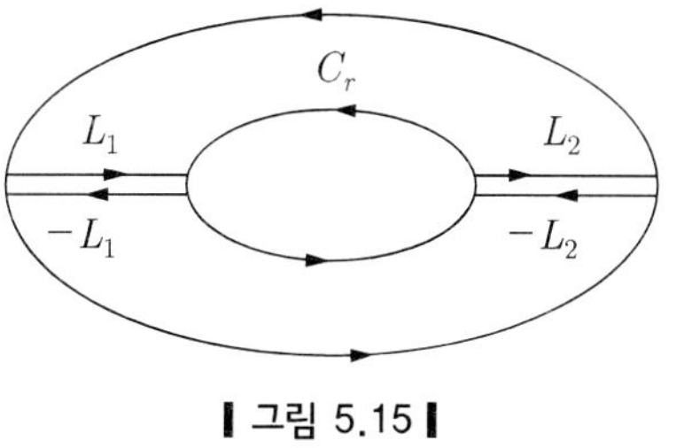

| 그림 5.15 |

■

경로 호모토피 변형원리(principle of deformation of path homotopy)를 간단히 **경로 변형원리**로 표현한다. 경로 호모토피 변형원리는 어떤 두 경로가 **호모토피**(homotopy)라는 것으로, 어떤 한 경로를 연속적으로 다른 경로로 변형할 수 있다는 의미이다.

예 $|z_0| < r$이면, 원점은 원 $C_r : |z - z_0| = r$의 내부에 있게 된다. 따라서

$$0 < s < r - |z_0|$$

를 만족하는 $s \in R$를 잡으면

$$\int_{C_r : |z - z_0| = r} \frac{dz}{z} = \int_{C_s : |z| = s} \frac{dz}{z} = \int_{-\pi}^{\pi} \frac{i s e^{i\theta}}{s e^{i\theta}} d\theta = 2\pi i$$

가 성립한다.

예 양의 방향의 단순닫힌경로 C가 원점을 둘러싸고 있고, $C_0 : z(\theta) = e^{i\theta}$ (단, $0 \leq \theta \leq 2\pi$)라고 하자.

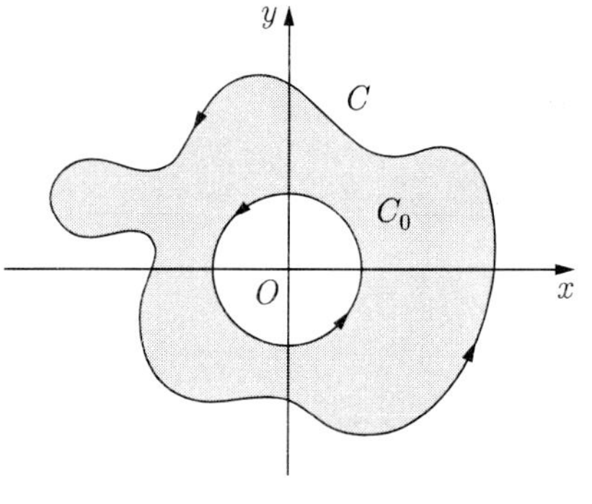

▌그림 5.16▐

그러면 C_0도 양의 방향의 단순닫힌경로이다. 이때 $f(z) = \dfrac{1}{z}$라 하면 복소함수 $f(z)$는 단순닫힌경로 C와 C_0, 그리고 C와 C_0 사이의 영역에서 해석적이므로, 경로 변형원리에 의해

$$\int_C \frac{1}{z} dz = \int_{C_0} \frac{1}{z} dz = \int_0^{2\pi} e^{-i\theta}(i e^{i\theta})\, d\theta = 2\pi i$$

로 주어진다.

다음 정리는 코시 정리의 역에 관한 내용이다.

정리 8 **모레라 정리** (Morera's theorem)

$\mathbb{C}$가 복소평면일 때 복소함수 $f(z)$가 단순연결영역 $\Omega \subset \mathbb{C}$ 위에서 연속이고 Ω 내부의 모든 닫힌경로 C에 대하여

$$\int_C f(z)\, dz = 0$$

을 만족하면, $f(z)$는 Ω 위에서 해석적이다.

예제 복소함수 $f:[0, 1] \to \mathbb{C}$가 연속일 때, 복소함수 $F: \Omega = \mathbb{C} \setminus [0, 1] \to \mathbb{C}$를

$$F(z) = \int_0^1 \frac{f(w)}{w-z}\, dw$$

로 정의하면, $F(z)$는 Ω에서 해석적이다.

증명 영역 Ω 내부의 임의의 닫힌경로 C에 대하여

$$\begin{aligned}\int_C F(z)\, dz &= \int_C \int_0^1 \frac{f(w)}{w-z}\, dw\, dz \\ &= \int_0^1 \int_C \frac{f(w)}{w-z}\, dz\, dw \quad \text{(푸비니 (Fubini) 정리 이용)} \\ &= \int_0^1 0 \cdot f(w)\, dw = 0 \quad \text{(코시-구르사 정리 이용)}\end{aligned}$$

이 성립한다. 따라서 모레라 정리에 의하여, 복소함수 $F(z)$는 영역 Ω에서 해석적이다. ■

(2) 경로의 무관성

복소선적분에 대하여 경로의 무관성은 코시 정리로부터 유도된다. C를 복소평면 $\mathbb{C}$에 있는 두 점 z_1과 z_2를 맺는 한 경로라 하고, 복소함수 $f(z)$가 C를 포함하고 있는 단순연결영역 $\Omega \subset \mathbb{C}$ 위에서 해석적이라고 가정하자. 이때 단순연결영역 $\Omega \subset \mathbb{C}$에서 z_1에서부터 z_2까지를 맺는 다른 경로 C^*를 선택하면

$$\int_C f(z)\, dz = \int_{C^*} f(z)\, dz$$

가 성립한다. 즉 선적분

$$\int_C f(z)\,dz \qquad (*)$$

는 z_1에서 z_2로 잇는 임의의 경로에 대하여 동일한 값을 갖는다. 만일 두 경로 C와 C^*가 또 다른 점 z_3에서 서로 교차할지라도 이 결과는 참이 된다. 더욱이 경로가 유한개의 점에서 뿐만 아니라 무한이 많은 점들에서 교차하는 경우에도 선적분 (*)는 경로에 무관하게 동일한 값을 갖는다.

정리 9 경로의 무관성에 대한 정리

복소평면 $\mathbb{C}$에 대하여 복소함수 $f(z)$가 단순연결영역 $\Omega \subset \mathbb{C}$ 위에서 해석적이고, z_1과 z_2를 Ω에 있는 임의의 두 점이라고 하자. 이때 C와 C^*가 z_1과 z_2를 잇는 $\Omega \subset \mathbb{C}$에 놓여 있는 임의의 경로이면

$$\int_C f(z)\,dz = \int_{z_1}^{z_2} f(z)\,dz = \int_{C^*} f(z)\,dz$$

가 성립한다.

경로의 무관성을 이용하여 해석함수는 해석함수인 역도함수를 갖는다는 사실을 증명한다.

정리 10 역도함수 정리

복소평면 $\mathbb{C}$에 대하여 복소함수 $f(z)$가 단순연결영역 $\Omega \subset \mathbb{C}$ 위에서 해석적이면, Ω에 있는 임의의 점 z에 대하여

$$F'(z) = f(z)$$

를 만족하는 해석함수 $F(z)$가 존재한다.

증명 복소함수 $f(z)$가 단순연결영역 $\Omega \subset \mathbb{C}$에서 해석적이면, Ω 내부의 임의의 닫힌경로 C에 대하여

$$\int_C f(z)\,dz = 0$$

이므로, Ω에서 $f(z)$의 원시함수가 존재한다. 특히 복소평면 $\mathbb{C}$는 단순연결영역이므로 모든 전해석함수, 즉 정함수의 원시함수는 존재한다. ■

단순영결영역 위에서 정의된 해석함수 $f(z)$는 원시함수 $F(z)$를 갖는다.

예제 두 점 1과 i를 잇는 곡선 C를 따라 복소함수 $f(z)=z^2$의 선적분 $\int_C z^2\,dz$, 즉 $\int_1^i z^2\,dz$의 값을 구하시오.

풀이 $\frac{z^3}{3}$이 z^2의 역도함수이므로, 미분적분학의 기본정리 1 (정리 10)에 의하여

$$\int_1^i z^2\,dz = \frac{z^3}{3}\Bigg|_1^i = \frac{1}{3}(i^3-1) = \frac{1}{3}(-i-1)$$

이 된다. ■

(3) 구멍이 있는 영역에서 코시 정리

구멍을 갖고 있는 영역은 단순연결영역이 아니다. 특히 하나의 구멍을 갖고 있는 영역을 **이중연결영역**이라 하고, 영역이 두 개의 구멍을 가질 때 **삼중연결영역**이라 한다. 일반적으로 단순연결영역이 아닐 때 **다중연결영역**이라고 한다. 코시 정리를 이러한 다중연결영역들로 확장시킬 수 있다.

예 $w=z-z_0$로 놓으면 $dw=dz$이다. 따라서 $r<1$인 r에 대하여

$$\int_{|z-z_0|=r}\frac{dz}{z-z_0} = \int_{|w|=r}\frac{dw}{w} = \int_{|w|=1}\frac{dw}{w} = 2\pi i$$

가 된다.

다음 정리는 경로 호모토피 변형원리의 확장이다. 정리 11에서 특히 $k=1$이면, 경로 호모토피 변형원리가 된다.

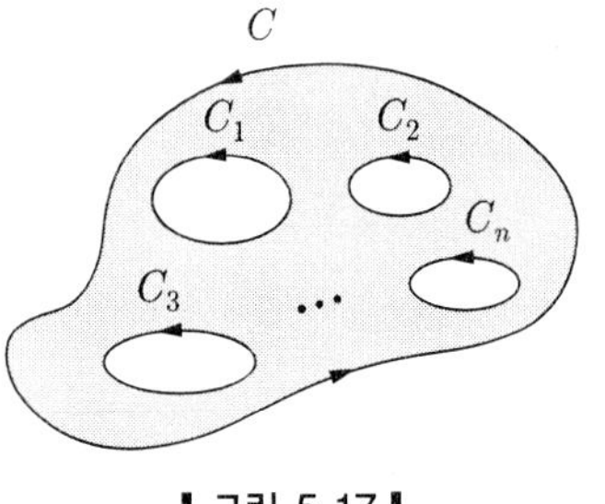

그림 5.17

정리 11 **다중연결영역에서의 코시 정리**

복소평면 $\mathbb{C}$에서 C를 시계반대방향의 단순닫힌경로라 하고 C_k (단, $k=1, 2, \cdots, n$)를 C로 둘러싸인 영역 $\Omega \subset \mathbb{C}$의 내부에 존재하며 각 C_k로 둘러싸인 영역의 내부에서 서로 만나지 않는 시계반대방향의 단순닫힌경로라 하자. 이때 복소함수 $f(z)$가 단순닫힌경로 C와 C_k (단, $k=1, 2, \cdots, n$), 그리고 C와 C_k (단, $k=1, 2, \cdots, n$) 사이의 영역에서 해석적이면

$$\int_C f(z)\,dz = \sum_{k=1}^{n} \int_{C_k} f(z)\,dz$$

가 성립한다.

참고 실적분을 계산하기 위해 코시 정리를 이용한다.

(1) $\dfrac{1}{2\pi}\displaystyle\int_0^{2\pi} \frac{R^2-r^2}{R^2-2Rr\cos\theta+r^2}\,d\theta = 1$ (단, $0<r<R$). 이때 이 적분의 피적분함수를 **푸아송 핵**이라고 한다(7.1절 참고). 푸아송 핵은 많은 유용한 성질을 갖고 있다.

(2) $\displaystyle\int_{-\infty}^{\infty} e^{-x^2}\cos 2bx\,dx = \sqrt{\pi}\,e^{-b^2}$이 그 예이다. 이 공식은 초등미분적분학에서의 어떠한 기법으로도 얻을 수 없다. 이 문제를 해결하는 방법은 매우 유용하다.

연습문제 5.2

EXERCISES

1. Ω가 복소평면 $\mathbb{C}$에서 단순연결영역일 때, 복소함수 $f(z)$가 $\Omega \subset \mathbb{C}$에서 해석적이고

$$\forall z \in \Omega, \quad f(z) \neq 0$$

을 만족하면, 복소함수 $\log(f(z))$는 Ω에서 해석적임을 보이시오.

2. 슈바르츠 반사원리(Schwarz's reflection principle): 복소평면 $\mathbb{C}$에서의 영역 Ω가 실수축에 관하여 대칭, 즉 $z\in\Omega \Rightarrow \bar{z}\in\Omega$일 때

$$L = \Omega \cap R,\ \Omega^{\pm} = \{ z \in \Omega \mid \pm \operatorname{Im} z > 0 \}$$

라고 하자. 이때 복소함수 $f : \Omega^{+} \cup L \to \mathbb{C}$가 Ω^{+}에서 연속이며 해석적이고, L에서 실함수라 하면

$$g(z) = \begin{cases} f(z) & ,\ z \in \Omega^{+} \cup L \\ \overline{f(\overline{z})} & ,\ z \in \Omega^{-} \end{cases}$$

로 정의된 복소함수 $g : \Omega \to \mathbb{C}$는 영역 $\Omega \subset \mathbb{C}$에서 해석적임을 보이시오.

3. 경로 C가 다음 그림과 같이 주어질 때, 선적분

$$\frac{1}{2\pi i} \int_{C} \frac{1}{z}\, dz$$

의 값을 구하시오

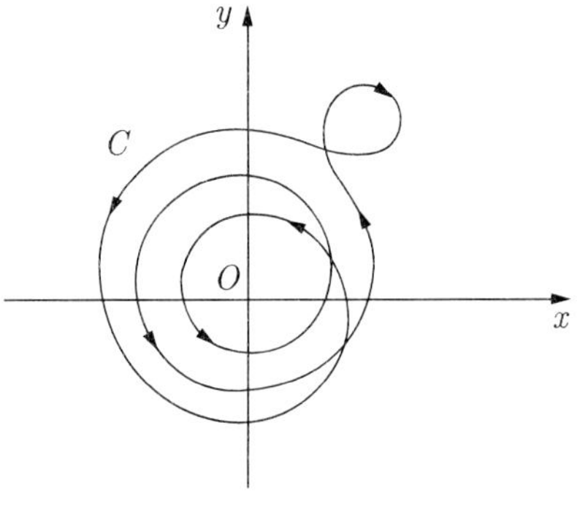

| 그림 5.18 |

4. C가 반원판 $\Omega = \{ (r, \theta) : 0 \le r \le 1,\ 0 \le \theta \le \pi \}$의 양의 방향의 경계이고, 복소함수 $f(z)$가 $f(0) = 0$이고, $z \ne 0$이면 $z^{\frac{1}{2}}$의 분지

$$f(z) = \sqrt{r}\, e^{\frac{i\theta}{2}} \left(\text{단},\ r > 0,\ -\frac{\pi}{2} < \theta < \frac{3\pi}{2} \right)$$

로 정의된 Ω에서 연속이라 하자. 이때 경로 C를 따라 복소함수 $f(z)$를 적분할 때 C를 반원과 원판의 지름으로 나누어 적분하여

$$\int_{C} f(z)\, dz = 0$$

이 성립함을 보이시오. 그리고 이 경우 코시-구르사 정리를 적용할 수 없음을 설명하시오.

5. C를 시계반대방향인 단순닫힌경로라 하고, C_1을 C로 둘러싸인 영역 내부에 존재하는 시계방향인 단순닫힌경로라 하자. 이때 복소함수 $f(z)$가 C와 C_1, 그리고 C와 C_1 사이의 닫힌영역 D에서 해석적이면

$$\int_C f(z)\,dz + \int_{C_1} f(z)\,dz = 0$$

이 성립함을 보이시오.

5.3 코시 적분공식

1. 코시 적분공식

특이점을 다루기 위해 코시-구르사 정리를 수정하여, 다음 코시 적분공식을 유도한다.

정리 1 **코시 적분공식**(Cauchy's integral formula)

복소평면 $\mathbb{C}$에 대하여 복소함수 $f(z)$가 단순닫힌경로 C를 포함하고 있는 단순연결영역 $\Omega \subset \mathbb{C}$ 위에서 해석적일 때, C 내부의 임의의 점 z_0에 대하여

$$f(z_0) = \frac{1}{2\pi i} \int_C \frac{f(z)}{z - z_0}\, dz$$

가 성립한다. 즉 z_0에서의 함숫값 $f(z_0)$는 단순닫힌경로 C에서의 함수 $f(z)$의 선적분에 의하여 완전히 결정된다.

증명 단순닫힌경로 C의 내부에서 $z_0 \in \mathbb{C}$를 고정하자. 복소함수 $f(z)$가 z_0에서 연속이므로, 임의의 $\varepsilon > 0$에 대하여

$$|z - z_0| \le r \Rightarrow |f(z) - f(z_0)| < \varepsilon$$

을 만족하는 C의 내부에 놓이는 닫힌원판 $\{z \in \mathbb{C} : |z - z_0| \le r\}$이 존재한다. 이때 복소함수 $\dfrac{f(z)}{z - z_0}$는 $|z - z_0| \ge r$을 만족하고, 또한 C의 위와 내부에 있는 모든 점들을 포함하는 영역에서 해석적이다. 따라서 경로 변형의 원리에 의해

$$\frac{1}{2\pi i} \int_C \frac{f(z)}{z - z_0}\, dz = \frac{1}{2\pi i} \int_{C_r : |z - z_0| = r} \frac{f(z)}{z - z_0}\, dz$$

가 성립한다.

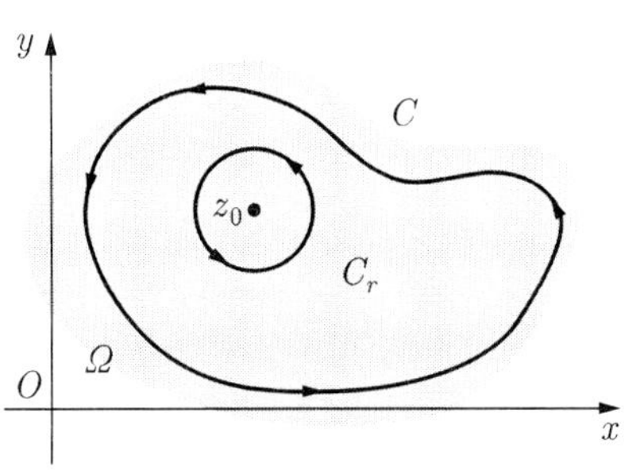

❙ 그림 5.19 ❙

그러나 $f(z)=f(z_0)+[f(z)-f(z_0)]$이므로

$$\int_{C_r:|z-z_0|=r}\frac{f(z)}{z-z_0}\,dz=f(z_0)\int_{C_r:|z-z_0|=r}\frac{dz}{z-z_0}+\int_{C_r:|z-z_0|=r}\frac{f(z)-f(z_0)}{z-z_0}\,dz$$

이다. 그런데 $\int_{C_r:|z-z_0|=r}\frac{dz}{z-z_0}=2\pi i$ 이므로

$$\int_{C_r:|z-z_0|=r}\frac{f(z)}{z-z_0}\,dz=2\pi i f(z_0)+\int_{C_r:|z-z_0|=r}\frac{f(z)-f(z_0)}{z-z_0}\,dz$$

가 된다. 한편

$$\begin{aligned}&\left|\int_{C_r:|z-z_0|=r}\frac{f(z)}{z-z_0}\,dz-2\pi i f(z_0)\right|\\&=\left|\int_{C_r:|z-z_0|=r}\frac{f(z)-f(z_0)}{z-z_0}\,dz\right|\le\int_{C_r:|z-z_0|=r}\frac{|f(z)-f(z_0)|}{|z-z_0|}|dz|\\&<\varepsilon\int_{C_r:|z-z_0|=r}\frac{|dz|}{|z-z_0|}=\frac{\varepsilon}{r}\int_{C_r:|z-z_0|=r}|dz|=2\pi\varepsilon\end{aligned}$$

즉

$$\left|\int_{C_r:|z-z_0|=r}\frac{f(z)}{z-z_0}\,dz-2\pi i f(z_0)\right|<2\pi\varepsilon$$

을 얻는다. ε은 0에 근접하도록 임의로 선택할 수 있으므로

$$f(z_0)=\frac{1}{2\pi i}\int_C\frac{f(z)}{z-z_0}\,dz$$

가 성립한다. ■

예 코시 적분공식을 적용하여, 선적분 $\int_{C:|z|=2}\frac{dz}{z^2+1}$의 값을 구해 보자. 이때 곡선 $C:|z|=2$ 위에서 $f(z)=1$이라 놓으면

$$\begin{aligned}\int_{C:|z|=2}\frac{dz}{z^2+1}\,dz&=\frac{1}{2i}\int_{C:|z|=2}\left\{\frac{1}{z-i}-\frac{1}{z+i}\right\}dz\\&=\frac{1}{2i}\int_{C:|z|=2}\frac{1}{z-i}\,dz-\frac{1}{2i}\int_{C:|z|=2}\frac{1}{z+i}\,dz\end{aligned}$$

$$= \frac{1}{2i} 2\pi i f(i) - \frac{1}{2i} 2\pi i f(i)$$
$$= \pi - \pi = 0$$

으로 주어진다.

예제 코시 적분공식을 적용하여, 다음 선적분을 구하시오.

(1) $\displaystyle\int_{C:|z|=1} \frac{e^z}{z}\, dz$　　　(2) $\displaystyle\int_{C:|z|=2} \frac{e^z}{z-1}\, dz$

풀이 (1) 단위원 $C: |z| = 1$ 위에서 $f(z) = e^z$라 놓으면

$$\frac{1}{2\pi i}\int_{C:|z|=1} \frac{e^z}{z}\, dz = \frac{1}{2\pi i}\int_{C:|z|=1} \frac{e^z}{z-0}\, dz = f(0) = e^0 = 1$$

이므로

$$\int_{C:|z|=1} \frac{e^z}{z}\, dz = 2\pi i$$

(2) 원 $C: |z| = 2$ 위에서 $f(z) = e^z$라 놓으면

$$\frac{1}{2\pi i}\int_{C:|z|=2} \frac{e^z}{z-1}\, dz = f(1) = e$$

이므로

$$\int_{C:|z|=2} \frac{e^z}{z-1}\, dz = 2\pi e i$$

로 주어진다. ■

예제 다음 선적분의 값을 구하시오.

(1) $\displaystyle\int_{C:|z|=1} \frac{\sin z}{2z-3i}\, dz$　　　(2) $\displaystyle\int_{C:|z|=2} \frac{z^3-1}{z+i}\, dz$

(3) $\displaystyle\int_{C:|z|=\frac{1}{2}} \frac{\cos z}{z^3+z}\, dz$

풀이 (1) 복소함수 $f(z) = \dfrac{\sin z}{2z-3i} = \dfrac{\frac{1}{2}\sin z}{z-\frac{3}{2}i}$는 단위원 $C: |z| = 1$ 위와 내부에서 해석적이다. 따라서 코시-구르사 정리에 의해

$$\int_{C:|z|=1} \frac{\sin z}{2z-3i}\,dz = \int_{C:|z|=1} \frac{\frac{1}{2}\sin z}{z-\frac{3}{2}i}\,dz = 0$$

(2) 복소함수 $f(z)=z^3-1$은 원 $C:|z|=2$ 위와 내부에서 해석적이다. 따라서 코시 적분공식에 의해

$$\int_{C:|z|=2} \frac{z^3-1}{z+i}\,dz = 2\pi i f(-i) = 2\pi i(i-1) = -2\pi-2\pi i$$

(3) 복소함수 $f(z)=\dfrac{\cos z}{z^2+1}$는 원 $C:|z|=\dfrac{1}{2}$ 위와 내부에서 해석적이다. 따라서 코시 적분공식에 의해

$$\int_{|z|=\frac{1}{2}} \frac{\cos z}{z^3+z}\,dz = 2\pi i f(0) = 2\pi i\left[\frac{\cos z}{z^2+1}\right]_{z=0} = 2\pi i$$ ■

다중연결영역에서의 코시 정리 (5.2 정리 11)를 적용하여, 코시 적분공식 (정리 1)을 수정할 수 있다.

예제 코시 적분공식을 적용하여, 선적분 $\displaystyle\int_{C:|z|=3} \frac{e^z}{z(z-2)}\,dz$의 값을 구하시오.

풀이 원 $C:|z|=3$에 대하여 $C_1:|z|=\dfrac{1}{2}$, $C_2:|z-2|=\dfrac{1}{2}$이라고 하면

$$\int_{C:|z|=3} \frac{e^z}{z(z-2)}\,dz = \int_{C_1:|z|=\frac{1}{2}} \frac{e^z/(z-2)}{z}\,dz + \int_{C_2:|z-2|=\frac{1}{2}} \frac{e^z/z}{z-2}\,dz$$

$$= 2\pi i\cdot\left(\frac{1}{-2}\right) + 2\pi i\cdot\frac{e^2}{2} = \pi i(e^2-1)$$

이다. ■

예제 $|z_0|<r<|w_0|$이고, 곡선 C가 중심이 원점이고 반지름이 r인 시계반대방향으로 한 바퀴 회전하는 원일 때

$$\int_C \frac{1}{(z-z_0)(z-w_0)}\,dz = \frac{2\pi i}{z_0-w_0}$$

가 성립한다.

증명 원 $C: |z| = r$이고 $|z_0| < r < |w_0|$이므로, $f(z) = \dfrac{1}{z - w_0}$이라고 놓으면

$$\int_{C:|z|=r} \frac{1}{(z-z_0)(z-w_0)}\, dz = \int_{C:|z|=r} \frac{1/(z-w_0)}{(z-z_0)}\, dz$$
$$= 2\pi i\, f(z_0) = \frac{2\pi i}{z_0 - w_0}$$

가 성립한다. ■

정의 2 회전수

복소평면 $\mathbb{C}$ 위의 단순닫힌경로 C에 대하여, $z_0 \in \mathbb{C}$가 C 위에 있지 않을 때, z_0에 관한 C의 **회전수**(index of C)를 $I(C, z_0)$라 하고

$$I(C, z_0) = \frac{1}{2\pi i} \int_C \frac{dz}{z - z_0}$$

로 정의한다.

$z_0 \in \mathbb{C}$에 관한 단순닫힌경로 C의 회전수 $I(C, z_0)$는 정수이다.

예 곡선 C의 매개변수방정식 $C: z(t) = z_0 + re^{it}$ (단, $0 \le t \le 2n\pi$)에 대하여 $z_0 \in \mathbb{C}$를 휘감는 C의 회전수(winding number)를 나타내는 **회전수**(index) $I(C, z_0)$는

$$\frac{1}{2\pi i} \int_C \frac{dz}{z - z_0} = I(C, z_0) = n \in \mathbb{Z}$$

으로 주어진다.

참고 영역 $\Omega \subset \mathbb{C}$ 내의 모든 단순닫힌경로 C와 모든 $z_0 \in \mathbb{C} \setminus \Omega$에 대하여, z_0에 관한 C의 회전수 $I(C, z_0)$가 0일 때, Ω를 **단순연결영역**이라고 한다.

따름정리

복소평면 $\mathbb{C}$에 대하여 복소함수 $f(z)$가 단순닫힌경로 C를 포함하고 있는 단순연결영역 $\Omega \subset \mathbb{C}$ 위에서 해석적일 때, C 내부의 임의의 점 $z_0 \in \mathbb{C}$에 대하여

$$\frac{1}{2\pi i}\int_C \frac{f(z)}{z-z_0}\,dz = f(z_0)\,I(C,\,z_0)$$

가 성립한다. 여기서 $I(C,\, z_0)$는 C의 회전수이다.

예 $-C: \gamma(t) = e^{-it}$ (단, $0 \le t \le 2\pi$)가 시계방향으로 한 바퀴 회전하는 단위원일 때, 코시 적분공식을 적용하여 선적분 $\int_{-C} \frac{e^z}{z}\,dz$의 값을 구해 보자. $f(z) = 1$이라 놓으면, $I(C, 0) = -1$이므로

$$\begin{aligned}\int_{-C} \frac{e^z}{z}\,dz &= 2\pi i f(0) I(-C, 0) \\ &= 2\pi i \cdot 1 \cdot (-1) = -2\pi i\end{aligned}$$

이다.

예 $C: \gamma(t) = e^{it}$ (단, $0 \le t \le 4\pi$)가 시계반대방향으로 두 바퀴 회전하는 단위원일 때, 코시 적분공식을 적용하여 선적분 $\int_C \frac{e^z}{z}\,dz$의 값을 구해 보자. $f(z) = 1$이라 놓으면, $I(C, 0) = 2$이므로

$$\begin{aligned}\int_C \frac{e^z}{z}\,dz &= 2\pi i f(0) I(C, 0) \\ &= 2\pi i \cdot 1 \cdot 2 = 4\pi i\end{aligned}$$

이다.

정리 3 가우스 평균값정리 (Gauss' mean value theorem)

복소평면 $\mathbb{C}$에 대하여 복소함수 $f(z)$가 원 $C: |z-z_0| = r$을 포함하는 영역 $\Omega \subset \mathbb{C}$에서 해석적일 때

$$f(z_0) = \frac{1}{2\pi}\int_{-\pi}^{\pi} f(z_0 + re^{i\theta})\,d\theta = \frac{1}{2\pi}\int_0^{2\pi} f(z_0 + re^{i\theta})\,d\theta$$

가 성립한다. 즉 중심 $z_0 \in \mathbb{C}$에서의 복소함수 $f(z)$의 함숫값을 알면, 원 위에서 $f(z)$의 평균값을 알 수 있다.

증명 코시 적분공식에 의해

$$f(z_0) = \frac{1}{2\pi i} \int_{C:|z-z_0|=r} \frac{f(z)}{z-z_0}\, dz$$

이다. 따라서 $C: z(\theta) = z_0 + re^{i\theta}$ (단, $-\pi \le \theta \le \pi$)이면 $\frac{dz}{d\theta} = ire^{i\theta}$이고 $z - z_0 = re^{i\theta}$이므로

$$f(z_0) = \frac{1}{2\pi i} \int_{-\pi}^{\pi} \frac{f(z_0 + re^{i\theta})}{re^{i\theta}} ire^{i\theta}\, d\theta = \frac{1}{2\pi} \int_{-\pi}^{\pi} f(z_0 + re^{i\theta})\, d\theta$$

가 성립한다. ■

참고 가우스 평균값정리는 복소함수 $f(z)$가 해석함수가 되도록 하는 영역에 포함되는 중심이 z_0이고 반지름이 r인 임의의 원 위에서 $f(z)$의 평균값이 $f(z_0)$임을 의미한다.

예제 닫힌원판 $\overline{D} = \overline{D}(z_0, r) = \{z \in \mathbb{C} : |z - z_0| \le r\}$를 포함하는 영역 $\Omega \subset \mathbb{C}$ 위에서 정의된 해석함수 $f(z)$가 부등식

$$|f(z_0)| < \min\{|f(z)| : |z - z_0| = r\}$$

을 만족하면, $f(z)$는 열린원판 $D = D(z_0, r) = \{z \in \mathbb{C} : |z - z_0| < r\}$ 내부에서 근을 갖는다.

증명 복소함수 $f(z)$가 열린원판 $D(z_0, r)$ 내부에서 근을 갖지 않는다고 가정하자. 그러면 모든 $z \in \partial D$에 대하여 $|f(z)| > 0$이므로, 복소함수 $f(z)$는 $\overline{D} = D \cup \partial D$에서도 근을 갖지 않는다. 그런데 복소함수 $f(z)$가 연속이므로, $f(z)$가 열린원판 $D(z_0, r+\varepsilon)$에서도 근을 갖지 않는 $D(z_0, r+\varepsilon) \subset \Omega$이 존재한다. 따라서

$$g(z) = \frac{1}{f(z)}$$

이라고 놓으면, 복소함수 $g(z)$는 열린원판 $D(z_0, r+\varepsilon)$에서 해석적이다. 그러므로 가우스 평균값정리로부터

$$\left|\frac{1}{f(z_0)}\right| = |g(z_0)| \le \max|g(z)| = \max\left|\frac{1}{f(z)}\right| = \frac{1}{\min|f(z)|} \quad (\text{단, } z \in \partial D)$$

을 얻는다. 따라서

$$|f(z_0)| \ge \min\{|f(z)| : |z - z_0| = r\}$$

이므로, 결론이 부등식 가정에 모순이다. 그러므로 복소함수 $f(z)$는 열린원판 $D(z_0, r)$ 내부에서 근을 갖는다. ■

정리 4

$\mathbb{C}$가 복소평면일 때, 임의의 곡선 C에서 정의된 연속인 복소함수 $f(z)$에 대하여 복소함수 $F(z)$를

$$F(z) = \frac{1}{2\pi i}\int_C \frac{f(\xi)}{\xi - z}\, d\xi$$

로 정의하자. 이때 $z_0 \in \mathbb{C} \setminus C$에 대하여

$$a_n = \frac{1}{2\pi i}\int_C \frac{f(\xi)}{(\xi - z_0)^{n+1}}\, d\xi \text{ (단, } n = 0, 1, 2, \cdots)$$

라 두면, 곡선 C와 만나지 않는 열린원판 $D(z_0, r) = \{z \in \mathbb{C} : |z - z_0| < r\}$ 위에서 해석함수 $F(z)$는

$$F(z) = \sum_{n=0}^{\infty} a_n (z - z_0)^n \text{ (단, } z \in D(z_0, r))$$

과 같이 멱급수로 표시된다.

증명 $z \in D(z_0, r)$와 $\xi \in \mathbb{C}$에 대하여, $\left|\frac{z - z_0}{\xi - z_0}\right| < 1$이라 놓으면

$$\frac{1}{\xi - z} = \frac{1}{\xi - z_0 - (z - z_0)} = \frac{\frac{1}{\xi - z_0}}{1 - \frac{z - z_0}{\xi - z_0}} = \frac{1}{\xi - z_0}\frac{1}{1 - \frac{z - z_0}{\xi - z_0}}$$

$$= \frac{1}{\xi - z_0}\sum_{n=0}^{\infty}\left(\frac{z - z_0}{\xi - z_0}\right)^n = \sum_{n=0}^{\infty}\frac{1}{(\xi - z_0)^{n+1}}(z - z_0)^n$$

이 된다. 따라서

$$\begin{aligned} F(z) &= \frac{1}{2\pi i}\int_C \frac{f(\xi)}{\xi - z}\, d\xi \\ &= \frac{1}{2\pi i}\left[\int_C \sum_{n=0}^{\infty}\frac{f(\xi)}{(\xi - z_0)^{n+1}}\, d\xi\right](z - z_0)^n \\ &= \sum_{n=0}^{\infty}\left[\frac{1}{2\pi i}\int_C \frac{f(\xi)}{(\xi - z_0)^{n+1}}\, d\xi\right](z - z_0)^n \end{aligned}$$

$$= \sum_{n=0}^{\infty} a_n (z-z_0)^n \text{ (단, } z \in D(z_0, r))$$

으로 주어진다. 여기서 $a_n = \dfrac{1}{2\pi i}\displaystyle\int_C \dfrac{f(\xi)}{(\xi - z_0)^{n+1}}\, d\xi = \dfrac{f^{(n)}(z_0)}{n!}$ 이다. ■

정리 5 해석적 연속성의 원리

복소평면 $\mathbb{C}$에서의 영역 $\Omega \subset \mathbb{C}$에서 정의된 두 복소함수 $f,\ g : \Omega \to \mathbb{C}$가 해석적이고, $\langle z_n \rangle_{n=1}^{\infty}$ (단, $z_n \neq z_0$)는 모든 $n \in \mathbb{N}$에 대하여 $f(z_n) = g(z_n)$을 만족하는 Ω의 서로 다른 수열이라 하자. 이때 수열 $\langle z_n \rangle_{n=1}^{\infty}$의 극한점이 $\Omega \subset \mathbb{C}$에 존재하면

$$^{\forall} z \in \Omega,\ f(z) = g(z)$$

즉 $\Omega \subset \mathbb{C}$에서 $f = g$가 성립한다.

증명 $h = f - g$라 놓으면, 모든 $n \in \mathbb{N}$에 대하여

$$h(z_n) = (f-g)(z_n) = f(z_n) - g(z_n) = 0$$

이다. 그런데 복소함수 $h(z)$가 연속이므로

$$\lim_{n \to \infty} h(z_n) = \lim_{n \to \infty} f(z_n) - \lim_{n \to \infty} g(z_n) = f(z_0) - g(z_0) = 0 \text{ (단, } z_0 \in \Omega)$$

이 된다. 따라서 모든 $z \in \Omega$에 대하여, $f(z) = g(z)$가 성립한다. ■

참고 정리 5에서 극한점이 Ω에 존재한다는 가정은 반드시 필요하다. 예를 들어

$$f(z) = e^{\left(\frac{1}{1-z}\right)}$$

이라 하면, 복소함수 $f(z)$는 단위열린원판 $\Omega = \{z : |z| < 1\}$에서 해석적이다. 그리고

$$z_n = 1 - \frac{1}{2n\pi i} \text{ (단, } n = 1, 2, \cdots)$$

이라 하면, $z_n \in \Omega$ 이고

$$e^{\left(\frac{1}{1-z_n}\right)} = e^{2n\pi i} = 1$$

이지만 Ω 에서 $f(z) \neq 1$이다. 여기서 1은 $\langle z_n \rangle_{n=1}^{\infty}$의 극한점이지만 $1 \not\in \Omega$이다. 따라서 정리 5에서 극한점이 Ω에 존재한다는 가정은 반드시 필요하다.

복소평면 $\mathbb{C}$에서의 영역 Ω에서 정의된 해석함수는 $\Omega \subset \mathbb{C}$의 집적점을 갖는 부분집합에서의 함숫값에 의하여 유일하게 결정된다. '해석적 연속성의 원리'를 **'항등정리** (identity theorem)'로 표기하기도 한다.

예 모든 $n = 1, 2, \cdots$에 대하여

$$f\left(\frac{1}{2n}\right) = \frac{1}{2n}$$

을 만족하는 단위열린원판 $\Omega = \{z : |z| < 1\}$에서 해석적인 함수는 $f(z) = z$뿐이다. 이 사실은 항등정리에 의해 알 수 있다.

예 항등정리를 이용해서 항등식 $\sin^2 z + \cos^2 z = 1$을 보일 수 있다.

$$f(z) = \sin^2 z + \cos^2 z - 1$$

이면, 복소함수 $f(z)$는 복소평면 $\mathbb{C}$에서 정함수이고 z가 실수일 때 $f(z) = 0$이다. 그런데 실수축의 모든 점은 극한점이므로 항등정리에 의해 모든 $z \in \mathbb{C}$에 대하여 $f(z) = 0$이다. 따라서 모든 $z \in \mathbb{C}$에 대하여 항등식

$$\sin^2 z + \cos^2 z = 1$$

이 성립한다.

참고 복소평면 $\mathbb{C}$에서의 영역 Ω에서 정의된 복소함수 $f(z)$가 $\Omega \subset \mathbb{C}$에서 해석적일 때, $S \subset \Omega$에서 집적점 z_0를 갖고 S에서 $f(z) = 0$이면, $\Omega \subset \mathbb{C}$에서 $f(z) = 0$이 된다(연습문제 참조).

예제 복소평면 $\mathbb{C}$에서의 영역 Ω가 실수축에 관하여 대칭일 때, 복소함수 $f(z)$가 $\Omega \subset \mathbb{C}$에서 해석적이고 $\Omega \cap \mathbb{R}$에서 실숫값을 가지면

$$\forall z \in \Omega, \quad f(z) = \overline{f(\overline{z})}$$

가 성립한다. 여기서 $\mathbb{R}$은 실수의 집합이다.

증명 먼저 모든 $x \in \Omega \cap \mathbb{R}$에 대하여 $f(x) \in \mathbb{R}$이므로, 복소함수 $F(z) = \overline{f(\overline{z})}$가 영역 Ω에서 해석적임을 보인다.

$$f(z) = u(x, y) + iv(x, y), \quad F(z) = U(x, y) + iV(x, y)$$

라고 하면, $\overline{f(\overline{z})} = u(x, -y) - iv(x, -y)$이고, $t = -y$에 대하여

$$U(x, y) = u(x, t), \quad V(x, y) = -v(x, t)$$

이다. 그런데 $f(x+it)$가 $x+it$에 관하여 해석적이므로, $u(x, t), v(x, t) \in C^1(\Omega)$이고 $u_x = v_t$, $u_t = -v_x$를 만족한다. 따라서 $U_x = u_x$, $V_y = -v_t \dfrac{dt}{dy} = v_t$ 이므로, $U_x = V_y$이다. 또한 $U_y = u_t \dfrac{dt}{dy} = -u_t$, $V_x = -v_x$이므로, $U_y = -V_x$이다. 따라서 $U, V \in C^1(\Omega)$이고, 코시-리만 방정식을 만족하므로, 복소함수 $F(z)$는 영역 $\Omega \subset \mathbb{C}$에서 해석적이다.

이제 영역 $\Omega \subset \mathbb{C}$에서 $f(z) = \overline{f(\overline{z})}$임을 보인다. 모든 $x \in \Omega \cap \mathbb{R}$에 대하여 $f(x) \in \mathbb{R}$이므로, $\Omega \cap \mathbb{R}$에서 $v(x, 0) = 0$이다. 따라서

$$F(x) = U(x, 0) + iV(x, 0) = u(x, 0) - iv(x, 0)$$

이므로, 모든 $x \in \Omega \cap \mathbb{R}$에 대하여 $F(z) = f(z)$이다. 그러므로 해석적 연속성의 원리에 의하여, 영역 $\Omega \subset \mathbb{C}$에서 $F(z) = f(z)$이다. 따라서 영역 $\Omega \subset \mathbb{C}$에서 $F(z) = \overline{f(\overline{z})}$이므로

$$^{\forall} z \in \Omega, \quad f(z) = \overline{f(\overline{z})}$$

가 성립한다. ■

참고 Ω가 복소평면 $\mathbb{C}$에서의 단순연결영역일 때, $\Omega \subset \mathbb{C}$에서 정의된 복소함수 $f(z)$가 해석적이면

$$e^{g(z)} = f(z) \ ^{\forall} z \in \Omega$$

를 만족하는 해석함수 $g : \Omega \to \mathbb{C}$가 존재한다.

정의 6 해석적 확장함수

$D_1 \cap D_2 \neq \varnothing$를 만족하는 영역 D_1, D_2에 대하여, 복소함수 f_1이 D_1에서 해석적이고 복소함수 f_2가 D_2에서 해석적이며 $D_1 \cap D_2$에서 $f_1 = f_2$라고 하자. 이때 f_2를 영역 D_2로 f_1의 해석적 확장함수(analytic continuation)라고 한다.

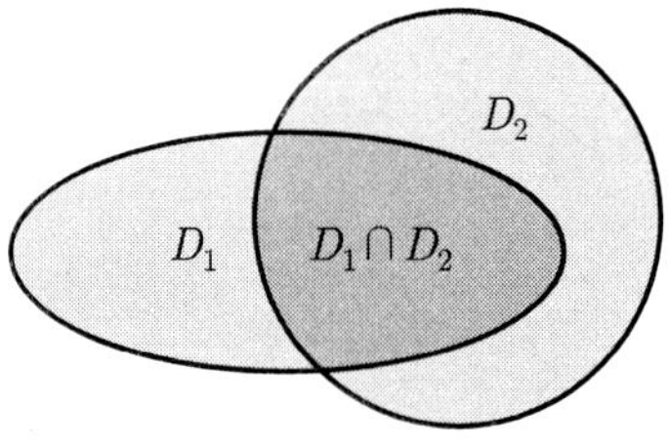

그림 5.20

예 $f_1(z)$를

$$f_1(z) = \sum_{n=0}^{\infty} z^n = \frac{1}{1-z} \ (\text{단, } |z| < 1)$$

로 정의할 때, $|z| \geq 1$ 이면 $\sum_{n=0}^{\infty} z^n$ 이 발산하므로, $f_1(z)$는 $|z| \geq 1$ 에서 정의되지 않는다. 그런데 복소함수 $f_2(z)$를

$$f_2(z) = \frac{1}{1-z} \ (\text{단, } z \neq 1)$$

로 정의하면, $f_2(z)$는 $z \neq 1$에서 해석적이다. 이때

$$D_1 = \{z : |z| < 1\}, \ \ D_2 = \mathbb{C} \setminus \{1\}$$

이면 $D_1 \cap D_2 = D_1$에서 $f_1 = f_2$이고 f_2가 D_2에서 해석적이다. 따라서 f_2는 D_2로 f_1의 해석적 확장함수이다.

복소함수 g_2가 D_2로 복소함수 f_1의 해석적 확장함수이면, 항등정리에 의해 D_2에서 $f_2 = g_2$이다. 즉 D_2로 복소함수 f_1의 해석적 확장함수는 유일하다. 그러나 D_3가 $D_1 \cap D_2 \neq \varnothing$를 만족하는 영역이고 f_3가 D_3로 f_2의 해석적 확장함수일 때, $D_1 \cap D_2$에서 반드시 $f_1 = f_3$일 필요는 없다. 즉 f_3가 D_3로 f_1의 해석적 확장함수일 필요는 없다.

예 복소함수 $f(z) = z^{\frac{1}{2}}$의 분지

$$f_1(z) = \sqrt{r}\, e^{\frac{i\theta}{2}} \ (\text{단, } r > 0, \ 0 < \theta < \pi)$$

$$f_2(z) = \sqrt{r}\, e^{\frac{i\theta}{2}} \ (\text{단, } r > 0, \ \frac{\pi}{2} < \theta < 2\pi)$$

$$f_3(z) = \sqrt{r}\, e^{\frac{i\theta}{2}} \ (\text{단, } r > 0, \ \pi < \theta < \frac{5\pi}{2})$$

에 대하여, $f_2(z)$는 영역

$$D_2 = \left\{(r, \theta) : r > 0,\ \frac{\pi}{2} < \theta < 2\pi\right\}$$

로 $f_1(z)$의 해석적 확장함수이고, $f_3(z)$는 영역

$$D_3 = \left\{(r, \theta) : r > 0,\ \pi < \theta < \frac{5\pi}{2}\right\}$$

로 $f_2(z)$의 해석적 확장함수이다. 이때 $z = re^{i(\Theta + 2n\pi)}$ (단, $\Theta = \mathrm{Arg}\, z$)이면, 제1사분면에서

$$f_1(z) = \sqrt{r}\, e^{\frac{i\Theta}{2}}$$

$$f_3(z) = \sqrt{r}\, e^{\frac{i(\Theta + 2\pi)}{2}} = \sqrt{r}\, e^{\frac{i\Theta}{2}} e^{\pi i} = -\sqrt{r}\, e^{\frac{i\Theta}{2}} = -f_1(z)$$

가 된다. 따라서 만일

$$D_1 = \{(r, \theta) : r > 0,\ 0 < \theta < \pi\}$$

이면, 제1사분면 $D_1 \cap D_2$에서 $f_3 \neq f_1$이다. 즉 f_2는 D_2로 f_1의 해석적 확장함수이고, f_3는 D_3로 f_2의 해석적 확장함수이지만, f_3는 D_3로 f_1의 해석적 확장함수가 아니다.

2. 해석함수의 도함수

다음 정리는 코시 적분공식의 일반화, 즉 일반화된 코시 적분공식이다.

정리 7 도함수에 대한 코시 적분공식

$\mathbb{C}$가 복소평면일 때 복소함수 $f(z)$가 단순닫힌경로 C를 포함하고 있는 임의의 단순연결영역 $\Omega \subset \mathbb{C}$ 위에서 해석적이면, C 내부의 임의의 점 z_0에 대하여 $f(z)$의 모든 도함수들이 존재하고

$$f^{(n)}(z_0) = \frac{n!}{2\pi i} \int_C \frac{f(z)}{(z - z_0)^{n+1}}\, dz \ (\text{단, } n = 0, 1, \cdots)$$

가 성립한다.

증명 코시 적분공식을 차례로 적용한다.

$$f(s)=\frac{1}{2\pi i}\int_C \frac{f(z)}{z-s}\,dz$$

$$f'(s)=\frac{1}{2\pi i}\frac{d}{ds}\left[\int_C \frac{f(z)}{z-s}\,dz\right]=\frac{1}{2\pi i}\int_C \frac{d}{ds}\left[\frac{f(z)}{z-s}\right]dz=\frac{1}{2\pi i}\int_C \frac{f(z)}{(z-s)^2}\,dz$$

$$f''(s)=\frac{1}{2\pi i}\int_C \frac{d}{ds}\left[\frac{f(z)}{(z-s)^2}\right]dz=\frac{2!}{2\pi i}\int_C \frac{f(z)}{(z-s)^3}\,dz$$

$$f'''(s)=\frac{2!}{2\pi i}\int_C \frac{d}{ds}\left[\frac{f(z)}{(z-s)^3}\right]dz=\frac{3!}{2\pi i}\int_C \frac{f(z)}{(z-s)^4}\,dz$$

$$\vdots$$

이다. 그러므로

$$f^{(n)}(z_0)=\frac{n!}{2\pi i}\int_C \frac{f(z)}{(z-z_0)^{n+1}}\,dz \ (\text{단, } n=0,\ 1,\ \cdots)$$

가 성립한다. ■

예 도함수에 대한 코시 적분공식을 이용하여, 선적분 $\int_{C:|z|=1}\frac{\sin z}{z^2}\,dz$의 값을 구해 보자. $f(z)=\sin z$라 놓으면

$$\int_{C:|z|=1}\frac{\sin z}{z^2}\,dz=\frac{2\pi i}{1!}f'(0)=2\pi i\cos(0)=2\pi i$$

이다.

예제 도함수에 대한 코시 적분공식을 이용하여, 선적분 $\int_{C:|z|=\frac{1}{3}}\frac{\cos z}{z^2(z-1)}\,dz$의 값을 구하시오.

풀이 복소함수 $f(z)=\frac{\cos z}{z-1}$가 원 $C:|z|=\frac{1}{3}$의 위와 내부에서 해석함수이므로, 도함수에 대한 코시 적분공식에 의해

$$\int_{C:|z|=\frac{1}{3}}\frac{(\cos z)/(z-1)}{z^2}\,dz=2\pi i f'(0)$$

를 얻는다. 그런데 $f'(0)=-1$이므로

$$\int_{C:|z|=\frac{1}{3}}\frac{\cos z}{z^2(z-1)}\,dz=-2\pi i$$

가 된다. ■

예제 도함수에 대한 코시 적분공식을 이용하여, 다음 선적분의 값을 구하시오.

(1) $\displaystyle\int_{C:|z|=2} \frac{z^3+2z-3}{(z-i)^2}\,dz$ (2) $\displaystyle\int_{C:|z|=1} \frac{\sin z}{z^2(z-2)}\,dz$

풀이 (1) $f(z)=z^3+2z-3$이라 놓으면, $f'(z)=3z^2+2$이므로

$$\int_{C:|z|=2} \frac{z^3+2z-3}{(z-i)^2}\,dz = 2\pi i f'(i) = 2\pi i(3i^2+2) = -2\pi i$$

(2) $f(z)=\dfrac{\sin z}{z-2}$라 놓으면, $f'(z)=\dfrac{(z-2)\cos z-\sin z}{(z-2)^2}$이므로

$$\int_{C:|z|=1} \frac{\sin z}{z^2(z-2)}\,dz = \int_{C:|z|=1} \frac{f(z)}{z^2}\,dz = 2\pi i f'(0) = -\pi i$$ ■

코시 적분공식을 이용하여 해석함수의 모든 도함수는 해석함수, 즉 해석함수는 무한 번 미분가능(infinitely differentiable)함을 보일 수 있다.

정리 8

복소평면 $\mathbb{C}$에 대하여 복소함수 $f(z)$가 $z_0\in\mathbb{C}$에서 해석적이면, 모든 자연수 n에 대하여 $f^{(n)}(z_0)$가 존재한다. 즉 해석함수는 무한 번 미분가능하다.

증명 매우 작은 원 $C:|z-z_0|=\delta$를 생각하면, 복소함수 $f(z)$는 C 위와 내부에서 해석적이다. 따라서 도함수에 대한 코시 적분공식으로부터, $f^{(n)}(z_0)$가 존재하고

$$f^{(n)}(z_0) = \frac{n!}{2\pi i}\int_C \frac{f(z)}{(z-z_0)^{n+1}}\,dz \quad (\text{단, } n=0,1,\cdots)$$

가 성립한다. ■

참고 복소평면 $\mathbb{C}$에 대하여 영역 $\Omega\subset\mathbb{C}$ 위에서 정의된 복소함수 $f:\Omega\to\mathbb{C}$가 연속일 때, 다음 네 가지 조건은 서로 동치이다.

(1) 복소함수 $f(z)$는 $\Omega\subset\mathbb{C}$에서 해석적이다.

(2) 복소함수 $f(z)$는 $\Omega\subset\mathbb{C}$에서 원시함수 $F(z)$를 갖는다.

(3) 닫힌원판 $\overline{D}(z_0,r)=\{z\in\mathbb{C}:|z-z_0|\le r\}\subset\Omega$에 대하여,

$z\in D(z_0,r)$일 때

$$f(z)=\frac{1}{2\pi i}\int_{C:|z-z_0|=r}\frac{f(\xi)}{\xi-z}\,dz$$

가 성립한다.

(4) 임의의 닫힌원판 $\overline{D}(z_0, r) \subset \Omega$에 대하여, $z \in D(z_0, r)$일 때

$$f(z) = \sum_{n=0}^{\infty} a_n (z - z_0)^n$$

이 성립한다. 여기서 $a_n = \dfrac{1}{2\pi i} \displaystyle\int_C \dfrac{f(z)}{(z - z_0)^{n+1}} dz$이다.

연습문제 5·3

EXERCISES

1. 다음 선적분의 값을 구하시오.

(1) $\displaystyle\int_{C : |z| = 1} \frac{z^4}{(z-2)^3} dz$ (2) $\displaystyle\int_{C : |z| = 3} \frac{z^4}{(z-2)^3} dz$

2. $f(z) = a_0 + a_1 z + \cdots + a_{10} z^{10}$이 복소다항식일 때, 원 $C : |z| = 3$ 위의 임의의 점 z에 대하여

$$|f(z)| \le 6$$

을 만족하면, $|a_{10}| \le \dfrac{6}{3^{10}}$이 성립함을 보이시오.

3. 주어진 점 z_0에서, 다음 함수의 멱급수 전개를 구하시오.

(1) $f(z) = \sin^2 z,\ z_0 = 0$ (2) $f(z) = \dfrac{1}{z-1},\ z_0 = i$

4. 복소평면 $\mathbb{C}$에서의 영역 Ω에서 정의된 복소함수 $f(z)$가 $\Omega \subset \mathbb{C}$에서 해석적이라 하자. 이때 $S \subset \Omega$에서 집적점 z_0를 갖고 S에서 $f(z) = 0$이면, $\Omega \subset \mathbb{C}$에서 $f(z) = 0$임을 보이시오.

5. 복소함수 $f(z) = (1+z)^{\alpha}$과 복소이항급수 $\displaystyle\sum_{n=0}^{\infty} \binom{\alpha}{n} z^n$이 단위열린원판 $\{z \in \mathbb{C} : |z| < 1\}$에서 일치함을 보이시오.

5.4 코시 적분공식의 응용

정리 1 **코시 부등식**(Cauchy's inequality)

복소함수 $f(z)$가 원 $C:|z-z_0|=r$ 위에서 해석적이면, 모든 $z\in C$에 대하여 $|f(z)|\le M$을 만족하는 $M>0$이 존재할 때

$$\left|f^{(n)}(z_0)\right| \le \frac{n!\,M}{r^n}$$

이 성립한다.

증명 도함수에 대한 코시 적분공식에 의해

$$\begin{aligned}\left|f^{(n)}(z_0)\right| &= \left|\frac{n!}{2\pi i}\int_{C:|z-z_0|=r}\frac{f(z)}{(z-z_0)^{n+1}}dz\right| \\ &\le \frac{n!}{2\pi}\int_{C:|z-z_0|=r}\frac{|f(z)|}{|z-z_0|^{n+1}}|dz| \\ &\le \frac{n!}{2\pi}\frac{M}{r^{n+1}}\int_{C:|z-z_0|=r}|dz| \\ &= \frac{n!}{2\pi}\frac{M}{r^{n+1}}2\pi r = \frac{n!\,M}{r^n}\end{aligned}$$

을 얻는다. ■

'코시 부등식'을 '코시의 추정값'으로 표기하기도 한다.

정리 2 **리우빌 정리**(Liouville's theorem)

복소평면 $\mathbb{C}$ 위에서 정의된 해석함수 $f(z)$가 상수함수가 아니면, 복소함수 $f(z)$는 $\mathbb{C}$에서 유계가 아니다.

증명 해석함수 $f(z)$가 복소평면 $\mathbb{C}$ 위에서 M으로 유계되었다고 하자. 그러면 복소평면 $\mathbb{C}$ 위의 임의의 점 z_0에서 코시 부등식에 의해

$$|f'(z_0)| \le \frac{M}{r}$$

이 성립한다. 그러나 r을 임의로 크게 택할 수 있으므로, 복소평면 $\mathbb{C}$의 모든 z_0에서 $f'(z_0)=0$이다. 따라서 복소함수 $f(z)$는 복소평면 $\mathbb{C}$에서 상수함수가 된다. ■

참고 복소평면 $\mathbb{C}$ 위에서 정의된 유계인 복소함수 $f(z)$가 $\mathbb{C}$ 위에서 해석적이면, $f(z)$는 $\mathbb{C}$에서 상수함수이다.

예제 $\mathbb{C}$가 복소평면일 때, 모든 $z \in \mathbb{C}$에 대하여

$$f(z+m+in) = f(z) \text{ (단, } m, n \in \mathbb{Z})$$

를 만족하는 복소함수 $f(z)$가 정함수이면, $f(z)$는 $\mathbb{C}$에서 상수함수이다.

증명 $I^2 = [0, 1] \times [0, 1]$이라고 하면, 모든 $z \in \mathbb{C}$에 대하여

$$f(z+m+in) = f(z) \text{ (단, } m, n \in \mathbb{Z})$$

이므로, $f(I^2) = f(\mathbb{C})$이다. 그런데 I^2이 콤팩트이고, 정함수 $f(z)$가 연속이므로, 복소함수 $f(z)$는 복소평면 $\mathbb{C}$에서 유계이다. 그러므로 리우빌 정리에 의하여 복소함수 $f(z)$는 복소평면 $\mathbb{C}$에서 상수함수이다. ■

예제 복소평면 $\mathbb{C}$에서 정의된 정함수 $f(z)$에 대하여, 조화함수

$$v(x, y) = \mathrm{Im}\,(f)$$

가 상계 v_0를 가지면, 복소함수 $f(z)$는 $\mathbb{C}$에서 상수함수이다.

증명 복소함수 $f(z) = f(x+iy) = f(x, y) = u(x, y) + iv(x, y)$에 대하여

$$g(x+iy) = g(x, y) = e^{[-if(x, y)]} = e^{[v(x, y)]} e^{[-u(x, y)]}$$

라고 정의하자. 그러면 복소함수 $g(z)$는 정함수이고, 모든 $x, y \in \mathbb{R}$에 대하여

$$|g(x, y)| = e^{[v(x, y)]} \leq e^{v_0}$$

를 만족한다. 따라서 리우빌 정리에 의하여, 복소함수 $g(z)$는 복소평면 $\mathbb{C}$에서 상수함수이다. 한편 코시-리만 방정식에 의해

$$u_x = v_y = 0, \quad u_y = -v_x = 0$$

이므로, $u(x, y)$도 복소평면 $\mathbb{C}$에서 상수함수이다. 그러므로 복소함수 $f(z)$는 복소평면 $\mathbb{C}$에서 상수함수이다. ■

리우빌 정리에 의하여 다음 대수학의 기본정리를 증명한다.

정리 3 **대수학의 기본정리** (Fundamental theorem of algebra)

상수함수가 아닌 임의의 n차 복소다항식

$$p(z) = a_0 + a_1 z + a_2 z^2 + \cdots + a_n z^n \text{ (단, } a_n \neq 0,\ z \in \mathbb{C})$$

은 복소평면 $\mathbb{C}$에서 정확히 n개의 근을 갖는다. 여기서 $a_0, a_1, \cdots a_n \in \mathbb{C}$이다.

증명 상수함수가 아닌 임의의 n차 복소다항식

$$p(z) = a_0 + a_1 z + a_2 z^2 + \cdots + a_n z^n \text{ (단, } a_n \neq 0,\ z \in \mathbb{C})$$

이 복소평면 $\mathbb{C}$에서 근을 하나도 갖지 않는다고 가정하자. 즉 모든 $z \in \mathbb{C}$에 대하여 0이 되지 않는다고 가정하자. 그러면 복소함수

$$q(z) = \frac{1}{p(z)}$$

은 복소평면 $\mathbb{C}$ 위에서 해석적이고 유계이다. 왜냐하면 $|z| \to \infty$일 때

$$\begin{aligned} |p(z)| &= \left| z^n \left(\frac{a_0}{z^n} + \frac{a_1}{z^{n-1}} + \cdots + a_n \right) \right| \\ &\geq |z^n| \left| |a_n| - \left| \frac{a_0}{z^n} + \frac{a_1}{z^{n-1}} + \cdots + a_n \right| \right| \to \infty \end{aligned}$$

이므로, $\lim_{|z| \to \infty} |q(z)| = 0$이다. 그러므로 복소함수 $q(z)$는 유계이다. 따라서 리우빌 정리에 의하여 복소함수 $q(z)$는 상수함수이다. 그러므로 복소함수 $p(z)$도 상수함수가 된다. 이것은 $n > 0$, 즉 복소함수 $p(z)$가 상수함수가 아니라는 가정에 모순이다. 따라서 상수함수가 아닌 임의의 n차 복소다항식 $p(z)$는 복소평면 $\mathbb{C}$에서 적어도 하나의 근을 갖는다.

이제 상수함수가 아닌 임의의 n차 복소다항식 $p(z)$가 정확히 복소평면 $\mathbb{C}$에서 n개의 근(중근을 포함해서)을 가짐을 보이자. 상수함수가 아닌 임의의 n차 복소다항식 $p(z)$가 적어도 하나의 근, 즉 $z_0 \in \mathbb{C}$를 가지므로

$$p(z) = (z - z_0)\, Q(z)$$

를 만족한다. 여기서 $Q(z)$는 $(n-1)$차의 z에 관한 복소다항식이다. 만일 $n - 1 > 0$이면, $Q(z)$는 근을 갖는다. 이와 같은 과정을 계속함으로써, 상수함수가 아닌 임의의 n차 복소다항식 $p(z)$는 복소평면 $\mathbb{C}$에서 정확히 n개의 근을 갖는다. ■

정리 4 **바이어슈트라스 수렴정리**

복소평면 $\mathbb{C}$에서의 영역 Ω에서 콤팩트인 집합 K에 대하여, $\Omega \subset \mathbb{C}$에서 해석적인 복소함수열 $\langle f_n \rangle$이 $K \subset \Omega$에서 복소함수 f에 균등수렴하면

(1) 복소함수 $f(z)$는 $\Omega \subset \mathbb{C}$에서 해석적이다.

(2) 복소함수열 $\langle f_n{}' \rangle$은 $K \subset \Omega$에서 f'에 균등수렴한다.

증명 (1) $z_0 \in \Omega$에 대하여, $\overline{D(z_0, r)} \subset \Omega$를 만족하는 $r > 0$을 택하고 $C = \partial D(z_0, r)$라 하자. 그러면 $0 < r_1 < r$과 $z \in \overline{D(z_0, r_1)} \subset \Omega$에 대하여, 코시 적분공식을 적용하면

$$f_n(z) = \frac{1}{2\pi i}\int_C \frac{f_n(\zeta)}{\zeta - z}\, d\zeta \ \ (\text{단, } n = 1, 2, \cdots)$$

가 된다. 이때 $|\zeta - z| \ge r - r_0 > 0$이므로, 모든 $z \in \overline{D(z_0, r_1)}$에 대하여 복소함수열 $\left\langle \dfrac{f_n(\zeta)}{\zeta - z} \right\rangle$는 $\zeta \in C$에 관하여 $\dfrac{f(\zeta)}{\zeta - z}$에 균등수렴한다. 따라서 곡선 C가 영역 $\Omega \subset \mathbb{C}$에서 콤팩트이므로, 극한과 적분의 순서를 교환하여

$$f(z) = \frac{1}{2\pi i}\int_C \frac{f(\zeta)}{\zeta - z}\, d\zeta \ \ (\text{단, } z \in \overline{D(z_0, r_1)})$$

를 얻는다. 그런데 복소함수 $f(z)$가 곡선 C에서 연속이므로, $f(z)$는 $\overline{D(z_0, r_1)}$에서 해석적이다. 따라서 복소함수 $f(z)$는 열린원판 $D(z_0, r)$에서 해석적이고, 그러므로 $f(z)$는 영역 $\Omega \subset \mathbb{C}$에서 해석적이다.

(2) $z_0 \in \Omega$에 대하여, $\overline{D(z_0, r)} \subset \Omega$를 만족하는 $r > 0$을 택하고 $C = \partial D(z_0, r)$라 하자. 그러면 $0 < r_1 < r$과 $z \in \overline{D(z_0, r_1)} \subset \Omega$에 대하여, 도함수에 대한 코시 적분공식을 적용하면

$$f_n{}'(z) = \frac{1}{2\pi i}\int_C \frac{f_n(\zeta)}{(\zeta - z)^2}\, d\zeta \ \ (\text{단, } z \in \overline{D(z_0, r_1)},\ n = 1, 2, \cdots)$$

이다. 그런데

$$\begin{aligned}\lim_{n\to\infty} f_n{}'(z) &= \lim_{n\to\infty} \frac{1}{2\pi i}\int_C \frac{f_n(\zeta)}{(\zeta - z)^2}\, d\zeta \\ &= \frac{1}{2\pi i}\int_C \frac{f(\zeta)}{(\zeta - z)^2}\, d\zeta = f'(z)\end{aligned}$$

이므로, 복소함수열 $\langle f_n' \rangle$이 $\Omega \subset \mathbb{C}$에서 f'에 수렴한다. 그런데 $z \in \overline{D(z_0, r_1)}$에 대하여

$$\begin{aligned} |f_n'(z) - f'(z)| &= \left| \frac{1}{2\pi i} \int_C \frac{f_n(\zeta) - f(\zeta)}{(\zeta - z)^2} d\zeta \right| \\ &\le \frac{1}{2\pi} \sup_{\zeta \in C} |f_n(\zeta) - f(\zeta)| \int_C \frac{1}{|\zeta - z|^2} |d\zeta| \\ &\le \frac{r}{(r - r_1)^2} \sup_{\zeta \in C} |f_n(\zeta) - f(\zeta)| \end{aligned}$$

이므로, 복소함수열 $\langle f_n' \rangle$도 콤팩트 집합 $K \subset \Omega$에서 f'에 균등수렴한다. ■

참고 복소함수 $f(z)$가 z_0-근방 U에서 해석적이고 $f'(z_0) \neq 0$이면

$$g(f(z)) = z \quad {}^\forall z \in U$$

를 만족하는 $f(z_0)$-근방 V에서 해석적인 함수 $g: V \to U$가 존재한다.

정리 5	**열린사상정리** (open mapping theorem)
복소평면 $\mathbb{C}$에 대하여, 영역 $\Omega \subset \mathbb{C}$에서 정의된 해석함수 $f: \Omega \to \mathbb{C}$가 상수함수가 아니면, $f(z)$는 열린사상이다.	

예제 복소함수 $f(z)$가 영역 $\Omega \subset \mathbb{C}$에서 해석적이고, $z_0 \in \Omega$에 대하여

$${}^\forall z \in \Omega, \quad |f(z_0)| \ge |f(z)|$$

를 만족하면, $f(z)$는 Ω에서 상수함수이다.

증명 영역 $\Omega \subset \mathbb{C}$에서 복소함수 $f(z)$가 상수함수가 아니라고 가정하면, Ω가 연결집합이므로 $f(z)$는

$$D(z_0, r) = \{z \in \mathbb{C} : |z - z_0| < r\} \subset \Omega$$

에서도 상수함수가 아니다. 그러므로 열린사상정리에 의하여

$$D(f(z_0), \delta) \subset f(D(z_0, r))$$

를 만족하는 $\delta > 0$가 존재한다. 그러나 이것은

$$^\forall z \in D(z_0, r), \quad |f(z_0)| \geq |f(z)|$$

이라는 가정에 모순된다. 따라서 복소함수 $f(z)$는 영역 $\Omega \subset \mathbb{C}$에서 상수함수이다. ■

정리 6 **최대절댓값 원리** (Maximum modulus principle)

복소평면 $\mathbb{C}$에 대하여 복소함수 $f(z)$가 유계영역 $\Omega \subset \mathbb{C}$에서 해석적이고 $\overline{\Omega}$에서 연속이면

$$\max\{|f(z)| : z \in \overline{\Omega}\} = \max\{|f(z)| : z \in \partial\Omega\}$$

가 성립한다. 여기서 집합 $\Omega \cup \partial\Omega$를 $\overline{\Omega}$로 표기한다.

증명 유계영역 $\Omega \subset \mathbb{C}$에서 복소함수 $f : \Omega \to \mathbb{C}$가 해석적이고 $z_0 \in \Omega$일 때, $|f(z_0)|$가 열린원판 $D(z_0, r) \subset \Omega$에서 최댓값이라 하면

$$z \in D(z_0, r) \Rightarrow |f(z)| \leq |f(z_0)|$$

을 만족한다. 따라서 복소함수 $f(z)$는 열린원판 $D(z_0, r)$ 위에서 상수함수이다. 그러므로 해석적 연속성의 원리(항등정리)를 적용하면 복소함수 $f(z)$는 영역 $\Omega \subset \mathbb{C}$에서 상수함수가 된다. 따라서

$$\max\{|f(z)| : z \in \overline{\Omega}\} = \max\{|f(z)| : z \in \partial\Omega\}$$

가 성립한다. ■

참고 (최댓값 원리): 해석함수 $f(z)$가 영역 $\Omega \subset \mathbb{C}$ 위에서 상수함수가 아니면, $|f(z)|$은 Ω 위에서 최댓값을 갖지 않는다.

예제 복소평면 $\mathbb{C}$에서 정의된 해석함수 $f : \mathbb{C} \to \mathbb{C}$가 상수함수가 아니면

$$M(t) = \max_{|z|=t} |f(z)|$$

으로 정의된 실함수 $M : [0, \infty) \to \mathbb{R}$은 단조증가이다.

증명 최댓값 원리에 의하면, 닫힌원판 $D = \{z \in \mathbb{C} : |z| \leq t_2\}$에서 $|f(z)|$의 최댓값은 D의 경계에서 발생한다. 따라서 부등식

$$|f(z)| < M(t_2) \ (\text{단, } |z| < t_2)$$

가 성립한다. 특히 $|z| = t_1$에서도 $|f(z)| < M(t_1)$이 성립한다. 따라서 $t_1 < t_2$이면

$$M(t_1) = \max_{|z|=t_1}|f(z)| < \max_{|z|=t_2}|f(z)| = M(t_2)$$

이다. 그러므로 실함수 $M : [0, \infty) \to \mathbb{R}$은 단조증가이다. ■

따름정리 최소절댓값 원리 (Minimum modulus principle)

복소평면 $\mathbb{C}$에 대하여 복소함수 $f(z)$가 유계영역 $\Omega \subset \mathbb{C}$에서 해석적이고 $\overline{\Omega}$에서 연속이면, $|f(z)|$는 Ω의 경계선 위에서 최솟값을 갖는다. 여기서 집합 $\Omega \cup \partial\Omega$를 $\overline{\Omega}$로 표기한다.

연습문제 5·4

EXERCISES

1. 복소평면 $\mathbb{C}$에서 정의된 정함수 $f(z)$가

$$\forall z \in \mathbb{C}, \quad |f(z)| \geq 1$$

를 만족하면, $f(z)$는 $\mathbb{C}$에서 상수함수임을 보이시오.

2. $f(z) = \sin z$로 주어진 복소함수 $f(z)$에 대하여, 유계인 닫힌영역 $\overline{\Omega} = [0, 2\pi] \times [0, 2\pi]$에서 $|f(z)|$의 최댓값을 구하시오.

제6장 로랑 급수와 유수정리

6.1 로랑 급수

1. 복소멱급수의 적분

코시 적분정리를 이용하면, 복소해석함수는 적당한 수렴구간 D에서 복소멱급수로 전개 가능하다.

정리 1 테일러 정리 (Taylor's theorem)

복소평면 $\mathbb{C}$에 대하여 복소함수 $f(z)$가 닫힌원판

$$\overline{D}(z_0, R) = \{z \in \mathbb{C} : |z - z_0| \le R\}$$

에서 해석적이면, 복소멱급수

$$\sum_{n=0}^{\infty} \frac{f^{(n)}(z_0)}{n!}(z - z_0)^n \qquad (*)$$

은 열린원판 $\{z \in \mathbb{C} : |z - z_0| < R\}$에서 $f(z)$에 수렴한다. 이때 복소멱급수 (*)를 z_0에서 복소함수 $f(z)$의 **테일러 급수**라 하고, 특히 $z_0 = 0$이면 **매클로린 급수**라고 한다.

증명 $g(z) = f(z + z_0)$라고 놓자. 그러면

$$g(0) = f(z_0),\ g'(z_0) = f'(0),\ \cdots$$

이고, 복소함수 $g(z)$는 닫힌원판 $\{z \in \mathbb{C} : |z| \le R\}$에서 해석적이다. 이제 복소멱급수 $\displaystyle\sum_{n=0}^{\infty} \frac{g^{(n)}(0)}{n!} z^n$이 열린원판 $\{z \in \mathbb{C} : |z| < R\}$에서 복소함수 $g(z)$에 수렴함을 보이면 충분하다. 시계반대방향으로 한 바퀴 회전하는 원 $C : |w| = R$에 대하여, 코시 적분정리를 적용하면

$$g(z) = \frac{1}{2\pi i}\int_{C:|w|=R} \frac{g(w)}{w - z}\, dw \ (\text{단, } |z| < R)$$

이다. 그런데 w가 원 C 위에 있으므로, $|w| = R$이고 $\left|\frac{z}{w}\right| < 1$이다. 따라서 도함수에 대한 코시 적분공식으로부터, $\displaystyle\int_{C:|w|=R} \frac{g(w)}{w^{n+1}}\, dw = \frac{2\pi i}{n!} g^{(n)}(0)$이므로

$$\begin{aligned}\frac{1}{2\pi i}\int_{C:|w|=R}\frac{g(w)}{w-z}\,dw &= \frac{1}{2\pi i}\int_{C:|w|=R}\frac{g(w)}{w}\frac{1}{1-z/w}\,dw \\ &= \frac{1}{2\pi i}\int_{C:|w|=R}\sum_{n=0}^{\infty}\frac{g(w)z^n}{w^{n+1}}\,dw \\ &= \sum_{n=0}^{\infty}\frac{1}{2\pi i}\int_{C:|w|=R}\frac{g(w)z^n}{w^{n+1}}\,dw \\ &= \sum_{n=0}^{\infty}\frac{g^{(n)}(0)}{n!}z^n\end{aligned}$$

이 된다. 그러므로 열린원판 $\{z\in\mathbb{C}:|z|<R\}$에서

$$g(z)=\sum_{n=0}^{\infty}\frac{g^{(n)}(0)}{n!}z^n$$

이 성립한다. ■

참고 (바이어슈트라스 정리) : 복소함수항급수 $\sum_{n=0}^{\infty} f_n(z)$가 영역 $\Omega\subset\mathbb{C}$ 위에서 복소함수 $f(z)$로 균등수렴하고 각 $f_n(z)$가 Ω에서 해석적일 때, Ω에 놓이는 임의의 경로 C에 대하여

$$\int_C f(z)\,dz=\sum_{n=0}^{\infty}\int_C f_n(z)\,dz$$

가 성립한다.

적당한 수렴구간 $D\subset\mathbb{C}$에서 복소멱급수의 합은 해석함수가 되며, 복소멱급수는 D에서 항별로 적분할 수 있다.

정리 2 복소멱급수의 적분

복소멱급수 $f(z)=\sum_{n=0}^{\infty}a_n(z-z_0)^n$이 수렴반지름 R (단, $R>0$)을 갖는다고 하자. 그러면 $0<r<R$일 때, 닫힌원판

$$\overline{D}(z_0,r)=\{z\in\mathbb{C}:|z-z_0|\le r\}$$

내부의 z_1에서 z_2까지의 경로 C에 관하여

$$\int_C f(z)\,dz=\int_C\sum_{n=0}^{\infty}a_n(z-z_0)^n\,dz$$

은 수렴반지름 R을 갖는

$$g(z)=\sum_{n=0}^{\infty}\int_C a_n(z-z_0)^n\,dz=\sum_{n=0}^{\infty}\frac{a_n(z-z_0)^{n+1}}{n+1}\Bigg|_{z_1}^{z_2}$$

에 수렴한다. 즉 복소멱급수는 항별로 적분할 수 있다.

증명 복소멱급수 $f(z)=\sum_{n=0}^{\infty}a_n(z-z_0)^n$은 경로 C 위에서 균등수렴하므로

$$\begin{aligned}\int_C f(z)\,dz&=\int_C\sum_{n=0}^{\infty}a_n(z-z_0)^n\,dz\\&=\sum_{n=0}^{\infty}\int_C a_n(z-z_0)^n\,dz=\sum_{n=0}^{\infty}a_n\frac{(z-z_0)^{n+1}}{n+1}\Bigg|_{z_1}^{z_2}\end{aligned}$$

로 주어진다. ■

참고 복소함수 $f(z)$가 $z=z_0$에서 해석적일 필요충분조건은 $a_n=\dfrac{f^{(n)}(z_0)}{n!}$로 정의되는 $f(z)$의 테일러 급수가 존재하는 것, 즉

$$f(z)=\sum_{n=0}^{\infty}a_n(z-z_0)^n=\sum_{n=0}^{\infty}\frac{f^{(n)}(z_0)}{n!}(z-z_0)^n$$

이 성립하는 것이다.

예 **(기하급수의 수렴성)**: 1을 수렴반지름으로 갖는 기하급수 $\sum_{n=0}^{\infty}z^n=\dfrac{1}{1-z}$, 즉

$$1+z+z^2+\cdots=\frac{1}{1-z}\quad(\text{단, }|z|<1)\tag{*}$$

에 대하여, (*)에 z 대신에 $-z$를 대입하면

$$\sum_{n=0}^{\infty}(-1)^n z^n=\frac{1}{1+z}\quad(\text{단, }|z|<1)$$

이고, 항별로 적분하면

$$\ln(1+z)=\sum_{n=1}^{\infty}(-1)^{n-1}\frac{z^n}{n}=z-\frac{z^2}{2}+\frac{z^3}{3}-\frac{z^4}{4}+\cdots\quad(\text{단, }|z|<1)$$

이다. 또한 (*)에 z 대신에 $1-z$를 대입하면

$$\sum_{n=0}^{\infty}(-1)^n(z-1)^n = \frac{1}{z} \ (\text{단, } |z-1| < 1)$$

이고, 항별로 적분하면

$$\operatorname{Log} z = \sum_{n=1}^{\infty}\frac{(-1)^{n+1}}{n}(z-1)^n \ (\text{단, } |z-1| < 1)$$

을 얻는다.

참고 $f(z) = \sum_{n=0}^{\infty} a_n(z-z_0)^n$으로 주어진 복소함수 $f(z)$의 원시함수 $F(z)$는

$$F(z) = F(z_0) + a_0(z-z_0) + \frac{a_1}{2}(z-z_0)^2 + \cdots + \frac{a_{n-1}}{n}(z-z_0)^n + \cdots$$

로 주어진다. 여기서 $a_n = \dfrac{f^{(n)}(z_0)}{n!}$이다.

2. 로랑 급수

복소함수가 해석적이면 적당한 수렴구간에서 멱급수로 전개 가능하다. 그런데 복소함수 $f(z)$가 z_0에서 고립특이점을 갖더라도, 적당한 영역에서 수렴하는 멱급수로 전개할 수 있는데, 이 멱급수를 **로랑 급수**라고 한다. 로랑 급수

$$\sum_{n=-\infty}^{\infty} a_n(z-z_0)^n$$

의 계수 중 a_{-1}을 복소함수 $f(z)$의 z_0에서의 **유수**라 부르고

$$a_{-1} = \operatorname{Res}(f(z),\ z_0)$$

로 표시한다. 유수를 이용하여 선적분, 실적분의 계산, 무한급수의 합 등을 구할 수 있고, 영역에서 다항식의 근의 개수도 구할 수 있다.

정의 3 열린원환

복소평면 $\mathbb{C}$에서 두 원 사이의 고리모양으로 된 영역을 **원환**(annulus) 또는 **환형**이라고 한다. 특히 두 원 $|z-z_0| = r$과 $|z-z_0| = R$에 대하여, $r < R$일 때 이들 사이의 열린 영역

$$A = \{z \in \mathbb{C} : r < |z - z_0| < R\}$$

를 **열린원환**(open annulus) 또는 **열린환형**이라고 한다.

참고 복소함수에 대한 멱급수 이론에 의하면, 임의의 미분가능한 복소함수 $f(z)$는 적당한 수렴영역 $D = \{z \in \mathbb{C} : |z - z_0| < R\}$에서 수렴하는 테일러 급수로 전개가능하다. 만약 복소함수 $f(z)$가 z_0에서 고립특이점을 가지면 $f(z)$는 테일러 급수로 전개할 수 없지만, 적절한 영역에서 로랑 급수

$$\sum_{n=-\infty}^{\infty} a_n (z - z_0)^n$$

으로 전개가능하다. 로랑 급수는 고립특이점을 극, 제거가능 특이점, 진성특이점(또는 본질적 특이점)으로 분류할 수 있도록 해 준다.

정리 4 로랑 급수

복소평면 $\mathbb{C}$에 대하여 복소멱급수 $\sum_{n=-\infty}^{-1} a_n z^n$은 영역 $\{z \in \mathbb{C} : |z| > r\}$에서 수렴하고, 복소멱급수 $\sum_{n=0}^{\infty} a_n z^n$은 열린원판 $\{z \in \mathbb{C} : |z| < R\}$에서 수렴할 때, $r < R$이면 두 복소멱급수는 열린원환

$$\{z \in \mathbb{C} : r < |z| < R\}$$

위에서 수렴한다. 이 경우에 두 복소멱급수의 합은

$$\sum_{n=-\infty}^{\infty} a_n z^n$$

으로 표기되고, 열린원환 $\{z \in \mathbb{C} : r < |z| < R\}$에서 해석함수를 나타낸다. 마찬가지로

$$\sum_{n=-\infty}^{\infty} a_n (z - z_0)^n$$

은 열린원환 $\{z \in \mathbb{C} : r < |z - z_0| < R\}$에서 해석함수를 나타낸다. 이때 이와 같은 형태의 모든 복소멱급수를 **로랑 급수**(Laurent series)라고 한다.

참고 복소평면 $\mathbb{C}$에서 주어진 로랑 급수 $\sum_{n=-\infty}^{\infty} a_n(z-z_0)^n$에 대하여, 다음 조건

(1) $\sum_{n=-\infty}^{\infty} a_n(z-z_0)^n$은 열린원환 $\{z \in \mathbb{C} : r < |z-z_0| < R\}$에서 절대수렴한다.

(2) $\sum_{n=-\infty}^{\infty} a_n(z-z_0)^n$은 $|z-z_0| < r$이거나 $|z-z_0| > R$에서는 발산한다.

(3) $\sum_{n=-\infty}^{\infty} a_n(z-z_0)^n$은 닫힌원환

$$\overline{D} = \{z \in \mathbb{C} : r_1 \le |z-z_0| \le R_1,\ r < r_1 < R_1 < R\}$$

에서 균등수렴한다.

을 만족하는 $0 \le r < R \le \infty$이 존재한다.

열린원환 $\{z \in \mathbb{C} : r < |z-z_0| < R\}$ 위에서 해석함수는 로랑 급수로 전개될 수 있음에 유의한다.

예 복소함수 $f(z) = e^{\frac{1}{z^2}}$의 로랑 급수는 복소멱급수 $e^z = \sum_{n=0}^{\infty} \frac{z^n}{n!}$에서 z를 $\frac{1}{z}$로 대치함으로써

$$e^{\frac{1}{z^2}} = \sum_{n=0}^{\infty} \frac{z^{-2n}}{n!} = \sum_{n=-\infty}^{0} \frac{z^{2n}}{(-n)!} \quad (\text{단, } |z| > 0)$$

으로 주어진다.

예제 열린원환 $\{z \in \mathbb{C} : 0 < |z-1| < 1\}$ 위에서 복소함수 $f(z) = (z^2-3z+2)^{-1}$의 로랑 급수를 구하시오.

풀이 $0 < |z-1| < 1$ 위에서는

$$\frac{1}{z-2} - \frac{1}{z-1} = -\frac{1}{z-1} - \frac{1}{1-(z-1)}$$
$$= -\frac{1}{z-1} - \sum_{n=0}^{\infty} (z-1)^n$$

이므로, 열린원환 $\{z \in \mathbb{C} : 0 < |z-1| < 1\}$ 위에서 복소함수 $f(z) = (z^2-3z+2)^{-1}$의 로랑 급수는

$$(z^2-3z+2)^{-1} = -\sum_{n=-1}^{\infty}(z-1)^n$$

으로 주어진다. ■

로랑 급수의 계수 a_n은 그들의 적분공식을 이용하지 않고도 구할 수 있음에 유의한다.

참고 로랑 급수 $f(z) = \sum_{n=-\infty}^{\infty} a_n(z-z_0)^n$에서 $n=-1$인 경우, 즉 계수 a_{-1}을 $z_0 \in \mathbb{C}$에서 복소함수 $f(z)$의 **유수**라고 하며, $\text{Res}\,(f(z), z_0)$로 표기한다.

3. 특이점과 로랑 급수

여기서는 해석함수의 **영점**(zeros)과 고립특이점을 분류한다.

(1) 해석함수의 영점

복소함수의 영점을 구하는 것은 응용수학에서 중요한 문제이다.

예 (1) $\sin z = 0 \Leftrightarrow z = n\pi$ (단, $n \in \mathbb{Z}$)

(2) $\cos z = 0 \Leftrightarrow z = n\pi + \dfrac{\pi}{2}$ (단, $n \in \mathbb{Z}$)

(3) $\sinh z = 0 \Leftrightarrow z = n\pi i$ (단, $n \in \mathbb{Z}$)

(4) $\cosh z = 0 \Leftrightarrow z = \left(n\pi + \dfrac{\pi}{2}\right)i$ (단, $n \in \mathbb{Z}$)

참고 복소함수 $f(z)$가 z_0를 포함하고 있는 영역 $\Omega \subset \mathbb{C}$ 위에서 상수함수가 아닌 해석함수이고 $f(z_0)=0$이면

$$f^{(n)}(z_0) \neq 0$$

을 만족하는 자연수 n이 존재한다.

정의 5 영점의 위수

복소평면 $\mathbb{C}$에서 $f^{(n)}(z_0) \neq 0$을 만족하는 최소의 자연수 n을 $z_0 \in \mathbb{C}$에서 복소함수 $f(z)$의 **영점의 위수**(the order of the zero)라고 한다.

예 $f(z)=2z(e^z-1)$일 때, $z=0$에서

$$f(0)=f'(z)=0,\ f''(0)\neq 0$$

이므로, 복소함수 $f(z)$의 영점의 위수는 2이다. 이 사실은 복소함수 $f(z)$의 매클로린 급수 전개식

$$2z(e^z-1)=2z\sum_{n=1}^{\infty}\frac{z^n}{n!}=2z^2\left(1+\frac{z}{2!}+\frac{z^2}{3!}+\cdots\right)$$

로부터 분명하다.

상수함수가 아닌 해석함수의 영점은 고립되어 있다. 즉 각 영점의 주위에는 또 다른 영점이 존재하지 않도록 하는 한 원판을 찾을 수 있다.

정리 6

복소평면 $\mathbb{C}$의 한 영역 Ω 위에서 상수함수가 아닌 해석함수의 영점들은 고립되어 있다.

증명 $f(z_0)=0$이고 영점의 위수가 n이라고 하자. 그러면 $f^{(n)}(z_0)\neq 0$이고

$$f(z_0)=f'(z_0)=\cdots=f^{(n-1)}(z_0)=0$$

이다. 그러므로

$$f(z)=(z-z_0)^n f_n(z)\ \left(\text{단, } f_n(z)=\frac{1}{2\pi i}\int_{C:|\zeta-z_0|=r}\frac{f(\zeta)}{(\zeta-z)(\zeta-z_0)^n}\,d\zeta\right)$$

와 같이 표현할 수 있다. 여기서 복소함수 $f_n(z)$는 도함수에 대한 코시 정리에 의해 영역 $\Omega\subset\mathbb{C}$에 포함되는 열린원판 $\{\zeta\in\mathbb{C}:|\zeta-z_0|<r\}$에서 해석적이다. 더욱이

$$f_n(z_0)\equiv\frac{1}{2\pi i}\int_{C:|\zeta-z_0|=r}\frac{f(\zeta)}{(\zeta-z)(\zeta-z_0)^n}d\zeta=\frac{f^{(n)}(z_0)}{n!}\neq 0$$

이므로, $|z-z_0|<\varepsilon$을 만족하는 모든 z에 대하여 $f_n(z)\neq 0$을 만족하는 $\varepsilon>0$이 존재한다. 따라서 $0<|z-z_0|<\varepsilon$을 만족하는 모든 z에 대하여

$$f(z)=(z-z_0)^n f_n(z)\neq 0$$

이 성립한다. ■

(2) 고립 특이점

정의 7 고립특이점

복소평면 $\mathbb{C}$에 대하여 복소함수 $f(z)$가 열린원환

$$\{z \in \mathbb{C}: 0 < |z - z_0| < r\}$$

에서 해석적이지만, $z_0 \in \mathbb{C}$에서 해석적이 아니거나 z_0에서 정의되지 않을 때 z_0를 고립특이점(isolated singular point)이라 한다.

예 복소함수 $f(z) = \dfrac{1}{z^2 - 1}$에 대하여, $z = \pm 1$은 $f(z)$의 고립특이점이다. 또한 $g(z) = e^{1/z}$로 정의된 복소함수 $g(z)$에 대하여, $z = 0$은 $g(z)$의 고립특이점이다.

참고 특이점들은 필연적으로 고립되어 있지 않다. 예를 들면

$$f(z) = \frac{1}{\sin(1/z)}$$

은 $z = 0$, 그리고 분모가 0이 되는

$$\frac{1}{z} = k\pi, \text{ 즉 } z = \frac{1}{k\pi} \ (\text{단, } k = \pm 1, \pm 2, \cdots)$$

인 점에서 특이점을 갖는다. 그러나 $z = 0$은 복소함수 $f(z)$의 고립특이점이 아니다. 왜냐하면 임의의 $\varepsilon > 0$에 대하여 열린원판 $\{z \in \mathbb{C}: |z| < \varepsilon\}$ 위에 무한히 많은 복소함수 $f(z)$의 특이점이 존재하기 때문이다.

정리 8 로랑 급수의 유일성

$\mathbb{C}$가 복소평면일 때 $0 \le r < R$에 대하여 닫힌원환 $\overline{A} = \{z \in \mathbb{C}: r \le |z| \le R\}$에서 정의된 복소함수 $f(z)$가 해석적이면, 열린원환

$$A = \{z \in \mathbb{C}: r < |z| < R\}$$

에서 수렴하는 $f(z)$의 유일한 로랑 급수

$$f(z) = \sum_{n=-\infty}^{\infty} a_n z^n \ (\text{단, } r < |z| < R)$$

이 존재한다. 이때

$$a_n = \frac{1}{2\pi i}\int_{C:|\zeta|=\rho} \frac{f(\zeta)}{\zeta^{n+1}}\,d\zeta$$

로 주어진다. 여기서 n은 정수이고, $r < |\zeta| < R$이다.

증명 두 원 $C_R: |z| = R$과 $C_r: |z| = r$, 그리고 열린원환 $\{z \in \mathbb{C}: r < |z| < R\}$ 내부의 임의의 점 z에 대하여, 도함수에 대한 코시 적분공식과 코시-구르사 정리를 적용하면

$$\begin{aligned} f(z) &= \frac{1}{2\pi i}\int_{C_R} \frac{f(w)}{w-z}\,dw - \frac{1}{2\pi i}\int_{C_r} \frac{f(w)}{w-z}\,dw \\ &= \frac{1}{2\pi i}\int_{C_1} \frac{f(w)}{w-z}\,dw + \frac{1}{2\pi i}\int_{C_2} \frac{f(w)}{w-z}\,dw \end{aligned}$$

가 성립한다. 여기서 C_1은 시계반대방향의 원 C_R을 나타내고, C_2는 시계방향의 원 C_r을 나타낸다.

(1) w가 C_1 위에 있으면, $|w| = R$이고 $\left|\frac{z}{w}\right| < 1$이다. 따라서

$$\frac{1}{w-z} = \frac{1}{w}\,\frac{1}{1-z/w} = \sum_{n=0}^{\infty} \frac{z^n}{w^{n+1}}$$

이므로

$$\frac{1}{2\pi i}\int_{C_1} \frac{f(w)}{w-z}\,dw = \sum_{n=0}^{\infty}\left(\frac{1}{2\pi i}\int_{C_1} \frac{f(w)}{w^{n+1}}\,dw\right)z^n = \sum_{n=0}^{\infty} a_n z^n$$

(2) w가 C_2 위에 있으면, $|w| = r$이고 $\left|\frac{w}{z}\right| < 1$이다. 따라서

$$\frac{1}{w-z} = -\frac{1}{z}\,\frac{1}{1-w/z} = -\sum_{n=0}^{\infty} \frac{w^n}{z^{n+1}}$$

이므로

$$\frac{1}{2\pi i}\int_{C_2} \frac{f(w)}{w-z}\,dw = \sum_{n=0}^{\infty}\left(-\frac{1}{2\pi i}\int_{C_2} f(w)w^n\,dw\right)z^{-(n+1)} = \sum_{n=-\infty}^{-1} a_n z^n$$

이다.

그러므로 (1)과 (2)로부터, $f(z) = \sum_{n=-\infty}^{\infty} a_n z^n$이 성립한다. 이제 닫힌원환 $\{z \in \mathbb{C}: r \le |z| \le R\}$에서 균등수렴하는 두 로랑 급수에 대하여

$$\sum_{n=-\infty}^{\infty} a_n z^n = \sum_{n=-\infty}^{\infty} b_n z^n$$

임을 보이면, 로랑 급수의 유일성이 증명된다. 두 급수를 각각 C_R에 관하여 적분하고, 균등수렴성을 이용하면

$$\sum_{n=-\infty}^{\infty} a_n \int_{C_R} z^n\, dz = \sum_{n=-\infty}^{\infty} b_n \int_{C_R} z^n\, dz \qquad (*)$$

이다. 이때 z^{-1}을 제외하고, 복소함수 z^n들은 모두 C_R에서 원시함수 $\frac{z^{n+1}}{n+1}$을 갖고, 원 C_R에서의 선적분은 모두 0이므로

$$a_{-1} \int_{C_R} \frac{dz}{z} = b_{-1} \int_{C_R} \frac{dz}{z}$$

만 남는다. 그런데 코시 적분공식에 의해 $\int_{C_R} \frac{dz}{z} = 2\pi i$이므로, $a_{-1} = b_{-1}$이다. 이때 식 (*)의 양변에 z를 곱하고, 위와 같은 절차를 거치면 $a_{-2} = b_{-2}$이다. 따라서 위와 같은 방법을 연속적으로 적용하면

$$a_n = b_n \ (\text{단, } -\infty \leq n \leq \infty)$$

을 얻는다. ■

다음 정리는 프랑스의 수학자이며 공학자인 로랑에 의해 1843년에 발표되었다. 자세한 증명은 연습문제로 남긴다.

정리 9 로랑 정리 (Laurent theorem)

복소평면 $\mathbb{C}$에 대하여 열린원환 $A = \{z \in \mathbb{C} : r < |z - z_0| < R\}$ 위에서 정의된 복소함수 $f(z)$가 해석적이면, 즉 $z_0 \in \mathbb{C}$가 $f(z)$의 고립특이점이면

$$f(z) = \sum_{n=-\infty}^{\infty} a_n (z - z_0)^n \ (\text{단, } r < |z - z_0| < R)$$

이 성립한다. 즉 로랑 급수 전개 가능하다. 이때

$$a_n = \frac{1}{2\pi i} \int_{C : |\zeta - z_0| = \rho} \frac{f(\zeta)}{(\zeta - z_0)^{n+1}}\, d\zeta$$

로 주어진다. 여기서 n은 정수이고, $r < |\zeta - z_0| < R$이다.

로랑 급수의 각 계수들은 코시 적분공식에 나오는 계수를 그대로 사용하면 된다는 것이 로랑 정리이다.

예 복소함수 $f(z)=\dfrac{\sin z}{z}$의 로랑 급수를 구해 보자. 복소함수 $\sin z$는 해석적이므로, 멱급수 전개 가능하다. 즉

$$\sin z=\sum_{n=0}^{\infty}\frac{(-1)^n}{(2n+1)!}z^{2n+1}=z-\frac{z^3}{3!}+\frac{z^5}{5!}-\cdots\ (\text{단},\ z\in\mathbb{C})$$

이다. 따라서 $z\neq 0$, 즉 $|z|>0$이면, 복소함수 $f(z)=\dfrac{\sin z}{z}$의 로랑 급수는

$$f(z)=\frac{\sin z}{z}=\sum_{n=0}^{\infty}\frac{(-1)^n}{(2n+1)!}z^{2n}=z-\frac{z^2}{3!}+\frac{z^4}{5!}-\cdots\ (\text{단},\ |z|>0)$$

로 주어진다.

예 열린원환 $\{z\in\mathbb{C}: 1<|z|<\infty\}$에서 정의된 복소함수 $f(z)=\dfrac{1}{1-z}$은 해석적이다. 이때 $\left|\dfrac{1}{z}\right|<1$이므로, $z_0=0$에서의 복소함수 $f(z)=\dfrac{1}{1-z}$의 로랑 급수는

$$\frac{1}{1-z}=\frac{-1}{z-1}=\frac{-1}{z}\frac{1}{1-1/z}=-\sum_{n=0}^{\infty}\frac{1}{z^{n+1}}$$

로 주어진다. 또한 열린원환 $\{z\in\mathbb{C}: 0<|z|<\infty\}$에서 정의된 복소함수 $f(z)=e^{1/z}$은 해석적이다. 이때 $e^z=\displaystyle\sum_{n=0}^{\infty}\frac{z^n}{n!}$이므로, 로랑 급수는

$$e^{1/z}=\sum_{n=0}^{\infty}\frac{1}{n!}\frac{1}{z^n}=1+\frac{1}{z}+\frac{1}{2!\,z^2}+\cdots$$

로 주어진다.

예제 다음 영역에서 정의된 복소함수 $f(z)=\dfrac{2z}{z^2-1}$의 로랑 급수를 구하시오.

(1) $\{z\in\mathbb{C}: 0<|z-1|<2\}$ (2) $\{z\in\mathbb{C}: |z-1|>2\}$

(3) $\{z\in\mathbb{C}: |z|>1\}$

풀이 (1) $\left|\dfrac{z-1}{2}\right|<1$이므로

$$f(z)=\frac{2z}{z^2-1}=\frac{1}{z-1}+\frac{1}{z+1}=\frac{1}{z-1}+\frac{\frac{1}{2}}{1+\frac{z-1}{2}}=\frac{1}{z-1}+\frac{\frac{1}{2}}{1-\frac{1-z}{2}}$$

$$= \frac{1}{z-1} + \frac{1}{2}\sum_{n=0}^{\infty}\left(\frac{1-z}{2}\right)^n = \frac{1}{z-1} + \sum_{n=0}^{\infty}(-1)^n \frac{1}{2^{n+1}}(z-1)^n$$

(2) $\left|\frac{2}{z-1}\right| < 1$이므로

$$\frac{1}{z+1} = \frac{1}{(z-1)+2} = \frac{\frac{1}{z-1}}{1+\frac{2}{z-1}} = \frac{1}{1-\left(-\frac{2}{z-1}\right)} \cdot \frac{1}{z-1}$$

$$= \frac{1}{z-1}\sum_{n=0}^{\infty}\left(-\frac{2}{z-1}\right)^n = \sum_{n=0}^{\infty}\frac{(-1)^n 2^n}{(z-1)^n}$$

이다. 따라서

$$f(z) = \frac{1}{z-1} + \frac{1}{z+1} = \frac{1}{z-1} + \sum_{n=0}^{\infty}\frac{(-1)^n 2^n}{(z-1)^n}$$

(3) $\left|\frac{1}{z}\right| < 1$이므로

$$\frac{1}{z-1} = \frac{1}{1-\frac{1}{z}} \cdot \frac{1}{z} = \frac{1}{z}\sum_{n=0}^{\infty}\left(\frac{1}{z}\right)^n = \sum_{n=0}^{\infty}\left(\frac{1}{z}\right)^{n+1}$$

$$\frac{1}{z+1} = \frac{1}{1-\left(-\frac{1}{z}\right)} \cdot \frac{1}{z} = \frac{1}{z}\sum_{n=0}^{\infty}\left(-\frac{1}{z}\right)^n = \sum_{n=0}^{\infty}(-1)^n\left(\frac{1}{z}\right)^{n+1}$$

이다. 따라서

$$f(z) = \frac{1}{z-1} + \frac{1}{z+1} = \sum_{n=0}^{\infty}\frac{1+(-1)^n}{z^{n+1}} = \sum_{n=0}^{\infty}\frac{2}{z^{2n+1}}$$

로 주어진다. ■

고립특이점은 '제거가능 특이점', '극', '진성특이점'으로 분류된다.

① 제거가능 특이점

정의 10 제거가능 특이점

복소함수 $f(z)$가 열린원판 $\{z \in \mathbb{C} : |z-z_0| < R\}$에서 해석적이 되도록 $f(z_0)$에 복소수를 부여해 줄 수 있는 고립특이점을 제거가능 특이점(removable singularity)이라 한다.

예 복소함수 $f(z)=\dfrac{\sin z}{z}$는 $z=0$에서 정의되지 않지만

$$\frac{\sin z}{z}=\frac{1}{z}\left(z-\frac{z^3}{3!}+\frac{z^5}{5!}-\cdots\right)=1-\frac{z^2}{3!}+\frac{z^4}{5!}-\cdots$$

로 주어지므로, $\dfrac{\sin z}{z}$의 매클로린 급수는 모든 $z\in\mathbb{C}$에서 수렴하며 $z=0$일 때 함숫값 1을 취한다. 따라서

$$g(z)=\begin{cases}\dfrac{\sin z}{z} & ,\ z\neq 0\\ 1 & ,\ z=0\end{cases}$$

로 정의된 복소함수 $g(z)$는 $z\neq 0$일 때 복소함수 $f(z)$와 일치하고 복소평면 $\mathbb{C}$ 위에서 해석적이다. 따라서 $z=0$은 복소함수 $f(z)$의 제거가능 특이점이다. 이때 복소함수 $g(z)$는 열린원판 $\{z\in\mathbb{C}:|z|<R\}$에서 해석적이다.

참고 복소함수 $f(z)$가 열린원환 $\{z\in\mathbb{C}: 0<|z-z_0|<R\}$에서 해석적일 때, $f(z)$가 $z=z_0$에서 제거가능 특이점을 가질 필요충분조건은

$$\lim_{z\to z_0} f(z)=L \text{ (단, } L\text{은 복소상수)}$$

이 성립하는 것이다.

예제 복소함수 $f(z)=\dfrac{e^z-1}{z}$는 $z=0$에서 제거가능 특이점을 갖는다.

증명 $p(z)=e^z-1$, $q(z)=z$라고 하면, 복소함수 $f(z)=\dfrac{p(z)}{q(z)}$로 주어진다. 이때 두 복소함수 $p(z)$와 $q(z)$는 각각 $z=0$에서 단순근을 가지므로, 복소함수 $f(z)$는 $z=0$에서 제거가능 특이점을 갖는다. 즉

$$\frac{e^z-1}{z}=\frac{z+\dfrac{z^2}{2!}+\dfrac{z^3}{3!}+\cdots}{z}=1+\frac{z}{2!}+\frac{z^2}{3!}+\cdots$$

가 성립한다. ■

정리 11 **리만 정리** (Riemann's theorem)

복소함수 $f(z)$가 $z_0 \in \mathbb{C}$에서 고립특이점을 갖고, $f(z)$의 로랑 급수가

$$f(z) = \sum_{n=-\infty}^{\infty} a_n (z - z_0)^n$$

으로 주어질 때, 다음은 서로 동치이다.

(1) $z_0 \in \mathbb{C}$가 복소함수 $f(z)$의 제거가능 특이점이다. 즉 각 $n = -1, -2, \cdots$에 대하여, $a_n = 0$이다.

(2) 복소함수 $f(z)$는 $z_0 \in \mathbb{C}$의 적당한 근방에서 유계이다.

(3) $\lim_{z \to z_0} (z - z_0) f(z) = 0$이 성립한다.

증명 (1) ⇒ (2) ⇒ (3)은 당연하므로, (3) ⇒ (1)을 보이면 충분하다. 이를 위해

$$g(z) = \begin{cases} (z - z_0) f(z) & , z \neq z_0 \\ 0 & , z = z_0 \end{cases}, \quad h(z) = (z - z_0)\, g(z)$$

로 정의된 두 복소함수 $g(z)$와 $h(z)$를 생각한다. 그러면

$$h'(z) = \lim_{z \to z_0} \frac{h(z) - h(z_0)}{z - z_0} = \lim_{z \to z_0} g(z) = 0$$

이므로, 복소함수 $h(z)$는 $z_0 \in \mathbb{C}$에서 해석적이다. 그런데 $h(z_0) = h'(z_0) = 0$이므로, 복소함수 $h(z)$는 $z_0 \in \mathbb{C}$에서 이중근을 갖는다. 따라서 복소함수 $h(z)$는 $z_0 \in \mathbb{C}$의 근방에서 멱급수 전개

$$h(z) = b_2 (z - z_0)^2 + b_3 (z - z_0)^3 + \cdots + b_n (z - z_0)^n + \cdots$$

를 가진다. 그러므로

$$g(z) = \frac{h(z)}{z - z_0} = b_2 (z - z_0) + b_3 (z - z_0)^2 + \cdots + b_n (z - z_0)^{n-1} + \cdots$$

이고

$$f(z) = \frac{g(z)}{z - z_0} = b_2 + b_3 (z - z_0) + \cdots + b_n (z - z_0)^{n-2} + \cdots$$

가 성립한다. 이때 $f(z_0) = b_2$로 정의하자. 그러면 복소함수 $f(z)$는 $z_0 \in \mathbb{C}$에서 해석적이다. 따라서 $z_0 \in \mathbb{C}$는 복소함수 $f(z)$의 제거가능 특이점이다. ■

② 극과 유리형 함수

정의 12 극

복소평면 $\mathbb{C}$에 대하여 $z_0 \in \mathbb{C}$가 복소함수 $f(z)$의 고립특이점일 때

$$\lim_{z \to z_0} f(z) = \infty$$

를 만족하면, z_0를 $f(z)$의 **극**(pole)이라고 한다.

참고 (유리형 함수): 극을 제외한 한 영역 Ω 위에서 정의된 해석함수 $f(z)$를 Ω 위에서 **유리형 함수**(meromorphic function)라고 한다.

정의 13 극의 위수

복소평면 $\mathbb{C}$에 대하여 복소함수 $f(z)$가 $z_0 \in \mathbb{C}$에서 극을 가질 때, 복소함수

$$g(z) = (z - z_0)^n f(z)$$

가 z_0에서 해석적이 되도록 하는 최소의 정수 n을 **극의 위수**(pole of order)라고 한다. 이때 복소함수 $f(z)$는 $z_0 \in \mathbb{C}$에서 위수 n인 극, 또는 n-**중극**(pole of order n)을 갖는다고 한다.

복소함수 $f(z)$가 $z_0 \in \mathbb{C}$에서 위수 n인 극을 가지면, $f(z)$는 열린원환

$$\{z \in \mathbb{C} : 0 < |z - z_0| < R\}$$

에서 수렴하는 로랑 급수

$$\begin{aligned} f(z) &= \sum_{k=-n}^{\infty} a_k (z - z_0)^k \\ &= \frac{a_{-n}}{(z-z_0)^n} + \frac{a_{-n-1}}{(z-z_0)^{n-1}} + \cdots + \frac{a_{-1}}{z - z_0} + \sum_{n=0}^{\infty} a_n (z - z_0)^n \ (\text{단, } a_{-n} \neq 0) \end{aligned}$$

으로 표현된다.

예 복소함수 $f(z) = \dfrac{\cos z}{z^2}$에 대하여

$$\frac{\cos z}{z^2} = \frac{1}{z^2}\left(1 - \frac{z^2}{2!} + \frac{z^4}{4!} - \cdots\right) = \frac{1}{z^2} - \frac{1}{2!} + \frac{z^2}{4!} - \cdots$$

이므로, $f(z) = \dfrac{\cos z}{z^2}$는 $z=0$에서 위수 2인 극을 갖는다. 또한

$$\frac{\sin z}{z^3} = \frac{1}{z^3}\left(z - \frac{z^3}{3!} + \frac{z^5}{5!} - \cdots\right) = \frac{1}{z^2} - \frac{1}{3!} + \frac{z^2}{5!} - \cdots$$

이므로, 복소함수 $g(z) = \dfrac{\sin z}{z^3}$는 $z=0$에서 위수 2인 극을 갖는다.

예 두 복소함수 $f(z) = \dfrac{1}{z^2(z+i)^7}$과 $g(z) = \dfrac{1}{z^4(z+i)^3}$은 유리형 함수이다. 이때 복소함수 $f(z)$는 $z=0$에서 위수 4인 극을 갖고, 복소함수 $g(z)$는 $z=-i$에서 위수 7인 극을 갖는다.

참고 복소함수 $f(z)$가 $z_0 \in \mathbb{C}$에서 n-중근을 가질 필요충분조건은

$$f(z) = a_n(z-z_0)^n + a_{n+1}(z-z_0)^{n+1} + \cdots \quad (\text{단, } a_n \neq 0)$$

즉 $f(z)$는 z_0에서 해석적이어서 테일러 급수가 존재하지만

$$f(z_0) = f'(z_0) = \cdots f^{(n-1)}(z_0) = 0,\ f^{(n)}(z_0) \neq 0$$

이 성립하는 것이다.

예제 복소함수 $f(z)$가 $z_0 \in \mathbb{C}$에서 n-중근을 가질 필요충분조건은

$$f(z) = (z-z_0)^n g(z)$$

를 만족하는 해석함수 $g(z)$ (단, $g(z_0) \neq 0$)가 존재하는 것이다.

증명 복소함수 $f(z)$가 $z_0 \in \mathbb{C}$에서 n-중근을 가질 필요충분조건은

$$\begin{aligned} f(z) &= a_n(z-z_0)^n + a_{n+1}(z-z_0)^{n+1} + \cdots \\ &= (z-z_0)^n\{a_n + a_{n+1}(z-z_0) + \cdots\} \quad (\text{단, } a_n \neq 0) \end{aligned}$$

이다. 따라서 복소함수 $f(z)$가 $z_0 \in \mathbb{C}$에서 n-중근을 가질 필요충분조건은

$$g(z) = a_n + a_{n+1}(z-z_0) + \cdots$$

로 놓을 때, 복소함수 $g(z)$가 테일러 급수 전개 가능하므로 해석적이고 $g(z_0)=a_n \neq 0$이며, 또한

$$f(z)=(z-z_0)^n g(z)$$

를 만족하는 것이다. ■

정리 14

복소평면 $\mathbb{C}$에 대하여 복소함수 $f(z)$가 $z_0 \in \mathbb{C}$에서 위수 n인 극을 가질 필요충분조건은

$$f(z)=\frac{g(z)}{(z-z_0)^n}$$

를 만족하는 해석함수 $g(z)$ (단, $g(z_0) \neq 0$)가 존재하는 것이다.

증명 복소함수 $f(z)$가 $z_0 \in \mathbb{C}$에서 위수 n인 극을 가질 필요충분조건은

$$\begin{aligned} f(z) &= \frac{a_{-n}}{(z-z_0)^n}+\frac{a_{-n+1}}{(z-z_0)^{n-1}}+\cdots+\frac{a_{-1}}{z-z_0}+\sum_{n=0}^{\infty} a_n(z-z_0)^n \ (\text{단, } a_{-n} \neq 0) \\ &= \frac{1}{(z-z_0)^n}\left\{a_{-n}+a_{-n+1}(z-z_0)+\cdots+a_{-1}(z-z_0)^{n-1}+\cdots\right\} \end{aligned}$$

이다. 따라서 복소함수 $f(z)$가 $z_0 \in \mathbb{C}$에서 위수 n인 극을 가질 필요충분조건은

$$g(z)=a_{-n}+a_{-n+1}(z-z_0)+\cdots+a_{-1}(z-z_0)^{n-1}+\cdots$$

로 놓을 때, 복소함수 $g(z)$가 테일러 급수 전개 가능하므로 해석적이고

$$g(z_0)=a_{-n} \neq 0$$

이며, 또한

$$f(z)=\frac{g(z)}{(z-z_0)^n}$$

를 만족하는 것이다. ■

예 복소함수 $f(z)=\dfrac{1}{z^6+1}$의 극은 $q(z)=z^6+1$로 주어진 복소함수 $q(z)$의 근이므로

$$z^6=-1=e^{i(\pi+2k\pi)}$$

로부터, $q(z)$의 근은

$$z_k = 2^{i\left(\frac{\pi}{6}+\frac{k\pi}{3}\right)} \text{ (단, } k=1, 2, \cdots, 5)$$

으로 주어진다. 이때 모든 z_k에서

$$q'(z_k) = 6z_k^5 \neq 0$$

이므로, 복소함수 $q(z)$의 각각의 근은 단순근(simple roots)이다. 따라서 모든 z_k에서 복소함수 $f(z) = \dfrac{1}{z^6+1}$은 위수 1인 극, 즉 단순극(simple poles)을 갖는다.

예제 복소함수 $f(z) = \dfrac{z^2}{z-\sin z}$은 $z=0$에서 단순극을 갖는다.

증명 $p(z) = z^2$, $q(z) = z - \sin z$라고 하면, 복소함수 $f(z) = \dfrac{p(z)}{q(z)}$로 주어진다. 이때 복소함수 $q(z)$는 $z=0$에서 3-중근을 갖고, 복소함수 $p(z)$는 $z=0$에서 2-중근을 갖는다. 따라서 복소함수 $f(z)$는 $z=0$에서 단순극을 갖는다. ■

예제 복소함수 $f(z) = \dfrac{1}{z^2 \sin z}$은 $z=0$에서 3-중극을 갖는다.

증명 $p(z) = z^2$, $q(z) = \sin z$라고 하자. 그러면 복소함수 $q(z)$가 $z=0$에서 단순근을 가지므로, 복소함수 $g(z) = p(z)q(z)$는 $z=0$에서 3-중근을 갖는다. 따라서 복소함수

$$f(z) = \frac{1}{g(z)} = \frac{1}{z^2 \sin z}$$

은 $z=0$에서 3-중극을 갖는다. ■

참고 $z = k\pi$ (단, $k \neq 0$인 정수)에서 복소함수 $q(z) = \sin z$는 단순근을 갖는다. 따라서 복소함수 $f(z) = \dfrac{1}{z^2 \sin z}$은 $z = k\pi$ (단, $k \neq 0$인 정수)에서 단순극을 갖는다.

③ **진성특이점**

정의 15 진성특이점

복소평면 $\mathbb{C}$에서 $z_0 \in \mathbb{C}$가 복소함수 $f(z)$의 제거가능 특이점도 아니고 극도 아닌 고립 특이점일 때, z_0를 $f(z)$의 **진성특이점** (essential singularity) 또는 **본질적 특이점**이라고 한다.

예 복소함수 $f(z)=e^{\frac{1}{z}}$에 대하여

$$e^{\frac{1}{z}} = 1 + \frac{1}{z} + \frac{1}{2!z^2} + \frac{1}{3!z^3} + \cdots$$

이므로, $f(z)=e^{\frac{1}{z}}$은 $z=0$에서 진성특이점을 갖는다. 또한 복소함수 $g(z)=\sin\frac{1}{z}$에 대하여

$$\sin\frac{1}{z} = \frac{1}{z} - \frac{1}{3!z^3} + \frac{1}{5!z^5} - \cdots$$

이므로, $g(z)=\sin\frac{1}{z}$은 $z=0$에서 진성특이점을 갖는다.

참고 복소평면 $\mathbb{C}$에서 $z_0 \in \mathbb{C}$가 복소함수 $f(z)$의 진성특이점이면 $f(z)$는 $z \to z_0$일 때 극한을 갖지 못하며, z_0의 근방에서 $f(z)$의 로랑 급수의 무한이 많은 계수들

$$a_n \quad (\text{단, } n = 1, 2, 3, \cdots)$$

은 0이 되지 않는다. 왜냐하면 그렇지 않다면 $z_0 \in \mathbb{C}$는 극이거나 제거가능 특이점이 되기 때문이다.

다음 정리는 진성특이점의 ε-근방 위에서 복소함수의 성질을 보여 주고 있다.

정리 16

(1) 바이어슈트라스-카소라티 정리 (Weierstrass-Casorati theorem) : 해석함수는 진성특이점의 임의의 ε-근방에서 임의로 주어진 값에 충분히 가깝게 근접한다.

(2) 피카르 정리 (Picard theorem) : 해석함수는 진성특이점의 임의의 ε-근방에서, 가능한 하나의 복소숫값을 제외하고 임의의 복소숫값을 갖는다.

연습문제 6.1 EXERCISES

1. $z_0 = i$에서 복소함수 $f(z) = \dfrac{e^z}{(z+1)(z-1)(z-2)(z-3)}$에 대한 테일러 급수의 수렴 반지름 R을 구하시오.

2. 도함수에 대한 코시 적분공식을 이용하여, 수렴하는 복소멱급수는 항별로 미분할 수 있음을 보이시오. 즉 R (단, $R > 0$)을 수렴반지름으로 갖는 복소멱급수

$$f(z) = \sum_{n=0}^{\infty} a_n (z - z_0)^n \ (\text{단, } |z - z_0| < R)$$

에 대하여, 복소함수 $f(z)$는 열린원판 $D = \{z \in \mathbb{C} : |z - z_0| < R\}$에서 해석적이고

$$f'(z) = \sum_{n=1}^{\infty} n a_n (z - z_0)^{n-1}$$

이 성립함을 보이시오.

3. 복소함수 $f(z)$가 $z_0 \in \mathbb{C}$에서 고립특이점을 가질 때, $f(z)$가 z_0에서 위수 n인 극을 가질 필요충분조건은

$$\lim_{z \to z_0} (z - z_0)^n f(z) = A \ (\text{단, } A \neq 0, \infty)$$

임을 보이시오.

4. (로랑 정리) : 열린원환 $A = \{z \in \mathbb{C} : r < |z - z_0| < R\}$ 위에서 정의된 복소함수 $f(z)$가 해석적이면, 즉 $z_0 \in \mathbb{C}$가 $f(z)$의 고립특이점이면

$$f(z) = \sum_{n=-\infty}^{\infty} a_n (z - z_0)^n \ (\text{단, } r < |z - z_0| < R)$$

이 성립함을 보이시오.

5. 다음 주어진 영역에서, 복소함수 $f(z)=\dfrac{1}{(1-z)(2-z)}$ 의 로랑 급수를 구하시오.

(1) $\{z \in \mathbb{C} : |z| < 1\}$ (2) $\{z \in \mathbb{C} : 1 < |z| < 2\}$

(3) $\{z \in \mathbb{C} : |z| > 2\}$

6. 다음 주어진 로랑 급수의 수렴영역을 구하시오.

(1) $\displaystyle\sum_{n=-\infty}^{\infty} \frac{z^n}{2^{|n|}}$ (2) $\displaystyle\sum_{n=-\infty}^{\infty} 2^{|n|} z^n$

7. 복소함수 $f(z)=\dfrac{z}{\sin z}$ 는 $z=0$ 에서 제거가능 특이점을 가짐을 보이시오.

8. 다음이 성립함을 보이시오.

(1) 복소함수 $f(z)=\dfrac{1}{(1+z^2)^2}$ 은 $z=i$ 에서 2-중극을 갖는다.

(2) 복소함수 $f(z)=\dfrac{\sin z}{z^5}$ 는 $z=0$ 에서 4-중극을 갖는다.

6.2 유수정리와 편각의 원리

1. 유수정리

복소함수 $f(z)$가 열린원환 $\{z \in \mathbb{C} : 0 < |z - z_0| < R\}$에서 해석적이면, $f(z)$는 로랑 급수

$$f(z) = \sum_{n=-\infty}^{\infty} a_n (z - z_0)^n \tag{*}$$

으로 유일하게 전개할 수 있다.

정의 1 유수

$\mathbb{C}$가 복소평면일 때 로랑 급수 (*)에서 계수 a_{-1}을 $z_0 \in \mathbb{C}$에서 복소함수 $f(z)$의 **유수**(residue)라고 하며

$$\mathrm{Res}\,(f(z),\, z_0) \text{ 또는 } \mathrm{Res}_{z_0} f(z)$$

로 표기한다. 이때

$$\mathrm{Res}\,(f(z),\, z_0) = a_{-1} = \frac{1}{2\pi i}\int_{C : |z - z_0| = \rho} f(z)\, dz \text{ (단, } 0 < \rho < R)$$

로 주어진다.

참고 유수의 계산은 선적분을 통하여 원시함수를 구할 수 없는 함수들의 정적분을 구하는 데 이용되고, 주어진 영역 내부에 있는 근의 개수를 구하는 등 이론적인 측면에서 매우 중요한 역할을 한다.

유수는 로랑 급수로부터 직접 구할 수 있다.

예 $z = 0$은 복소함수 $f(z) = e^{\frac{1}{z}}$의 유일한 고립특이점이다. 이때

$$e^{\frac{1}{z}} = 1 + \frac{1}{z} + \frac{1}{2!\,z^2} + \frac{1}{3!\,z^3} + \cdots$$

이다. 따라서 $z = 0$에서 복소함수 $f(z) = e^{\frac{1}{z}}$의 유수는 항 $\frac{1}{z}$의 계수이므로

$$\text{Res}\left(e^{\frac{1}{z}},\ 0\right)=1$$

로 주어진다.

예제 다음에 주어진 복소함수 $f(z)$의 $z=0$에서의 유수 $\text{Res}\,(f(z),\,0)$을 구하시오.

(1) $f(z)=\dfrac{\cos z}{z^3}$　　　　(2) $f(z)=\dfrac{z^2+4z+5}{z^3}$

풀이 (1) $\dfrac{\cos z}{z^3}=\dfrac{1-\dfrac{z^2}{2!}+\dfrac{z^4}{4!}-\cdots}{z^3}=\dfrac{1}{z^3}-\dfrac{1}{2!\,z}+\dfrac{z}{4!}-\cdots$이므로,

$\text{Res}\left(\dfrac{\cos z}{z^3},\ 0\right)=-\dfrac{1}{2}$

(2) $\dfrac{z^2+4z+5}{z^3}=\dfrac{5}{z^3}+\dfrac{4}{z^2}+\dfrac{1}{z}$이므로, $\text{Res}\left(\dfrac{z^2+4z+5}{z^3},\ 0\right)=1$ ■

다중연결영역에서의 코시 정리를 이용하여 다음 정리를 얻는다.

정리 2

C가 복소평면 $\mathbb{C}$에서 양의 방향의 단순닫힌경로이고 C의 내부에 z_0가 존재한다고 하자. 그리고 복소함수 $f(z)$는 z_0를 제외한 단순닫힌경로 C의 위와 내부에 있는 모든 점에서 해석적이라 하자. 이때 z_0가 복소함수 $f(z)$의 고립특이점이면

$$\int_C f(z)\,dz=2\pi i\,a_{-1}=2\pi i\,\text{Res}\,(f(z),\,z_0)$$

가 성립한다.

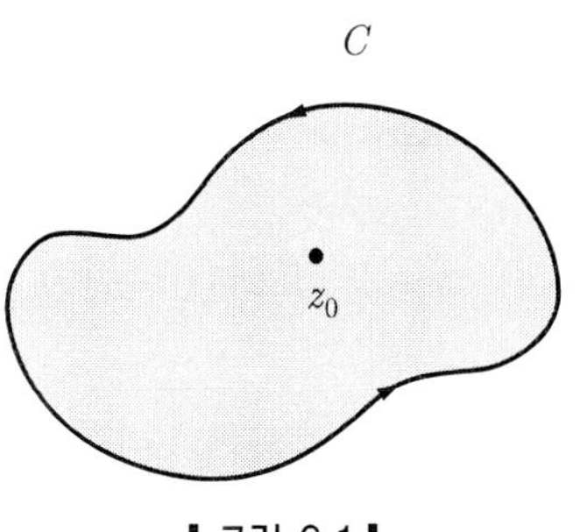

| 그림 6.1 |

예 C가 그 내부에 원점을 가지는 닫힌경로일 때, $z=0$에서 $\text{Res}\left(e^{\frac{1}{z}}, 0\right)=1$이므로

$$\int_C e^{\frac{1}{z}}\,dz = 2\pi i \,\text{Res}\left(e^{\frac{1}{z}}, 0\right) = 2\pi i$$

가 성립한다.

정리 3 **코시 유수정리** (Cauchy residue theorem)

복소평면 $\mathbb{C}$에서 시계반대방향의 단순닫힌경로 C에 대하여, 복소함수 $f(z)$가 C의 위와 내부에서 유한개의 고립특이점 $z_1, z_2, \cdots, z_n$을 제외한 나머지 모든 점에서 해석적이면

$$\int_C f(z)\,dz = 2\pi i \sum_{k=1}^{n} \text{Res}\,(f(z), z_k)$$

가 성립한다.

증명 시계반대방향의 단순닫힌경로 C의 내부에서 복소함수 $f(z)$의 유한개의 고립특이점 $z_1, z_2, \cdots, z_n$을 둘러싸는 서로 겹치지 않는 시계방향의 단순닫힌경로 $C_1, C_2, \cdots, C_n$

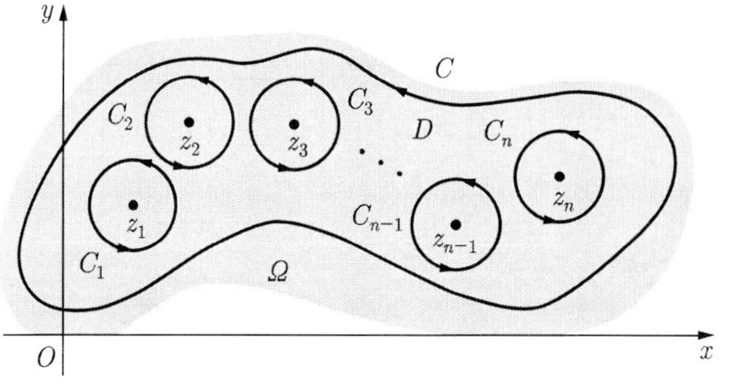

❙ 그림 6.2 ❙

을 생각하면 다중연결영역에서의 코시 정리에 의해

$$\int_C f(z)\,dz = \sum_{k=1}^{n} \int_{C_k} f(z)\,dz$$

이므로

$$\int_C f(z)\,dz = \sum_{k=1}^{n} 2\pi i\,\text{Res}\,(f(z), z_k) = 2\pi i \sum_{k=1}^{n} \text{Res}\,(f(z), z_k)$$

가 성립한다. ■

유수정리를 이용할 수 있도록 하기 위하여, 유수를 구하는 효율적인 방법이 필요하다.

정리 4

$\mathbb{C}$가 복소평면일 때, 복소함수 $f(z)$가 $z_0 \in \mathbb{C}$에서 단순극을 가지면

$$\text{Res}\,(f(z), z_0) = \lim_{z \to z_0} (z - z_0) f(z)$$

가 성립한다.

증명 복소함수 $f(z)$가 $z_0 \in \mathbb{C}$에서 단순극을 가지면, $(z-z_0)f(z)$는 테일러 급수 전개 가능한 해석함수이다. 즉

$$\begin{aligned}(z-z_0)f(z) &= (z-z_0)\left[\frac{a_{-1}}{z-z_0} + a_0 + a_1(z-z_0) + \cdots\right] \\ &= a_{-1} + a_0(z-z_0) + a_1(z-z_0)^2 + \cdots\end{aligned}$$

이다. 따라서 $z \to z_0$일 때 극한을 취하면

$$\text{Res}\,(f(z), z_0) = a_{-1}$$

을 얻는다. ■

예 복소함수 $f(z) = \dfrac{\cos z}{z - \pi/3}$는 $z = \dfrac{\pi}{3}$에서 단순극을 가지므로

$$\begin{aligned}\text{Res}\,(f(z), \pi/3) &= \lim_{z \to \pi/3} \frac{(z-\pi/3)\cos z}{z - \pi/3} \\ &= \lim_{z \to \pi/3} \cos z = \frac{1}{2}\end{aligned}$$

이 된다.

예제 선적분 $\displaystyle\int_{C:|z-1/2|=1} \frac{e^z}{z^3 - z}\,dz$의 값을 구하시오.

풀이 피적분함수 $f(z) = \dfrac{e^z}{z^3 - z}$의 고립특이점은 세 점 $z = 0, \pm 1$이다. 그런데 0과 1만 이 원 $C: |z-1/2| = 1$의 내부에 있으므로, 단순극 0과 1에서의 유수를 구하면

$$\text{Res}\,(f(z), 0) = \lim_{z \to 0} \frac{e^z}{z^2 - 1} = -1$$

$$\text{Res}\,(f(z),\,1) = \lim_{z \to 1} \frac{(z-1)e^z}{z(z^2-1)} = \frac{e}{2}$$

이다. 따라서

$$\int_{C:|z-1/2|=1} \frac{e^z}{z^3 - z}\,dz = 2\pi i\left(\frac{e}{2} - 1\right) = \pi i(e-2)$$

로 주어진다. ■

정리 5

$\mathbb{C}$가 복소평면일 때, 유리함수 $\dfrac{f(z)}{g(z)}$가 $z_0 \in \mathbb{C}$에서 단순극을 가지면

$$\text{Res}\left(\frac{f(z)}{g(z)},\, z_0\right) = \frac{f(z_0)}{g'(z_0)}$$

가 성립한다.

증명 유리함수 $\dfrac{f(z)}{g(z)}$가 $z_0 \in \mathbb{C}$에서 단순극을 가지면, z_0는 복소함수 $g(z)$의 단순영이므로 $g(z_0) = 0$이 된다. 따라서

$$\begin{aligned}\text{Res}\left(\frac{f(z)}{g(z)},\, z_0\right) &= \lim_{z \to z_0} (z - z_0)\frac{f(z)}{g(z)} \\ &= \lim_{z \to z_0} \frac{f(z)}{[g(z) - g(z_0)]/(z - z_0)} = \frac{f(z_0)}{g'(z_0)}\end{aligned}$$

가 성립한다. ■

예제 선적분 $\displaystyle\int_{C:|z|=1} \frac{z^3 + 2z + 5}{e^z - 1}\,dz$의 값을 구하시오.

풀이 단위원 $C : |z| = 1$의 내부에서 피적분함수 $f(z) = \dfrac{z^3 + 2z + 5}{e^z - 1}$의 유일한 단순극은 $z = 0$이다. 그런데

$$\text{Res}\,(f(z),\,0) = \left.\frac{z^3 + 2z + 5}{e^z}\right|_{z=0} = 5$$

이므로

$$\int_{C:|z|=1} \frac{z^3 + 2z + 5}{e^z - 1}\,dz = 2\pi i(5) = 10\pi i$$

로 주어진다. ■

참고 유리함수 $f(z)=\dfrac{p(z)}{q(z)}$에 대하여

$$p(z_0)\neq 0,\ \ q(z_0)=0,\ \ q'(z_0)\neq 0$$

을 만족하면, $f(z)$는 $z_0\in\mathbb{C}$에서 단순극을 가진다.

예제 선적분 $\displaystyle\int_{C:|z-1|=1}\frac{2z}{z^2-1}\,dz$의 값을 구하시오.

풀이 $f(z)=\dfrac{p(z)}{q(z)}=\dfrac{2z}{z^2-1}$로 놓으면, 유리함수 $f(z)$는 열린원판 $\{z\in\mathbb{C}:|z-1|<1\}$ 내부에 있는 $z=1$에서 고립특이점을 가진다. 그런데 두 복소함수 $p(z)$, $q(z)$가 $z=1$에서 해석적이고

$$p(1)=2\neq 0,\ \ q(1)=0,\ \ q'(1)=2\neq 0$$

을 만족하므로, $\mathrm{Res}\,(f(z),1)=\dfrac{p(1)}{q'(1)}=1$이다. 그러므로

$$\int_{C:|z-1|=1}\frac{2z}{z^2-1}\,dz=2\pi i\cdot\mathrm{Res}\,(f(z),1)=2\pi i$$

로 주어진다. ■

정리 6

$\mathbb{C}$가 복소평면일 때, 복소함수 $f(z)$가 $z_0\in\mathbb{C}$에서 n-중극을 가지면

$$\mathrm{Res}\,(f(z),z_0)=\frac{1}{(n-1)!}\lim_{z\to z_0}\frac{d^{n-1}}{dz^{n-1}}[(z-z_0)^n f(z)]$$

가 성립한다.

증명 복소함수 $f(z)$가 $z_0\in\mathbb{C}$에서 n-중극을 가지면

$$f(z)=\frac{a_{-n}}{(z-z_0)^n}+\cdots+\frac{a_{-1}}{z-z_0}+a_0+a_1(z-z_0)+\cdots\ \ (\text{단, } a_{-n}\neq 0)$$

가 성립한다. 그러므로 복소함수 $(z-z_0)^n f(z)$는 $z_0\in\mathbb{C}$의 한 근방에서 해석적이며

$$\begin{aligned}(z-z_0)^n f(z)&=a_{-n}+a_{-n+1}(z-z_0)+\cdots\\&\quad+a_{-1}(z-z_0)^{n-1}+a_0(z-z_0)^n+\cdots\qquad(*)\end{aligned}$$

이다. 이때 (*)를 $(n-1)$번 미분함으로써

$$\frac{d^{n-1}}{dz^{n-1}}[(z-z_0)^n f(z)] = (n-1)!\,a_{-1} + n!\,a_0(z-z_0) + \cdots$$

를 얻는다. 그러므로

$$(n-1)!\,a_{-1} = (n-1)!\,\text{Res}\,(f(z),\,z_0) = \lim_{z\to z_0}\frac{d^{n-1}}{dz^{n-1}}[(z-z_0)^n f(z)]$$

가 된다. 따라서

$$\text{Res}\,(f(z),\,z_0) = \frac{1}{(n-1)!}\lim_{z\to z_0}\frac{d^{n-1}}{dz^{n-1}}[(z-z_0)^n f(z)]$$

가 성립한다. ■

예 복소함수 $f(z) = \dfrac{z^2 e^z}{(z+2)^3}$은 $z_0 = -2$에서 3-중극을 가지므로, 계속하여 미분함으로써

$$\begin{aligned}\frac{d^2}{dz^2}[(z+2)^3 f(z)] &= \frac{d^2}{dz^2}[z^2 e^z] \\ &= \frac{d}{dz}[(z^2+2z)e^z] = e^z(z^2+4z+2)\end{aligned}$$

를 얻는다. 따라서

$$\text{Res}\,(f(z),\,-2) = \frac{1}{2!}\lim_{z\to -2} e^z(z^2+4z+2) = \frac{1}{2}e^{-2}(-2) = -e^{-2}$$

가 된다.

예 복소함수 $f(z) = \dfrac{z+1}{z^2(z-2)}$의 고립특이점은 $z_1 = 0$, $z_2 = 2$이다. 이때 $z_1 = 0$에서의 유수는

$$\begin{aligned}\text{Res}\,(f(z),\,0) &= \frac{1}{(2-1)!}\lim_{z\to 0}\frac{d}{dz}\{z^2 f(z)\} \\ &= \lim_{z\to 0}\frac{d}{dz}\left(\frac{z+1}{z-2}\right) = \lim_{z\to 0}\frac{-3}{(z-2)^2} = -\frac{3}{4}\end{aligned}$$

이고, $z_2 = 2$에서의 유수는 $\text{Res}\,(f(z),\,2) = \dfrac{p(2)}{q'(2)} = \dfrac{3}{4}$이다. 따라서

$$\int_{C:|z|=3} \frac{z+1}{z^2(z-2)}\,dz = 2\pi i\left(-\frac{3}{4}+\frac{3}{4}\right) = 0$$

으로 주어진다.

예제 다음 선적분의 값을 구하시오.

(1) $\displaystyle\int_{C:|z-1|=1} \frac{z^4+z^3+5}{(z-1)^3}\,dz$ (2) $\displaystyle\int_{C:|z|=2} \frac{e^z}{(z^2-1)^2}\,dz$

풀이 (1) 복소함수 $f(z)=\dfrac{z^4+z^3+5}{(z-1)^3}$가 $z=1$에서 3-중극을 가지므로

$$\text{Res}\,(f(z),1) = \frac{1}{2!}\lim_{z\to 1}\frac{d^2}{dz^2}[(z-1)^3 f(z)] = \frac{1}{2!}\lim_{z\to 1}(12z^2+6z) = 9$$

이다. 따라서

$$\int_{C:|z-1|=1} \frac{z^4+z^3+5}{(z-1)^3}\,dz = 2\pi i\cdot \text{Res}\,(f(z),1) = 2\pi i\cdot 9 = 18\pi i$$

로 주어진다.

(2) 복소함수 $f(z)=\dfrac{e^z}{(z^2-1)^2}$은 원 $C:|z|=2$의 내부 1과 -1에서 2-중극을 가진다. 따라서

$$\text{Res}\,(f(z),1) = \lim_{z\to 1}\frac{d}{dz}\left[\frac{(z-1)^2e^z}{(z^2-1)^2}\right] = 0$$

$$\text{Res}\,(f(z),-1) = \lim_{z\to -1}\frac{d}{dz}\left[\frac{(z+1)^2e^z}{(z^2-1)^2}\right] = \frac{1}{2e}$$

이므로

$$\int_{C:|z|=2} \frac{e^z}{(z^2-1)^2}\,dz = 2\pi i\left(0+\frac{1}{2e}\right) = \frac{\pi i}{e}$$

로 주어진다. ■

참고 $\mathbb{C}$가 복소평면일 때, $z_0\in\mathbb{C}$에서 제거가능 특이점을 가지는 해석함수 $f(z)$는 항상 z_0의 한 근방에서 테일러 급수로 표현될 수 있으므로

$$\text{Res}\,(f(z),z_0) = 0$$

이 성립한다.

예제 복소함수 $h(z)=\dfrac{z}{\sin z}$의 모든 고립특이점에서 유수를 구하시오.

풀이 $z=0$은 복소함수 $h(z)$의 제거가능 특이점이므로, $\text{Res}\,(h(z),0)=0$을 얻는다. 더욱이 복소함수 $h(z)$는 $z_0=\pi k$ (단, $k=\pm1,\pm2,\cdots$)에서 단순극을 가지고

$$\sin(z-\pi k)=(-1)^k\sin z$$

이다. 따라서 πk에서 유수를 구하면

$$\begin{aligned}\text{Res}\,(h(z),\pi k)&=\lim_{z\to\pi k}\frac{(z-\pi k)z}{\sin z}=\lim_{z\to\pi k}\frac{(z-\pi k)(-1)^k z}{\sin(z-\pi k)}\\&=(-1)^k\pi k\ (\text{단, } k=0,\pm1,\pm2,\cdots)\end{aligned}$$

가 된다. ■

2. 편각의 원리

유수정리의 다른 응용은 다음 편각의 원리에서 찾아볼 수 있다. 편각의 원리는 유리형 함수의 영점과 극의 개수를 결정할 때 매우 유용하다.

정리 7 **편각의 원리** (argument principle)

$\mathbb{C}$가 복소평면일 때, 복소함수 $f(z)$는 고립특이점을 제외한 영역 $\Omega\subset\mathbb{C}$에서 해석적이고, C는 $\Omega\subset\mathbb{C}$ 안에서 시계반대방향으로의 단힌경로라고 하자. 이때 모든 $z\in C$에 대하여, $f(z)\neq0$이고 $f(z)\neq\infty$이면

$$\int_C\frac{f'(z)}{f(z)}\,dz=\int_C d[\log(f(z))]=2\pi i(N-P)$$

가 성립한다. 여기서 N은 닫힌경로 C 내부에 있는 복소함수 $f(z)$의 근의 개수(영점의 개수)이고, P는 C 내부에 있는 $f(z)$의 극의 개수이다. 단 개수는 중복도를 포함하여 헤아린다.

증명 $z_0\in\mathbb{C}$가 복소함수 $f(z)$의 n-중근, 즉

$$f(z_0)=f'(z_0)=\cdots f^{(}n-1)(z_0)=0,\quad f^{(n)}(z_0)\neq0$$

이면

$$f(z)=(z-z_0)^n g(z)$$

를 만족하는 z_0-근방에서 해석함수 $g(z)$ (단, $g(z_0) \neq 0$)가 존재한다. 따라서

$$f'(z) = n(z-z_0)^{n-1}g(z) + (z-z_0)^n g'(z)$$

이므로, $\dfrac{f'(z)}{f(z)} = \dfrac{n}{z-z_0} + \dfrac{g'(z)}{g(z)}$이다. 따라서

$$\operatorname{Res}\left(\left(\frac{f'}{f}\right)(z),\ z_0\right) = n = N \tag{1}$$

이 성립한다. 한편 $z_0 \in \mathbb{C}$가 복소함수 $f(z)$의 m-중극이면, $f(z) = \dfrac{g(z)}{(z-z_0)^m}$이므로

$$f'(z) = -m(z-z_0)^{-m-1}g(z) + (z-z_0)^{-m}g'(z)$$

이다. 따라서 $\dfrac{f'(z)}{f(z)} = \dfrac{-m}{z-z_0} + \dfrac{g'(z)}{g(z)}$이므로

$$\operatorname{Res}\left(\left(\frac{f'}{f}\right)(z),\ z_0\right) = -m = -P \tag{2}$$

이다. 그러므로 (1)과 (2)로부터, 유수정리에 의해

$$\int_C \frac{f'(z)}{f(z)}\,dz = 2\pi i \operatorname{Res}\left(\left(\frac{f'}{f}\right)(z),\ z_0\right) = 2\pi i(N-P)$$

가 성립한다. ■

참고 $\log(f(z)) = \ln|f(z)| + i\arg(f(z))$이므로

$$\int_C \frac{f'(z)}{f(z)}\,dz = \int_C d[\log(f(z))]$$

는 z가 곡선 C를 따라 움직일 때 $\arg(f(z))$의 변화율을 나타낸다.

예제 선적분 $\displaystyle\int_{C:|z|=10} \tan z\,dz$의 값을 구하시오.

풀이 $f(z) = \cos z$라 놓으면 $\tan z = -\dfrac{f'(z)}{f(z)}$로 주어진다. 그런데 복소함수 $f(z) = \cos z$는 복소평면 $\mathbb{C}$에서 해석적이므로 극을 갖지 않는다. 그러나 원 $C: |z| = 10$ 내부에서 복소함수 $f(z) = \cos z$는 6개의 영점을 갖는다. 즉

$$z = \frac{\pi}{2},\quad -\frac{\pi}{2},\quad \frac{3\pi}{2},\quad -\frac{3\pi}{2},\quad \frac{5\pi}{2},\quad -\frac{5\pi}{2}$$

에서 영점을 갖는다. 따라서 편각의 원리에 의해

$$\int_{|z|=10} \tan z \, dz = -2\pi i(6) = -12\pi i$$

가 된다. ■

편각의 원리에 대한 유용한 응용이 다음 **루셰 정리** (Rouché's theorem)이다.

정리 8 루셰 정리

$\mathbb{C}$가 복소평면일 때, 두 복소함수 $f(z)$와 $g(z)$는 영역 $\Omega \subset \mathbb{C}$에서 해석적이고, C는 Ω 안에서 시계반대방향으로의 닫힌경로라고 하자. 이때

$$^{\forall} z \in C, \ |g(z)| < |f(z)|$$

을 만족하면, 닫힌경로 C 내부에서 복소함수 $f(z)+g(z)$의 근의 개수와 복소함수 $f(z)$의 근의 개수는 같다. 즉 두 복소함수

$$f(z)+g(z), \quad f(z)$$

는 닫힌경로 C의 내부에서 동일한 개수의 영점을 갖는다.

참고 n차 복소다항식 $p_n(z) = a_0 + a_1 z + \cdots + a_n z^n$ (단, $a_n \neq 0$)에 대하여, $|z| > 1$이면

$$\begin{aligned} \left| \frac{p_{n-1}(z)}{a_n z^n} \right| &= \left| \frac{a_0 + a_1 z + \cdots + a_{n-1} z^{n-1}}{a_n z^n} \right| \\ &\leq \frac{1}{|a_n||z|^n} \{|a_0| + |a_1| + \cdots + |a_{n-1}|\} |z|^{n-1} \\ &= \frac{1}{|a_n||z|} \{|a_0| + |a_0| + \cdots + |a_{n-1}|\} \end{aligned}$$

이다. 이때 $R = \max\left\{1, \frac{1}{|a_n|}\{|a_0| + |a_1| + \cdots + |a_{n-1}|\}\right\}$로 놓으면, 임의의 $\varepsilon > 0$에 대하여

$$|z| = R + \varepsilon \Rightarrow |a_n z^n - p_n(z)| < |p_{n-1}(z)| < |a^n z^n|$$

이다. 따라서 루셰 정리에 의해 n차 복소다항식 $p_n(z)$는 원 $C : |z| = R + \varepsilon$의 내부에서 $a_n z^n$과 같은 n개의 근을 갖는다. 이것은 대수학의 기본정리의 또 다른 증

명방법이다.

예제 열린원환 $\left\{z \in \mathbb{C}: \frac{3}{2} < |z| < 2\right\}$에서, 5차 복소다항식 $p(z) = z^5 + 15z + 1$은 4개의 근을 갖는다.

증명 (1) $C: |z| = 2$에서 $g(z) = 15z + 1$, $f(z) = z^5$으로 놓으면

$$|g(z)| = |15z+1| \leq 15|z| + 1 = 31$$
$$< |f(z)| = |z|^5 = 32 \ (\text{단, } |z| = 2)$$

이다. 따라서 두 복소함수 $f(z)$와 $g(z)$가 C 위와 내부에서 해석적이므로, 루셰 정리에 의해 $f(z) + g(z)$와 $f(z)$는 $|z| < 2$에서 같은 수의 근을 갖는다. 그런데 복소함수 $f(z) = z^5$은 $|z| < 3$에서 5개의 근을 가지므로, $p(z) = z^5 + 15z + 1$은 $|z| < 2$ 에서 5개의 근을 갖는다.

(2) $C: |z| = \frac{3}{2}$에서 $g(z) = z^5 + 1$, $f(z) = 15z$로 놓으면

$$|g(z)| = |z^5 + 1| \leq |z|^5 + 1 = 8.6$$
$$< |f(z)| = 15|z| = 22.5 \ (\text{단, } |z| = \frac{3}{2})$$

이다. 따라서 두 복소함수 $f(z)$, $g(z)$가 C 위와 내부에서 해석적이므로, 루셰 정리에 의해 $f(z) + g(z)$와 $f(z)$는 $|z| < \frac{3}{2}$에서 같은 수의 근을 갖는다. 그런데 복소 함수 $f(z) = 15z$는 $|z| < \frac{3}{2}$에서 1개의 근을 가지므로, $p(z) = z^5 + 15z + 1$은 $|z| < \frac{3}{2}$에서 1개의 근을 갖는다.

(3) $|z| = \frac{3}{2}$에서

$$|p(z)| \geq \big||15z+1| - |z^5|\big| = 15.9 > 0$$

이므로, $p(z) = z^5 + 6z^3 + 2z + 10$은 $|z| = \frac{3}{2}$에서 근을 갖지 않는다.

따라서 (1), (2), (3)에 의해, 5차 복소다항식 $p(z) = z^5 + 6z^3 + 2z + 10$은 열린원환

$$\left\{z \in \mathbb{C}: \frac{3}{2} < |z| < 2\right\}$$

에서 4개의 근을 갖는다. ■

예제 $a > e$일 때, n차 복소다항식 $p(z) = az^n - e^z$은 단위원 $C : |z| = 1$ 내부에서 n개의 근을 갖는다.

증명 $g(z) = -e^z$, $f(z) = az^n$으로 놓으면, $|z| = 1$에서

$$|g(z)| = |-e^z| = |e^z| = |e^{\cos\theta + i\sin\theta}| = |e^{\cos\theta}|$$
$$\le e < a = |az^n| = |f(z)| \text{ (단, } |z| = 1)$$

이다. 따라서 두 복소함수 $f(z)$와 $g(z)$가 단위원 C 위와 내부에서 해석적이므로, 루셰 정리에 의해 두 복소함수 $f(z) + g(z)$와 $f(z)$는 $|z| < 1$에서 같은 수의 근을 갖는다. 그런데 복소함수 $f(z) = az^n$은 $|z| < 1$에서 n개의 근을 가지므로, $a > e$일 때 n차 복소다항식 $p(z) = az^n - e^z$은 단위원 $C : |z| = 1$ 내부에서 n개의 근을 갖는다. ■

연습문제 6.2

EXERCISES

1. 다음 닫힌곡선 C에 대하여, 복소함수 $f(z) = z^5 - z$의 $w = 0$에 대한 회전수 $I(f(C), 0)$을 구하시오.

   (1) $C : |z| = \dfrac{1}{2}$　　　　(2) $C : |z| = 2$

2. 다음 선적분의 값을 구하시오.

   (1) $\displaystyle\int_{C : |z-1| = 3} \frac{2z}{z^2 - 1}\, dz$　　　　(2) $\displaystyle\int_{C : |z| = 1} \frac{1}{z(e^z - 1)}\, dz$

3. 다음을 구하시오.

   (1) $\operatorname{Res}\left(\dfrac{\sin z}{z}, 0\right)$　　　　(2) $\operatorname{Res}\left(\dfrac{1}{\sin z}, 0\right)$

4. 열린원환 $\{z \in \mathbb{C} : 1 < |z| < 3\}$에서, 5차 복소다항식 $p(z) = z^5 + 6z^3 + 2z + 10$은 5개의 근을 가짐을 보이시오.

5. 열린원환 $\{z \in \mathbb{C} : 1 < |z| < 2\}$에서, 6차 복소다항식 $p(z) = z^6 + z^3 + 5z^2 - 2$은 4개의 근을 가짐을 보이시오.

6. 다음에 주어진 복소함수 $f(z)$에 대하여, $z = 0$에서의 유수 $\mathrm{Res}\,(f(z), 0)$을 구하시오.

(1) $f(z) = \csc z$

(2) $f(z) = e^{(1+1/z)}$

(3) $f(z) = z^4 \sin \dfrac{1}{z}$

6.3 유수정리의 이용

1. 실적분의 계산

실적분을 구하기 위하여 유수정리를 이용할 수 있다. 이때 유수정리를 적용할 수 있도록 적분구간을 하나의 닫힌경로로 변환시킨다.

(1) 사인함수와 코사인함수가 포함되어 있는 실적분의 계산

다음 형태

$$\int_0^{2\pi} F(\cos\theta, \sin\theta)\, d\theta$$

의 적분을 생각하자. 여기서 유리함수 $F(s, t) = \dfrac{p(s, t)}{q(s, t)}$는 s와 t에 관한 함수이다. 이때 치환식 $z = e^{i\theta}$를 이용하면, z는 양의 방향으로 단위원 $C : \gamma(\theta) = e^{i\theta}$ (단, $0 \le \theta \le 2\pi$) 위에서 움직인다. 더욱이

$$\cos\theta = \frac{1}{2}\left(z + \frac{1}{z}\right),\ \sin\theta = \frac{1}{2!}\left(z - \frac{1}{z}\right)$$

이고 $\dfrac{dz}{d\theta} = \dfrac{dz}{iz}$이다. 따라서

$$\int_0^{2\pi} F(\cos\theta, \sin\theta)\, d\theta = \int_{C:\,|z|=1} F\left[\frac{1}{2}\left(z + \frac{1}{z}\right), \frac{1}{2i}\left(z - \frac{1}{z}\right)\right] \frac{dz}{iz}$$

를 얻는다.

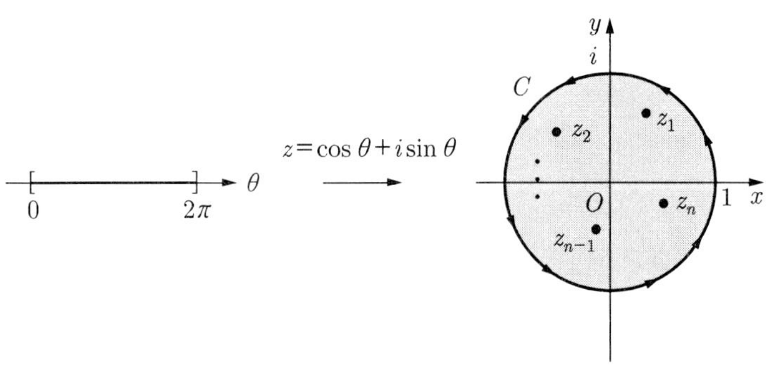

$F(\cos\theta, \sin\theta)$에 대한 적분구간 $[0, 2\pi]$

$f(z)$의 적분경로 C

그림 6.3

예제 선적분을 이용하여, $\int_0^{2\pi} \frac{\cos^2\theta}{2+\sin\theta}\,d\theta$의 값을 구하시오.

풀이

$$\int_0^{2\pi} \frac{\cos^2\theta}{2+\sin\theta}\,d\theta = \frac{1}{i}\int_{C:|z|=1} \frac{[(1/2)(z+1/z)]^2}{2+(1/2i)(z-1/z)}\,\frac{dz}{z}$$
$$= \frac{1}{2}\int_{C:|z|=1} \frac{z^4+2z^2+1}{z^2(z^2+4iz-1)}\,dz$$

이고, 단위원 $C:|z|=1$의 내부에서 피적분함수 $f(z)=\frac{z^4+2z^2+1}{z^2(z^2+4iz-1)}$은 2-중극으로 0, 단순극으로 $(-2+\sqrt{3})i$를 가진다. 이때 각각의 극에서 유수들은

$$\text{Res}\,(f(z),0) = \lim_{z\to 0}\frac{d}{dz}\left(\frac{z^4+2z^2+1}{z^2+4iz-1}\right) = -4i = \frac{4}{i}$$
$$\text{Res}\,(f(z),-2+\sqrt{3}) = \lim_{z\to(-2+\sqrt{3})i}\left[\frac{z^4+2z^2+1}{z^2(z+2i+\sqrt{3}i)}\right]$$
$$= \frac{1}{i}\left(\frac{42-24\sqrt{3}}{12-7\sqrt{3}}\right)$$

으로 주어지므로

$$\int_0^{2\pi} \frac{\cos^2\theta}{2+\sin\theta}\,d\theta = 2\pi i\cdot\frac{1}{2i}\left(\frac{42-24\sqrt{3}}{12-7\sqrt{3}}+4\right)$$
$$= \pi\left(\frac{90-52\sqrt{3}}{12-7\sqrt{3}}\right) \approx 0.536\pi$$

로 주어진다. ■

예제 선적분을 이용하여, $\int_{-\pi}^{\pi} \frac{d\theta}{a+b\cos\theta}$의 값을 구하시오.

풀이

$$\int_{-\pi}^{\pi} \frac{d\theta}{a+b\cos\theta} = \int_{C:|z|=1} \frac{1}{a+b\left(\frac{z+\frac{1}{z}}{2}\right)}\,\frac{1}{iz}\,dz$$
$$= \int_{C:|z|=1} \frac{-2i}{bz^2+2az+b}\,dz$$

이고, $bz^2+2az+b=0$을 풀면 $z=\frac{-a\pm\sqrt{a^2-b^2}}{b}$이다. 이때

$z_1 = \frac{-a+\sqrt{a^2-b^2}}{b}$이 복소함수 $f(z)$의 단순극이므로

$$\text{Res}\,(f(z),\, z_1) = \lim_{z \to z_1} (z - z_0) f(z) = \lim_{z \to z_1} \frac{-2i}{b(z - z_2)}$$

$$= \frac{-2i}{b \times \dfrac{2\sqrt{a^2 - b^2}}{b}} = \frac{-i}{\sqrt{a^2 - b^2}}$$

이다. 그러므로

$$\int_{-\pi}^{\pi} \frac{d\theta}{a + b\cos\theta} = \int_{C : |z| = 1} \frac{-2i}{bz^2 + 2az + b}\, dz$$

$$= 2\pi i \,\text{Res}\,(f(z),\, z_1) = \frac{2\pi}{\sqrt{a^2 - b^2}}$$

로 주어진다. ■

(2) 특이실적분의 계산

임의의 실수 a에 대하여 특이적분

$$\int_{-\infty}^{a} f(x)\, dx, \quad \int_{a}^{\infty} f(x)\, dx$$

가 수렴하면, 특이적분 $\int_{-\infty}^{\infty} f(x)\, dx$가 수렴한다고 하고

$$\int_{-\infty}^{\infty} f(x)\, dx = \int_{a}^{\infty} f(x)\, dx + \int_{-\infty}^{a} f(x)\, dx$$

로 정의한다. 그리고 만일 $\lim_{a \to \infty} \int_{-a}^{a} f(x)\, dx$가 존재하면 이 값을 적분 $\int_{-\infty}^{\infty} f(x)\, dx$ 의 코시 주치(Cauchy principal value)라 하고

$$\text{p.v.}\int_{-\infty}^{\infty} f(x)\, dx = \lim_{a \to \infty} \int_{-a}^{a} f(x)\, dx$$

로 나타낸다. 여기서는 $\text{p.v.}\int_{-\infty}^{\infty} f(x)\, dx$를 간단히 $\int_{-\infty}^{\infty} f(x)\, dx$로 표기하기로 한다.

① 부정적분을 이용하여 특이적분을 구할 수 있다.

예 부정적분을 이용하여, $\int_{-\infty}^{\infty} \frac{1}{1 + x^2}\, dx$의 값을 구해 보자. 이때

$$\int_{-\infty}^{\infty} \frac{1}{1+x^2}\,dx = \lim_{R\to\infty}\int_{-R}^{R}\frac{1}{1+x^2}\,dx = \lim_{R\to\infty}\tan^{-1}x\Big|_{-R}^{R}$$

$$= \frac{\pi}{2} - \left(-\frac{\pi}{2}\right) = \pi$$

로 주어진다.

② 서로소인 다항식 $p(x)$, $q(x)$가 $\deg(p(x))+2 \le \deg(q(x))$를 만족할 때

$$f(x) = \frac{p(x)}{q(x)}$$

의 특이적분은 선적분을 이용하여 구할 수 있다.

예제 선적분을 이용하여, $\displaystyle\int_0^{\infty}\frac{x^2}{x^6+1}\,dx$의 값을 구하시오.

풀이 복소함수 $f(z) = \dfrac{z^2}{z^6+1}$으로 놓고, $z^6 = -1$을 풀면 $z_k = e^{i\left(\frac{\pi+2k\pi}{6}\right)}$ (단, $k=0, 1, 2, \cdots, 5$)이다. 이제 상반평면에 있는 시계반대방향의 닫힌경로 C를 반지름이 R인 상반반원 C_R과 x-축 상의 선분 $L_R: -R \le x \le R$로 구성, 즉 $C = C_R + L_R$이라 하면

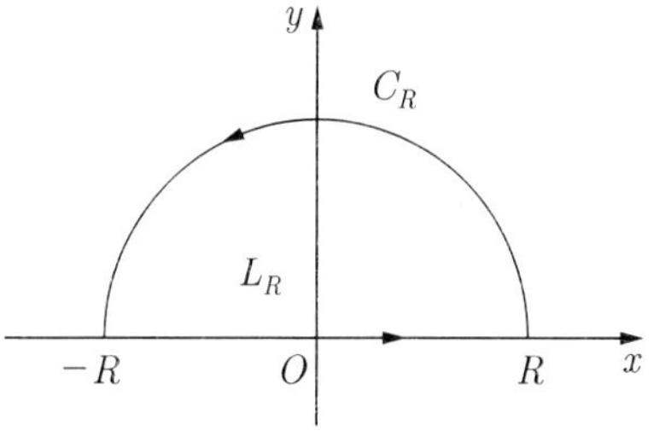

| 그림 6.4 |

$$\int_C f(z)\,dz = \int_{C_R} f(z)\,dz + \int_{L_R} f(z)\,dz$$

이다. 이때 z_k(단, $k=0, 1, 2$)가 C 내부에 존재하는 복소함수 $f(z)$의 단순극이므로, 유수정리에 의해

$$\int_C f(z)\,dz = \int_{C_R} f(z)\,dz + \int_{L_R} f(z)\,dz$$

$$= 2\pi i \sum_{k=0}^{2}\{\text{Res}\,(f(z), z_k)\}$$

로 주어진다. 그런데

$$\operatorname{Res}(f(z), z_k) = \lim_{z \to z_k} (z - z_k) f(z) = \frac{1}{6 z_k^6} \text{ (단, } k = 0, 1, 2)$$

이므로

$$2\pi i \sum_{k=0}^{2} \{\operatorname{Res}(f(z), z_k)\} = \frac{\pi}{3}$$

가 된다. 따라서

$$\int_{L_R} f(z)\, dz = \int_{-R}^{R} f(x)\, dx = \frac{\pi}{3} - \int_{C_R} f(z)\, dz$$

이다. 여기서 $|z| = R$ 이면

$$|z^6 + 1| \geq ||z^6| - 1| = R^6 - 1$$

이므로

$$|f(z)| = \frac{|z|^2}{|z^6 + 1|} \leq \frac{R^2}{R^6 - 1}$$

이고, $R \to \infty$ 이면

$$\left| \int_{C_R} f(z)\, dz \right| \leq \int_{C_R} |f(z)||dz| \leq \frac{R^2}{|R^6 - 1|} \pi R \to 0$$

이므로, $\displaystyle\lim_{R \to \infty} \int_{C_R} f(z)\, dz = 0$ 이다. 따라서

$$\lim_{R \to \infty} \int_{-R}^{R} \frac{x^2}{x^6 + 1}\, dx = \int_{-\infty}^{\infty} \frac{x^2}{x^6 + 1}\, dx = \frac{\pi}{3}$$

가 된다. 그런데 $\dfrac{x^2}{x^6 + 1}$ 이 우함수이므로

$$\int_{-\infty}^{\infty} \frac{x^2}{x^6 + 1}\, dx = 2 \int_{0}^{\infty} \frac{x^2}{x^6 + 1}\, dx = \frac{\pi}{3}$$

이다. 따라서

$$\int_{0}^{\infty} \frac{x^2}{x^6 + 1}\, dx = \frac{\pi}{6}$$

로 주어진다. ■

예제 선적분을 이용하여, $\displaystyle\int_{-\infty}^{\infty} \frac{1}{1+x^4}\, dx$의 값을 구하시오.

풀이 복소함수 $f(z) = \dfrac{1}{1+z^4}$로 놓고, $z^4 = -1$을 풀면 $z_k = e^{i\left(\frac{\pi + 2k\pi}{4}\right)}$ (단, $k = 0, 1, 2, 3$)이다. 이제 상반평면에 있는 닫힌경로 C를 x-축 상의 선분 $L_R : -R \le x \le R$과 반지름이 R인 상반반원 C_R로 구성, 즉 $C = L_R + C_R$이라 하면

$$\int_C f(z)\, dz = \int_{L_R} f(z)\, dz + \int_{C_R} f(z)\, dz$$

이다. 이때 $R \to \infty$이면

$$\left| \int_{C_R} f(z)\, dz \right| \le \int_{C_R} |f(z)||dz| \le \frac{1}{\left||z|^4 - 1\right|} \pi R = \frac{\pi R}{|R^4 - 1|} \to 0$$

이므로, $\displaystyle\lim_{R\to\infty} \int_{C_R} f(z)\, dz = 0$이다. 따라서 상반반원 내의 고립특이점이 z_k일 때

$$\lim_{R\to\infty} \int_{L_R} f(x)\, dx = \int_C f(z)\, dz = 2\pi i \sum_k \{\mathrm{Res}\,(f(z), z_k)\}$$

가 성립한다. 그런데 상반반원 내의 고립특이점이

$$z_0 = e^{\frac{\pi}{4} i} = \frac{1}{\sqrt{2}} + \frac{1}{\sqrt{2}} i, \quad z_1 = e^{\frac{3\pi}{4} i} = -\frac{1}{\sqrt{2}} + \frac{1}{\sqrt{2}} i$$

이므로

$$\begin{aligned}
\int_{-\infty}^{\infty} \frac{1}{1+x^4}\, dx &= \int_C f(z)\, dz = 2\pi i \{\mathrm{Res}\,(f(z), z_0) + \mathrm{Res}\,(f(z), z_1)\} \\
&= 2\pi i \left\{ \frac{1}{4e^{\frac{\pi}{4} i \times 3}} + \frac{1}{4e^{\frac{3\pi}{4} i \times 3}} \right\} = \frac{\pi}{2} i \left(e^{-\frac{3\pi}{4} i} + e^{-\frac{\pi}{4} i} \right) \\
&= \frac{\pi}{2} i \left(-\frac{1}{\sqrt{2}} - \frac{1}{\sqrt{2}} i + \frac{1}{\sqrt{2}} - \frac{1}{\sqrt{2}} i \right) = \frac{\pi}{\sqrt{2}}
\end{aligned}$$

로 주어진다. ■

③ 특이점이 실수일 때, 선적분을 이용하여 실함수의 특이적분을 구할 수 있다.

예제 선적분을 이용하여, $\displaystyle\int_0^{\infty} \frac{\sin x}{x}\, dx$의 값을 구하시오.

풀이 복소함수 $f(z)=\dfrac{e^{iz}}{z}$으로 놓자. 그런데 z가 실수축 위에 있으면

$$\frac{e^{ix}}{z}=\frac{1}{x}(\cos x+i\sin x)$$

이므로, $\dfrac{e^{ix}}{z}$의 허수부분이 $\dfrac{\sin x}{x}$이다. 이제 상반평면에 있는 닫힌경로 C를 x-축 상의 선분 $L_1: r\le x\le R$과 $L_2: -R\le x\le -r$, 그리고 반지름이 각각 r, R인 상반반원 C_r, C_R로 구성하자.

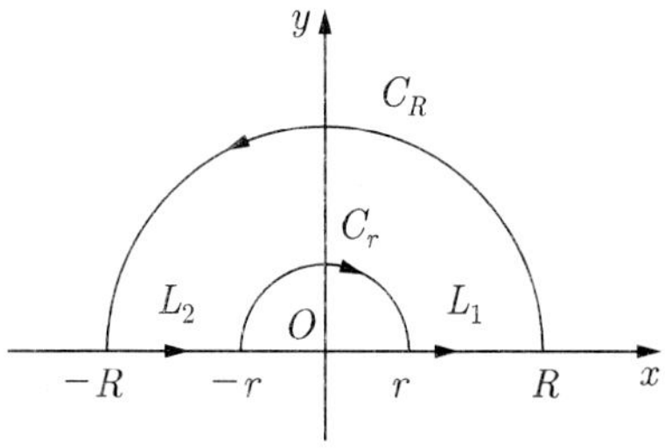

| 그림 6.5 |

그러면 복소함수 $f(z)=\dfrac{e^{iz}}{z}$은 $L_1+C_R+L_2+C_r$로 둘러싸인 영역에서 해석적이므로

$$0=\int_C\frac{e^{iz}}{z}\,dz=\int_{L_1}\frac{e^{ix}}{x}\,dx+\int_{C_R}\frac{e^{iz}}{z}\,dz+\int_{L_2}\frac{e^{ix}}{x}\,dx+\int_{C_r}\frac{e^{iz}}{z}\,dz$$

이다. 이때

$$\int_{L_1}\frac{e^{ix}}{x}\,dx+\int_{L_2}\frac{e^{ix}}{x}\,dx=\int_r^R\frac{e^{ix}}{x}\,dx+\int_{-R}^{-r}\frac{e^{ix}}{x}\,dx$$
$$=\int_r^R\left(\frac{e^{ix}}{x}-\frac{e^{-ix}}{x}\right)dx=2i\int_r^R\frac{\sin x}{x}\,dx$$

이다. 또한 $R\to\infty$이면

$$\left|\int_{C_R}\frac{e^{iz}}{z}\,dz\right|\le\int_{C_R}\left|\frac{e^{iz}}{z}\right||dz|\le\frac{e^{-R\sin\theta}}{R}\pi R=\pi e^{-R\sin\theta}\to 0$$

이므로, $\displaystyle\lim_{R\to\infty}\int_{C_R}\frac{e^{iz}}{z}\,dz=0$이 성립한다. 그런데 복소함수 $f(z)=\dfrac{e^{iz}}{z}$가 $z=0$에서 단순극을 가지므로

$$\lim_{r\to 0}\int_{C_r}\frac{e^{iz}}{z}\,dz = -\pi i\,\mathrm{Res}\left(\frac{e^{iz}}{z},\,0\right) = -\pi i$$

이다(연습문제 참조). 따라서 $0 = 2i\int_0^\infty \frac{\sin x}{x}\,dx - \pi i$이므로

$$\int_0^\infty \frac{\sin x}{x}\,dx = \frac{\pi}{2}$$

로 주어진다. ■

참고 $\int_{-\infty}^\infty \frac{\sin ax}{x^2+b^2}\,dx = 0$이다. 왜냐하면 피적분함수가 기함수이기 때문이다.

④ $\int_{-\infty}^\infty F(x)\sin ax\,dx$와 $\int_{-\infty}^\infty F(x)\cos ax\,dx$의 적분

정리 1

z에 관한 유리형 함수 $F(z)$가 실수축 위에서 극을 가지지 않으며, 분모의 차수가 분자의 차수보다 2 이상 크면, $a \ge 0$인 a에 대하여

$$\int_{-\infty}^\infty F(x)\cos ax\,dx = \mathrm{Re}\left[2\pi i\sum_{\mathrm{Im}\,z>0}\mathrm{Res}\,(F(z)e^{iaz},\,z_0)\right]$$

$$\int_{-\infty}^\infty F(x)\sin ax\,dx = \mathrm{Im}\left[2\pi i\sum_{\mathrm{Im}\,z>0}\mathrm{Res}\,(F(z)e^{iaz},\,z_0)\right]$$

가 성립한다. 이때 합은 상반평면 $\mathrm{Im}\,z > 0$에 있는 유리형 함수 $F(z)$의 모든 극 $z_0 \in \mathbb{C}$ 위에서 취한다.

예제 적분 $\int_0^\infty \frac{\cos ax}{x^2+b^2}\,dx$ (단, $a \ge 0,\ b > 0$)의 값을 구하시오.

풀이 복소함수 $F(z) = \frac{1}{z^2+b^2}$은 $z = \pm ib$에서 극을 갖는다. 이때 ib만이 상반평면 위에 있고, 더욱이 분모의 차수가 분자의 차수보다 2 이상 크므로 정리 1을 적용할 수 있다. 따라서 피적분함수 $\frac{\cos ax}{x^2+b^2}$가 우함수이므로

$$\int_0^\infty \frac{\cos ax}{x^2+b^2}\,dx = \frac{1}{2}\int_{-\infty}^\infty \frac{\cos ax}{x^2+b^2}\,dx$$

$$= \frac{1}{2}\mathrm{Re}\left[2\pi i\,\mathrm{Res}\left(\frac{e^{iaz}}{z^2+b^2},\, ib\right)\right]$$

$$= \mathrm{Re}\left[\pi i \lim_{z\to ib}\frac{e^{iaz}}{z+ib}\right] = \frac{\pi e^{-ab}}{2b}$$

로 주어진다. ■

참고 z에 관한 유리형 함수 $F(z)$가 실수축 위에서 극을 가지지 않으며, 분모의 차수가 분자의 차수보다 2 이상 크면, $a \le 0$인 a에 대하여

$$\int_{-\infty}^{\infty} F(x)\cos ax\,dx = \mathrm{Re}\left[-2\pi i \sum_{\mathrm{Im}\,z<0}\mathrm{Res}\left(F(z)e^{iaz},\, z_0\right)\right]$$

$$\int_{-\infty}^{\infty} F(x)\sin ax\,dx = \mathrm{Im}\left[-2\pi i \sum_{\mathrm{Im}\,z<0}\mathrm{Res}\left(F(z)e^{iaz},\, z_0\right)\right]$$

가 성립한다. 이때 합은 하반평면 $\mathrm{Im}\,z<0$에 있는 유리형 함수 $F(z)$의 모든 극 $z_0 \in \mathbb{C}$ 위에서 취한다.

정리 2

z에 관한 유리형 함수 $F(z)$가 실수축 위에서 극을 가지지 않으며, 분모의 차수가 분자의 차수보다 1이 더 크면, $a>0$인 a에 대하여

$$\int_{-\infty}^{\infty} F(x)\cos ax\,dx = \mathrm{Re}\left[2\pi \mathrm{i} \sum_{\mathrm{Im}\,z>0}\mathrm{Res}\left(F(z)e^{iaz},\, z_0\right)\right]$$

$$\int_{-\infty}^{\infty} F(x)\sin ax\,dx = \mathrm{Im}\left[2\pi \mathrm{i} \sum_{\mathrm{Im}\,z>0}\mathrm{Res}\left(F(z)e^{iaz},\, z_0\right)\right]$$

가 성립한다. 이때 합은 상반평면 $\mathrm{Im}\,z>0$에 있는 유리형 함수 $F(z)$의 모든 극 $z_0 \in \mathbb{C}$ 위에서 취한다.

예제 적분 $\displaystyle\int_0^{\infty}\frac{x\sin ax}{x^2+b^2}\,dx$ (단, $a>0,\ b>0$)의 값을 구하시오.

풀이 복소함수 $F(z)=\dfrac{z}{z^2+b^2}$라 놓으면

$$\int_{-\infty}^{\infty}\frac{x\sin ax}{x^2+b^2}\,dx = \mathrm{Im}\left[2\pi i\,\mathrm{Res}\left(\frac{z e^{iaz}}{z^2+b^2},\, ib\right)\right]$$

$$= \text{Im}\left[2\pi i \lim_{z \to ib} \frac{z e^{iaz}}{z+ib}\right]$$

$$= \text{Im}\left(2\pi i \frac{ibe^{-ab}}{2ib}\right) = \pi e^{-ab}$$

가 성립한다. 그런데 피적분함수 $\dfrac{x \sin ax}{x^2+b^2}$가 우함수이므로

$$\int_0^{\infty} \frac{x \sin ax}{x^2+b^2}\, dx = \frac{\pi}{2} e^{-ab} \text{ (단, } a > 0,\ b > 0)$$

를 얻는다. ■

복소함수 $f(z)$가 실수축에 놓이는 유한개의 단순극 $x_1, x_2, \cdots, x_m$을 제외한 영역에서 해석적이고

$$\text{Im}\, z \geq 0,\ \ |z| \geq R,\ \ |f(z)| \leq \frac{M}{|z|^2}$$

을 만족하는 $R,\ M > 0$이 존재하면, 특이실적분 $\int_{-\infty}^{\infty} f(x)\, dx$가 존재하고

$$\int_{-\infty}^{\infty} f(x)\, dx = 2\pi i \sum \{\text{상반평면 상의 유수}\} + \pi i \sum \{x\text{-축 상의 유수}\}$$

가 성립한다.

참고 z에 관한 유리형 함수 $F(z)$가 실수축 위에서 극을 가지지 않으며, 분모의 차수가 분자의 차수보다 1이 더 크면, $a < 0$인 a에 대하여

$$\int_{-\infty}^{\infty} F(x) \cos ax\, dx = \text{Re}\left[-2\pi i \sum_{\text{Im}\, z<0} \text{Res}\left(F(z)e^{iaz},\ z_0\right)\right]$$

$$\int_{-\infty}^{\infty} F(x) \sin ax\, dx = \text{Im}\left[-2\pi i \sum_{\text{Im}\, z<0} \text{Res}\left(F(z)e^{iaz},\ z_0\right)\right]$$

이 성립한다. 이때 합은 하반평면 $\text{Im}\, z < 0$에 있는 유리형 함수 $F(z)$의 모든 극 $z_0 \in \mathbb{C}$ 위에서 취한다.

2. 유수정리를 이용한 수렴급수의 합 구하기

유수정리를 이용하여 수렴하는 급수의 합을 구할 수 있다.

정리 3

차수가 2 이상인 n차 복소다항식 $p(z)$에 대하여, 정수가 아닌 z_1, z_2, $\cdots$, z_n이 $p(z)$의 영점일 때

$$\sum_{n=-\infty}^{\infty} \frac{1}{p(n)} = -\sum_{j=1}^{n} \operatorname{Res}\left(\frac{\pi \cot \pi z}{p(z)},\ z_j\right)$$

$$\sum_{n=-\infty}^{\infty} \frac{(-1)^n}{p(n)} = -\sum_{j=1}^{n} \operatorname{Res}\left(\frac{\pi \csc \pi z}{p(z)},\ z_j\right)$$

가 성립한다.

예 복소함수 $f(z) = \dfrac{\pi \cot \pi z}{z^2}$에 대하여, $\operatorname{Res}\left(\dfrac{\pi \cot \pi z}{z^2},\ 0\right)$을 구해 보자.

$$\frac{\pi \cot \pi z}{z^2} = \frac{1}{z^3} - \frac{\pi^2}{3z} + \cdots$$

이므로, 복소함수 $f(z) = \dfrac{\pi \cot \pi z}{z^2}$는 $z = 0$에서 3-중극을 갖고

$$\operatorname{Res}\left(\frac{\pi \cot \pi z}{z^2},\ 0\right) = -\frac{\pi^2}{3}$$

으로 주어진다.

참고 0이 아닌 모든 정수 n에 대하여, 복소함수 $f(z) = \dfrac{\pi \cot \pi z}{z^2}$는 $z = n$에서 단순극을 가진다. 이때

$$\operatorname{Res}\left(\frac{\pi \cot \pi z}{z^2},\ n\right) = \frac{\pi \cot \pi z / n^2}{\pi \cot \pi z} = \frac{1}{n^2} \quad (\text{단, } n \in \mathbb{Z} \setminus \{0\})$$

로 주어진다.

예제 무한급수 $\displaystyle\sum_{n=0}^{\infty} \frac{(-1)^n}{(2n+1)^3}$의 합을 구하시오.

풀이 복소함수 $h(z) = \dfrac{\pi}{(2z+1)^3 \sin(\pi z)}$는 $z_0 = -\dfrac{1}{2}$에서 3-중극을 가지므로

$$\operatorname{Res}\left(h(z),\ -\frac{1}{2}\right) = -\frac{\pi^3}{16}$$

이다. 왜냐하면

$$\begin{aligned}\operatorname{Res}\left(h(z), -\frac{1}{2}\right) &= \frac{1}{2}\lim_{z\to -\frac{1}{2}} \frac{d^2}{dz^2}\left(z+\frac{1}{2}\right)^3 h(z)\\ &= \frac{1}{2}\lim_{z\to -\frac{1}{2}} \frac{d^2}{dz^2}\left(\frac{\pi}{8}\frac{1}{\sin(\pi z)}\right)\\ &= \frac{1}{2}\left(-\frac{\pi^3}{8}\right) = -\frac{\pi^3}{16}\end{aligned}$$

이기 때문이다. 따라서

$$\sum_{n=-\infty}^{\infty} \frac{(-1)^n}{(2n+1)^3} = -\operatorname{Res}\left(h(z), -\frac{1}{2}\right)$$

이므로, $\displaystyle\sum_{n=-\infty}^{\infty} \frac{(-1)^n}{(2n+1)^3} = \frac{\pi^3}{16}$ 이다. 그런데

$$\begin{aligned}\sum_{n=-\infty}^{\infty} \frac{(-1)^n}{(2n+1)^3} &= \cdots - \frac{1}{(-5)^3} + \frac{1}{(-3)^3} - \frac{1}{(-1)^3} + \frac{1}{1^3} - \frac{1}{3^3} + \frac{1}{5^3} - \cdots\\ &= 2\left(\frac{1}{1^3} - \frac{1}{3^3} + \frac{1}{5^3} - \cdots\right)\\ &= 2\sum_{n=0}^{\infty} \frac{(-1)^n}{(2n+1)^3}\end{aligned}$$

이므로

$$\sum_{n=0}^{\infty} \frac{(-1)^n}{(2n+1)^3} = \frac{\pi^3}{32}$$

으로 주어진다. ■

예제 무한급수 $L = \displaystyle\sum_{n=0}^{\infty} \frac{1}{n^2+1}$ 의 합을 구하시오.

풀이 $L = \displaystyle\sum_{n=0}^{\infty} \frac{1}{n^2+1}$ 이므로, $L = \displaystyle\sum_{n=-\infty}^{0} \frac{1}{n^2+1}$ 이다. 따라서

$$\sum_{n=-\infty}^{\infty} \frac{1}{n^2+1} = \sum_{n=-\infty}^{0} \frac{1}{n^2+1} + \sum_{n=0}^{\infty} \frac{1}{n^2+1} - 1 = 2L - 1$$

이 성립한다. 그런데 복소함수 $f(z) = \dfrac{1}{z^2+1}$ 이 $\pm i$를 단순극으로 가지므로

$$\sum_{n=-\infty}^{\infty} \frac{1}{n^2+1} = -\pi\left[\operatorname{Res}\left(\frac{\cot \pi z}{z^2+1},\, i\right) + \operatorname{Res}\left(\frac{\cot \pi z}{z^2+1},\, -i\right)\right]$$
$$= -\pi\left[\frac{\cot \pi i}{2i} + \frac{\cot(-\pi i)}{-2i}\right]$$
$$= \pi i \cot \pi i = \pi \coth \pi$$

를 얻는다. 그러므로

$$2L-1 = \pi \coth \pi, \text{ 즉 } L = \frac{1}{2} + \frac{\pi}{2}\coth \pi \approx 2.0767$$

이 된다. ■

연습문제 6.3 EXERCISES

1. 다음 적분값을 구하시오.

(1) $\displaystyle\int_0^{2\pi} \sin(\exp e^{i\theta})\, d\theta$　　　　(2) $\displaystyle\int_{-\infty}^{\infty} \frac{\cos ax}{x^2+1}\, dx$ (단, $a \in \mathbb{R}$)

2. C_r이 반지름이 r인 상반반원일 때, 복소함수 $f(z) = \dfrac{e^{iz}}{z}$의 단순극 $z=0$에서

$$\lim_{r \to 0} \int_{C_r} \frac{e^{iz}}{z}\, dz = -\pi i \operatorname{Res}\left(\frac{e^{iz}}{z},\, 0\right) = -\pi i$$

가 성립함을 보이시오.

3. $R>0$에 대하여, $C_R : Re^{it}$ (단, $0 \le t \le \pi$)이고 곡선이 $C = C_R \cup [-R, R]$로 주어질 때

$$\int_{-\infty}^{\infty} \frac{1}{(1+x^2)^2}\, dx$$

의 값을 구하시오.

4. 다음 적분값을 구하시오.

(1) $\displaystyle\int_{-\infty}^{\infty} \frac{x^2}{x^4+1}\,dx$

(2) $\displaystyle\int_{0}^{\infty} \frac{\cos x}{x^2+b^2}\,dx$ (단, $b>0$)

(3) $\displaystyle\int_{1}^{\infty} \frac{1}{x\sqrt{x^2-1}}\,dx$

5. 무한급수 $\displaystyle\sum_{n=1}^{\infty} \frac{1}{n^2}$의 합을 구하시오.

제7장 조화함수와 등각사상

7.1 조화함수의 응용

여기서는 포텐셜 이론이라고 불리는 조화함수에 대한 성질을 이해한다.

1. 조화함수

정의 1 조화함수

복소평면 $\mathbb{C}$에 대하여 영역 $\Omega \subset \mathbb{C}$의 모든 점에서 연속인 이계편도함수를 갖고, 라플라스 방정식

$$\frac{\partial^2 u}{\partial x^2} + \frac{\partial^2 u}{\partial y^2} = 0$$

을 만족하는 실함수 $u(x, y)$를 Ω에서 **조화함수**라고 한다.

참고 실함수 $u(x, y)$가 단순연결영역 $\Omega \subset \mathbb{C}$에서 정의된 조화함수이면, 복소함수

$$f(z) = u(x, y) + i\,v(x, y)$$

가 Ω에서 해석함수가 되도록 하는 Ω에서 정의된 실조화함수 $v(x, y)$가 존재한다.

예제 실함수 $u(z) = u(x, y)$가 영역 $\Omega \subset \mathbb{C}$에서 정의된 조화함수이면, 복소함수

$$g(z) = \frac{\partial u(z)}{\partial x} - i\,\frac{\partial u(z)}{\partial y}$$

는 코시-리만 방정식을 만족한다.

증명 복소함수 $g(z) = U(x, y) + i\,V(x, y)$에 대하여, $U = u_x$, $V = -u_y$라 하자. 그러면

$$U_x = u_{xx}, \quad V_y = -u_{yy}$$

이므로, $\Delta u = u_{xx} + u_{yy} = 0$이다. 따라서 $U_x = V_y$가 된다. 또한

$$U_y = u_{xy}, \quad V_x = -u_{yx} = -u_{xy}$$

이므로, $U_y = -V_x$이다. 따라서 복소함수 $g(z)$는 코시-리만 방정식을 만족한다. ■

정리 2

$\mathbb{C}$가 복소평면일 때, 실함수 $u(z)=u(x, y)$가 단순영결영역 $\Omega \subset \mathbb{C}$에서 정의된 조화함수이면

$$\operatorname{Re} f(z)=u(z)$$

를 만족하는 Ω에서 정의된 해석함수 $f(z)=u(x, y)+iv(x, y)$가 존재한다.

증명 $g(z)=\dfrac{\partial u(z)}{\partial x}-i\dfrac{\partial u(z)}{\partial y}$가 코시-리만 방정식을 만족하고 연속인 이계편도함수를 가지므로, 복소함수 $g(z)$는 해석적이다. 따라서 임의의 고정된 $z_0 \in \Omega$에 대하여

$$f(z)=u(z_0)+\int_{z_0}^{z}\left[\frac{\partial u(\zeta)}{\partial x}-i\frac{\partial u(\zeta)}{\partial y}\right]d\zeta$$

로 복소함수 $f(z)$를 정의하면, $\Omega \subset \mathbb{C}$가 단순연결영역이므로 z_0에서 z까지의 임의의 곡선을 따라서 적분하여도 적분값은 모두 같다. 그러므로 원시함수의 존재성과 코시-구르사 정리의 동치조건에 의해, 복소함수 $f(z)$는 해석적이고

$$f'(z)=\frac{\partial u(z)}{\partial x}-i\frac{\partial u(z)}{\partial y}$$

가 된다. 그런데 일반적으로

$$f'(z)=\frac{\partial \operatorname{Re} f(z)}{\partial x}-i\frac{\partial \operatorname{Re} f(z)}{\partial y}$$

이므로, 두 실함수 $u(z)$와 $\operatorname{Re} f(z)$는 같은 편도함수를 갖고 $\operatorname{Re} f(z_0)=u(z_0)$를 만족한다. 따라서

$$\operatorname{Re} f(z)=u(z)$$

가 성립한다. ■

정리 2에서 Ω가 복소평면 $\mathbb{C}$에서 단순연결영역이라는 조건은 필수적이다.

예제 $u(z)=u(x, y)=\dfrac{1}{2}\log(x^2+y^2)$은 영역 $\mathbb{C}\setminus\{0\}$에서 조화함수이지만, 해석함수의 실수부가 될 수 없다.

증명 복소함수 $f(z)=u(x, y)+iv(x, y)$가 영역 $\mathbb{C}\setminus\{0\}$에서 해석적이라고 하자. 그러면 영역 $\mathbb{C}\setminus\{t \in \mathbb{R} : t \le 0\}$에서 정의된 복소함수

$$F(z)=u(x,\,y)+iv(x,\,y)-\mathrm{Log}\,z$$

는 해석적이고, 실수부는 0이 된다. 그러므로 열린사상정리를 적용하면

$$u(x,\,y)+iv(x,\,y)=\mathrm{Log}\,z+c\ (\text{단, } c\text{는 복소상수})$$

가 된다. 그러나 복소로그함수 $\mathrm{Log}\,z$는 영역 $\mathbb{C}\setminus\{0\}$ 전체에서 정의될 수 없다. ■

참고 복소함수 $f(z)=u(x,\,y)+iv(x,\,y)$가 영역 $\Omega\subset\mathbb{C}$에서 해석적이면, 두 실함수

$$\mathrm{Re}\,f(z)=u(x,\,y),\ \ \mathrm{Im}\,f(z)=v(x,\,y)$$

는 모두 Ω에서 조화함수이다.

예 복소함수 $f(z)=z^2$은 복소평면 $\mathbb{C}$ 위에서 해석적이므로

$$u=\mathrm{Re}\,(z^2)=x^2-y^2,\quad v=\mathrm{Im}\,(z^2)=2xy$$

는 $\mathbb{C}$에서 조화함수가 된다.

정의 3 켤레조화함수

$\mathbb{C}$가 복소평면일 때, 영역 $\Omega\subset\mathbb{C}$에서 정의된 조화함수 $u(x,\,y)$에 대하여 복소함수

$$f(z)=u(x,\,y)+iv(x,\,y)$$

가 해석적이면, 실함수 $v(x,\,y)$를 조화함수 $u(x,\,y)$의 **켤레조화함수** 또는 **공액조화함수**라고 한다.

실함수 $u(x,\,y)$가 단순영결영역 $\Omega\subset\mathbb{C}$에서 정의된 조화함수이면 $u(x,\,y)$의 켤레조화함수 $v(x,\,y)$가 Ω에서 존재한다. 이때 복소함수 $f(z)=u(x,\,y)+iv(x,\,y)$는 단순영결영역 $\Omega\subset\mathbb{C}$에서 해석적이다.

예제 복소평면 $\mathbb{C}$에서 정의된 실함수 $u(x,\,y)=e^x\cos y$가 조화함수임을 보이고, $u(x,\,y)$의 켤레조화함수 $v(x,\,y)$를 구하시오.

풀이 복소평면 $\mathbb{C}$에서

$$u_x=e^x\cos y,\quad u_y=-e^x\sin y,\quad u_{xx}=e^x\cos y,\quad u_{yy}=-e^x\cos y$$

이므로, $u \in C^1(\mathbb{R}^2)$이고 $\Delta u = u_{xx} + u_{yy} = 0$이다. 따라서 실함수 $u(x, y)$는 복소평면 $\mathbb{C}$에서 조화함수이다. 이제 실함수 $u(x, y)$의 켤레조화함수 $v(x, y)$를 구해 보자.

$$u_x = v_y = e^x \cos y$$

이므로, $v(x, y) = e^x \sin y + \phi(x)$이다. 그런데

$$v_x = e^x \sin y + \phi'(x) = -u_y = e^x \sin y$$

이므로, $\phi'(x) = 0$이다. 따라서

$$\phi(x) = c \text{ (단, } c\text{는 실수 상수)}$$

이다. 그러므로 실함수 $u(x, y)$의 켤레조화함수 $v(x, y)$는

$$v(x, y) = 2xy + c \text{ (단, } c\text{는 실수 상수)}$$

로 주어진다. ■

참고 실함수 $u(x, y)$가 $z_0 = (x_0, y_0)$의 열린원판 $N(z_0, \varepsilon)$에서 조화함수이면, $N(z_0, \varepsilon)$에서 $u(x, y)$의 켤레조화함수 $v(x, y)$가 정의된다. 이때 복소함수

$$f(z) = u(x, y) + iv(x, y)$$

는 열린원판 $N(z_0, \varepsilon)$에서 해석적이다.

정리 4

복소평면 $\mathbb{C}$에 대하여 실함수 $u(x, y)$가 단순연결영역 $\Omega \subset \mathbb{C}$에서 조화함수일 때, 선적분

$$v(x, y) = \int_C u_x\,dy - u_y\,dx$$

는 Ω에서 조화함수이며, 복소함수 $f(z) = u(x, y) + iv(x, y)$는 Ω에서 해석적이다. 이때 실함수 $v(x, y)$는 $u(x, y)$의 켤레조화함수이다. 여기서 C는 $z_0 = (x_0, y_0)$에서 $z = (x, y)$로 연결하는 임의의 경로이다.

예 $\mathbb{C}$가 복소평면일 때, 단순연결영역 $\Omega \subset \mathbb{C}$에서 정의된 실함수 $u(x, y) = x^2 - y^2$의 켤레조화함수를 구해 보자. 실함수 $u(x, y)$가 복소평면 $\mathbb{C}$에서 조화함수이므로,

$u(x, y)$의 조화켤레함수 $v(x, y)$는

$$v(x, y) = \int u_x\, dy - u_y\, dx = \int 2x\, dy + 2y\, dx$$
$$= 2\int d(xy) = 2xy + k \text{ (단, } k\text{는 임의 상수)}$$

로 주어진다.

예 함수 $u(x, y) = \dfrac{x}{x^2+y^2}$에 대하여, 해석함수 $f(z) = u(z) + iv(z)$는 $z \neq 0$인 모든 z에 대하여

$$f(z) = \frac{x}{x^2+y^2} - i\frac{y}{x^2+y^2}, \text{ 즉 } f(z) = \frac{1}{z}$$

로 주어진다.

2. 조화함수의 응용

정리 5 조화함수에 대한 평균값정리

$\mathbb{C}$가 복소평면일 때, 영역 $\Omega \subset \mathbb{C}$에서 정의된 조화함수 $u(z)$에 대하여 $\overline{D(z_0, r)} \subset \Omega$이면

$$u(z_0) = \frac{1}{2\pi}\int_{-\pi}^{\pi} u(z_0 + re^{it})\, dt$$

가 성립한다.

증명 닫힌원판 $\overline{D(z_0, r)}$가 영역 $\Omega \subset \mathbb{C}$에 포함되면, $\overline{D(z_0, r)} \subset D(z_0, \rho) \subset \Omega$를 만족하는 $\rho > 0$가 존재한다. 이때 열린원판 $D(z_0, \rho)$는 단순연결영역이므로, 정리 2에 의해 $u(z)$를 실수부로 갖는 해석함수 $f(z)$를 $D(z_0, \rho)$에서 정의할 수 있다. 따라서 가우스 평균값 정리에 의해

$$f(z_0) = \frac{1}{2\pi}\int_{-\pi}^{\pi} f(z_0 + re^{it})\, dt$$

가 성립한다. 따라서 양변의 실수부를 택하면

$$u(z_0) = \frac{1}{2\pi}\int_{-\pi}^{\pi} u(z_0 + re^{it})\, dt$$

를 얻는다. ■

보조정리 6

$\mathbb{C}$가 복소평면일 때 영역 $\Omega \subset \mathbb{C}$에서 정의된 조화함수 $u(z)$가 $z_0 \in \Omega$에서 극댓값을 가지면, $u(z)$는 적당한 열린원판 $D(z_0, R)$에서 상수함수이다.

증명 조화함수 $u(z)$가 $z_0 \in \Omega$에서 극댓값을 가지면, 적당한 열린원판 $D(z_0, R)$에서 $u(z_0)$는 최댓값이 된다. 그런데 임의의 $0 < r < R$에 대하여

$$u(z_0) - u(z_0 + re^{it}) \geq 0, \quad \int_{-\pi}^{\pi} \left[u(z_0) - u(z_0 + re^{it})\right] dt = 0$$

이고, $g(t) = u(z_0) - u(z_0 + re^{it})$로 정의된 함수 $g(t)$가 연속이므로, 임의의 $t \in [-\pi, \pi]$에 대하여

$$u(z_0) = u(z_0 + re^{it})$$

가 성립한다. 따라서 조화함수 $u(z)$는 열린원판 $D(z_0, R)$에서 상수함수이다. ■

예제 영역 $\Omega \subset \mathbb{C}$에서 정의된 조화함수 $u : \Omega \to \mathbb{R}$ 에 대하여

$$u(z_0) = \inf\{u(z) : z \in D(z_0, r_0)\}$$

를 만족하는 열린원판 $D(z_0, r_0) \subset \Omega$가 존재하면, $u(z)$는 Ω에서 상수함수이다.

증명 보조정리 6에서, u 대신에 $-u$를 적용하면 결과가 유도된다. ■

정리 7 조화함수에 대한 최댓값 원리

복소평면 $\mathbb{C}$에 대하여 실함수 $u(z)$가 유계영역 $\Omega \subset \mathbb{C}$에서 조화함수이고, $\overline{\Omega} = \Omega \cup \partial\Omega$에서 연속이면

$$\max\{u(z) : z \in \overline{\Omega}\} = \max\{u(z) : z \in \partial\Omega\}$$

가 성립한다.

증명 $\Omega \subset \mathbb{C}$가 유계이고 실함수 $u(z)$가 $\overline{\Omega}$에서 연속이므로, $M = \max_{z \in \overline{\Omega}} u(z)$가 존재한다. 이때

$$A = \{z \in \Omega : u(z) = M\}, \; B = \{z \in \Omega : u(z) < M\}$$

로 정의하면, $A \cup B = \Omega$이고 $A \cap B = \varnothing$가 된다. 따라서 A 또는 B가 공집합 $\varnothing$임

을 밝히면 증명이 완료된다. 왜냐하면 $A=\varnothing$이면 최댓값이 $\partial\Omega$에서 얻어지고, $B=\varnothing$이면 실함수 $u(z)$가 상수함수가 되기 때문이다.

먼저 유계영역 $\Omega\subset\mathbb{C}$ 위의 수열 $\langle\zeta_n\rangle$이 ζ_0에 수렴한다고 가정하자. 만일 각 $n=1, 2, \cdots$에 대하여 $\zeta_n\in A$이면, 실함수 $u(z)$가 연속이므로, $\zeta_0\in A$이다. 역으로 $\zeta_0\in A$이면 실함수 $u(z)$가 $z=\zeta_0$에서 극댓값을 가지므로, 보조정리 6에 의해서 충분히 큰 n에 대하여 $\zeta_n\in A$이다. 따라서 $\zeta_n\in A$이면 $\zeta_0\in A$이고, $\zeta_n\in B$이면 $\zeta_0\in B$이다.

이제 실함수 $h(z)$를

$$h(z)=\begin{cases}1 & , z\in A\\ 0 & , z\in B\end{cases}$$

로 정의하자. 그러면 실함수 $h(z)$는 유계영역 $\Omega\subset\mathbb{C}$에서 연속이므로, 항등정리에 의하여 A 또는 B가 공집합 $\varnothing$가 된다. ■

참고 유계영역 $\Omega\subset\mathbb{C}$에서 정의된 조화함수 $u:\Omega\to\mathbb{R}$가 연속이면

$$\min\{u(z): z\in\overline{\Omega}\}=\min\{u(z): z\in\partial\Omega\}$$

가 성립한다.

예제 유계영역 $\Omega\subset\mathbb{C}$에서 정의된 조화함수 $u(z)$는 그 경계 $\partial\Omega$에서의 함숫값에 의해 완전히 결정된다.

증명 유계영역 $\Omega\subset\mathbb{C}$에서 정의된 조화함수 $u(z)$가 $\overline{\Omega}$에서 연속이고 $\partial\Omega$에서 $u(z)=0$이라 가정하면, 조화함수에 대한 최댓값 원리에 의하여 $u(z)\le 0$이다. $-u(z)$ 또한 조화함수이므로, $-u(z)\le 0$이다. 따라서 $u=0$이 된다. 그러므로 유계영역 $\Omega\subset\mathbb{C}$에서 정의된 조화함수 $u(z)$와 $v(z)$가 $\overline{\Omega}$에서 연속이고 $\partial\Omega$에서 $u(z)=v(z)$이면 $u=v$임을 알 수 있다. ■

따름정리

복소평면 $\mathbb{C}$에 대하여 실함수 $u(z)$가 유계영역 $\Omega\subset\mathbb{C}$에서 조화함수이고, $\overline{\Omega}=\Omega\cup\partial\Omega$에서 연속이면

(1) $\max\{u(z): z\in\Omega\}=\max\{u(z): z\in\partial\Omega\}$

(2) $\min\{u(z): z\in\Omega\}=\min\{u(z): z\in\partial\Omega\}$

가 성립한다.

유계영역 $\Omega \subset \mathbb{C}$에서 정의된 조화함수 $u : \Omega \to R$에 대하여, $u(z)$가 Ω에서 상수함수가 아니면, $u(z)$는 최댓값과 최솟값을 Ω의 경계, 즉 $\partial\Omega$에서 갖는다.

정리 8 푸아송 적분공식 (Poisson's integral formula)

$\mathbb{C}$가 복소평면일 때, 닫힌원판 $\overline{D}(z_0, R)$을 포함하는 영역 $\Omega \subset \mathbb{C}$에서 정의된 조화함수 $u(z)$와 임의의 $0 \le r < R$에 대하여

$$\begin{aligned} u(z_0 + re^{i\theta}) &= \frac{1}{2\pi}\int_{-\pi}^{\pi} P_{r/R}(\theta - t)\, u(z_0 + Re^{it})\, dt \\ &= \frac{1}{2\pi}\int_{-\pi}^{\pi} \frac{R^2 - r^2}{R^2 - 2rR\cos(\theta - t) + r^2}\, u(z_0 + Re^{it})\, dt \end{aligned}$$

가 성립한다.

증명 단위닫힌원판 $\overline{\Delta} = \overline{D}(0, 1)$을 포함하는 영역 $\Omega \subset \mathbb{C}$에서 정의된 해석함수 $f(z)$를 생각하자. 그러면 단위열린원판 $\Delta = D(0, 1)$에 대하여 $z_0 \in \Delta = D(0, 1)$일 때, 코시 적분공식을 적용하여

$$f(z_0) = \frac{1}{2\pi i}\int_{|z|=1} \frac{f(z)}{z - z_0}\, dz$$

를 얻는다. 이때 선형분수변환 $\phi_{z_0}(z) = \dfrac{z - z_0}{1 - \overline{z_0}\, z}$에 대하여, 일차분수함수 g_{z_0}를

$$g_{z_0} = -\phi_{z_0},\ \text{즉}\ g_{z_0} = -\phi_{z_0}(z) = \frac{z - z_0}{\overline{z_0}\, z - 1}$$

로 정의한다. 그러면 일차분수함수 g_{z_0}는 $\mathbb{C} \setminus \left\{\dfrac{1}{\overline{z_0}}\right\}$에서 $\left\{\dfrac{1}{\overline{z_0}}\right\}$로의 일대일 대응으로써 0은 z_0로 대응되고, 단위원은 단위원으로 대응되며

$$g_{z_0}^{-1} = g_{z_0},\ \text{즉}\ g_{z_0}(g_{z_0}(z)) = z$$

를 만족한다. 따라서 새로운 해석함수 $f \circ g_{z_0}$에 코시 적분공식을 적용하면

$$f(z_0) = (f \circ g_{z_0})(0) = \frac{1}{2\pi i}\int_{C : |z|=1} (f \circ g_{z_0})(z)\, \frac{dz}{z}$$

를 얻는다. 이제 단위원 $C : |z| = 1$을 $z(t) = g_{z_0}(e^{it})$ (단, $-\pi \le t \le \pi$)로 매개변수화하면

$$(f \circ g_{z_0})(z(t)) = f(e^{it}), \quad \frac{z'(t)}{z(t)} = i\,\frac{1-|z_0|^2}{|1-\overline{z_0}\,e^{it}|^2}$$

이므로

$$f(z_0) = \frac{1}{2\pi}\int_{-\pi}^{\pi} f(e^{it})\,\frac{1-|z_0|^2}{|1-\overline{z_0}\,e^{it}|^2}\,dt \tag{1}$$

이 된다. 따라서 함수공간 $\{P_r : 0 \le r < 1\}$을

$$P_r(t) = \frac{1-r^2}{1-2r\cos t + r^2} \text{ (단, } 0 \le r < 1,\ -\pi \le t \le \pi)$$

으로 정의하면, 등식 (1)을

$$f(re^{i\theta}) = \frac{1}{2\pi}\int_{-\pi}^{\pi} P_r(\theta - t)\,f(e^{it})\,dt \text{ (단, } 0 \le r < 1) \tag{2}$$

로 변형할 수 있다. 따라서

$$\overline{f(re^{i\theta})} = \frac{1}{2\pi}\int_{-\pi}^{\pi} P_r(\theta - t)\,\overline{f(e^{it})}\,dt \text{ (단, } 0 \le r < 1)$$

가 성립한다.

(i) 조화함수 $u(z)$가 단위닫힌원판 $\overline{\Delta} = \overline{D}(0, 1)$을 포함하는 영역 $\Omega \subset \mathbb{C}$에서 정의되어 있으면, $\overline{\Delta} \subset D(0, 1+\varepsilon) \subset \Omega$를 만족하는 $\varepsilon > 0$을 택할 수 있고, 열린 원판 $D(0, 1+\varepsilon)$은 단순연결영역이므로 실함수 $u(z)$를 실수부로 가지는 해석함수 $f(z)$를 $D(0, 1+\varepsilon)$에서 정의할 수 있다. 이 해석함수 $f(z)$는 등식 (2)를 만족하고, 이 등식의 실수부를 취하면

$$u(re^{i\theta}) = \frac{1}{2\pi}\int_{-\pi}^{\pi} P_r(\theta - t)\,u(e^{it})\,dt \text{ (단, } 0 \le r < 1) \tag{3}$$

를 얻는다.

(ii) 실함수 $u(z)$가 닫힌원판 $\overline{D}(z_0, R)$을 포함하는 영역에서 정의된 조화함수이면, 새로운 조화함수 $z \mapsto u(z_0 + Rz)$에 등식 (3)을 적용함으로써, 임의의 $0 \le r < R$에 대하여

$$\begin{aligned} u(z_0 + re^{i\theta}) &= \frac{1}{2\pi}\int_{-\pi}^{\pi} P_{r/R}(\theta - t)\ u(z_0 + Re^{it})\,dt \\ &= \frac{1}{2\pi}\int_{-\pi}^{\pi} \frac{R^2 - r^2}{R^2 - 2rR\cos(\theta - t) + r^2}\ u(z_0 + Re^{it})\,dt \end{aligned}$$

를 얻는다. ■

정의 9　푸아송 핵

$z \in D(0,\ R)$와 $\xi \in \partial D(0,\ R)$에 대하여

$$P_z(\xi) = \frac{1}{2\pi}\frac{|\xi|^2 - |z|^2}{|\xi - z|^2}$$

를 열린원판 $D(0,\ R)$에 관한 **푸아송 핵** (Possion Kernel)이라고 한다.

참고　푸아송 핵을 극좌표로 표현하면

$$P_{re^{i\eta}}(Re^{i\theta}) = \frac{1}{2\pi}\frac{R^2 - r^2}{|Re^{i\theta} - re^{i\eta}|} = \frac{1}{2\pi}\frac{R^2 - r^2}{R^2 - 2rR\cos(\theta - \eta) + r^2}$$

으로 주어진다. 따라서 임의의 $0 < r < R$과 임의의 $\eta,\ \theta \in [0,\ 2\pi]$에 대하여

$$P_{re^{i\eta}}(Re^{i\theta}) > 0$$

가 성립한다.

예　$\xi = Re^{i\theta}$이고, $z = re^{i\eta}$이면

$$P_{re^{i\eta}}(Re^{i\theta}) = \frac{1}{2\pi}\mathrm{Re}\left(\frac{\xi + z}{\xi - z}\right) = \frac{1}{2\pi}\mathrm{Re}\left(\frac{Re^{i\theta} + re^{i\eta}}{Re^{i\theta} - re^{i\eta}}\right)$$

이다. 왜냐하면

$$\frac{\xi + z}{\xi - z} = \frac{\xi + z}{\xi - z}\frac{\bar{\xi} - \bar{z}}{\bar{\xi} - \bar{z}} = \frac{|\xi|^2 - |z|^2 + (\bar{\xi}z - \xi\bar{z})}{|\xi - z|^2}$$

가 성립하기 때문이다.

예　상수함수 $u(z) = 1$이 조화함수이므로

$$\frac{1}{2\pi}\int_0^{2\pi} P_z(Re^{i\theta})\,d\theta = \frac{1}{2\pi}\int_0^{2\pi}\frac{R^2 - |z|^2}{|Re^{i\theta} - z|^2}\,d\theta = 1$$

이 된다.

연습문제 7.1 EXERCISES

1. 복소평면 $\mathbb{C}$에 대하여, 단순영결영역 $\Omega \subset \mathbb{C}$에서 $v(x, y)$가 실함수 $u(x, y)$의 켤레조화함수이면, $-u(x, y)$가 $v(x, y)$의 켤레조화함수임을 보이시오.

2. 디리클레 문제 (Dirichlet's problem) : 주어진 단위열린원판 $D = \{z \in \mathbb{C} : |z| < 1\}$에 대하여, 실함수 $f(z)$가 ∂D에서 연속이면

$$u(z) = \begin{cases} \dfrac{1}{2\pi} \displaystyle\int_0^{2\pi} f(e^{i\theta}) \frac{1-|z|^2}{|z-e^{i\theta}|^2} \, d\theta & , \ z \in D \\ f(z) & , \ z \in \partial D \end{cases}$$

로 정의된 실함수 $u(z)$는 단위닫힌원판 $\overline{D}$에서 연속이고, D에서는 조화함수임을 보이시오.

3. 복소평면 $\mathbb{C}$에 대하여, 영역 $\Omega \subset \mathbb{C}$에서 실함수 $u(x, y)$의 켤레조화함수 $v(x, y)$는 상수 차이를 무시하면 유일하게 결정됨을 보이시오.

7.2 등각사상

여기서는 등각사상의 성질 중 슈바르츠 보조정리, 슈바르츠-픽 보조정리, 선형분수변환, 리만 사상정리 등을 설명한다.

1. 사상으로서 복소함수

복소함수 $w=f(z)$를 z-평면으로부터 w-평면으로의 사상으로 간주하여, 이 사상에 의해 z-평면 위에 있는 어떤 집합이 w-평면 위의 어떤 집합으로 변화되는가를 살펴본다.

예제 사상 $w=z^2$에 의한 z-평면 위에 있는 허수축에 평행한 직선 $x=c$ (단, $c\neq 0$)의 상을 구하시오.

풀이

$$w=u+iv=(x+iy)^2=x^2-y^2+2ixy$$

이므로

$$u=x^2-y^2,\ v=2xy$$

이다. 그런데 $x=c$이므로 $u=c^2-y^2$, $v=2cy$가 된다. 이때 $c\neq 0$이므로 $y=\dfrac{v}{2c}$ 로부터

$$u=c^2-\frac{v^2}{4c^2}$$

을 얻는다. 따라서 사상 $w=z^2$에 의한 z-평면 위에 있는 직선 $x=c$ (단, $c\neq 0$)의 상은 $u=c^2-\dfrac{v^2}{4c^2}$, 즉 w-평면 위에서 원점이 초점이고, 준선은 $u=2c^2$이며 u-축을 대칭축으로 가지고 왼쪽으로 열려 있는 포물선이 된다. ■

예제 사상 $w=z^2$에 의한 원점을 중심으로 가지는 z-평면 위에 있는 원의 상을 구하시오.

풀이 $z=re^{i\theta}$이면, $w=r^2e^{2i\theta}$이다. 즉 $w=z^2$에 의해 $|z|$은 제곱으로 되고, $\arg z$는 두 배가 된다. 이때 원 $|z|=r$의 상은 w-평면 위에서 두 번 겹쳐서 그려진다. 왜냐하면 $0\leq \arg z\leq 2\pi$이면 $0\leq \arg z^2\leq 4\pi$가 되기 때문이다. 이 사상은 단사가 아니다.

■

2. 등각사상

(1) 등각사상

방향이 주어진 단순곡선 C_1과 C_2가 점 z_0에서 서로 만날 때, 각각은 z_0에서 유일한 접선을 가진다. 이때 z_0에서 C_1과 C_2 사이의 각은 z_0에서 두 접선 T_1과 T_2 사이의 각 θ로 정의된다. 각을 측정하는 방법은 각의 방향(orientation 또는 sense)을 결정한다. 각의 방향은 T_1으로부터 T_2까지, 또는 T_2로부터 T_1까지로 측정할 수 있다.

정의 1 등각사상

복소평면 $\mathbb{C}$에 대하여 $f(z)$가 영역 $\Omega \subset \mathbb{C}$에서 정의된 복소함수이고, $z_0 \in \Omega$라 하자. 이때

(1) $\Omega \subset \mathbb{C}$에서의 임의의 곡선 $z(t)$가 t_0에서 미분가능하고

$$z(t_0) = z_0,\ v = \dot{z}(t_0) \neq 0$$

(2) 곡선 $f(z(t))$가 t_0에서 미분가능하고 $u = \dot{f}(z(t_0))$

라고 하자. 그러면

$$|u| = r|v|,\ \arg u = \arg v + \theta \pmod{2\pi}$$

를 만족하는 $\theta \in [0, 2\pi)$와 $r > 0$이 존재할 때, 복소함수 $f(z)$를 $z_0 \in \Omega$에서 **등각적** (conformal) 또는 **등각사상**(conformal mapping)이라고 한다. 여기서 $z_0 = z(t_0)$이다.

복소평면 $\mathbb{C}$에 대하여, 복소함수 $f(z)$가 영역 $\Omega \subset \mathbb{C}$ 위의 모든 점 z_0에서 등각사상이면, $f(z)$를 Ω 위에서 **등각함수**라고 한다. 등각사상은 각의 크기뿐만 아니라 방향도 보존하는 사상이다.

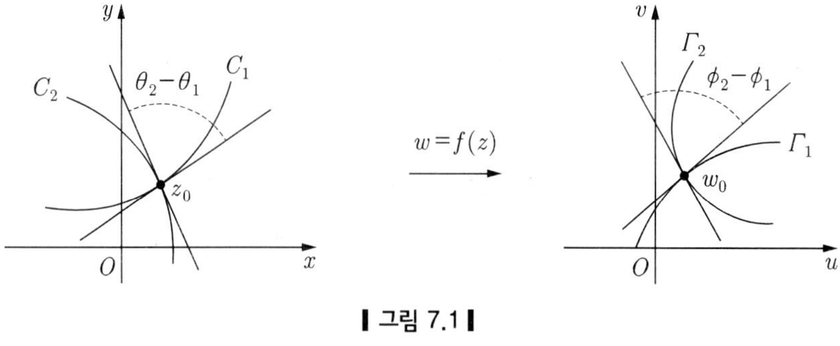

그림 7.1

예 복소함수 $f(z)=e^z$는 모든 $z \in \mathbb{C}$에서 등각사상이다. 왜냐하면 $f(z)=e^z$는 모든 $z \in \mathbb{C}$에서 해석적이고, 또한 도함수 $f'(z)=e^z$는 모든 $z \in \mathbb{C}$에서 0이 아니기 때문이다.

예제 복소함수 $f(z)=\frac{1}{z}$은 0이 아닌 모든 복소수에서 등각사상이다.

증명 복소함수 $f(z)=\frac{1}{z}$은 $z=0$에서 극을 갖고, 0이 아닌 모든 복소수에서

$$f'(z)=-\frac{1}{z^2}\neq 0$$

이므로, $f(z)=\frac{1}{z}$은 0이 아닌 모든 복소수에서 등각사상이다. ■

참고 점 $z_0 \in \Omega$에서 서로 만나는 두 개의 단순곡선 C_1과 C_2에 대하여 z_0에서 C_1, C_2 사이의 각과 $f(z_0) \in \mathbb{C}$에서 $f(C_1)$, $f(C_2)$ 사이의 각이 같을 때, 복소함수 $f(z)$를 z_0에서 등각사상이라고 한다. 여기서 두 각은 모두 같은 방향으로 측정된다.

정리 2

복소평면 $\mathbb{C}$에 대하여 영역 $\Omega \subset \mathbb{C}$에서 정의된 복소함수 $f(z)$가 해석적이고 $f'(z_0)\neq 0$이면, $f(z)$는

$$\theta=\arg f'(z_0),\ \ r=|f'(z_0)|$$

으로 주어지는 Ω 위의 모든 점 z_0에서 등각사상이다.

증명 $u=f'(z_0)\dot{z}(t_0)=f'(z_0)v$라고 하자. 그러면

$$|u|=|f'(z_0)||v|,\quad \arg u=\arg f'(z_0)+\arg v\ (\mathrm{mod}\ 2\pi)$$

가 성립한다. ■

예 사상 $w=e^z$는 복소평면 $\mathbb{C}$ 위의 모든 점에서 등각사상이다. 이 함수는 z-평면 위의 실수축을 w-평면 위의 양의 실수축으로, z-평면 위의 허수축을 w-평면 위의 단위원 위로 사상한다. 따라서 z-평면의 제1사분면에 있는 좌표축 사이의 직각은 w-평면의 제1사분면에 있는 양의 실수축과 단위원 사이의 직각으로 변환된다.

(2) 기본등각사상

초등함수 e^z, $\cos z$, $\sin z$, $\log z$와 z^α은 그들의 도함수가 0이 되지 않는 정의역 위에서 등각사상이 된다. 이들을 **기본등각사상**이라고 한다.

① 사상 $w = e^z$:

이 사상은 모든 $z \in \mathbb{C}$에서 $e^z \neq 0$이므로, 복소평면 $\mathbb{C}$ 위의 모든 점에서 등각사상이다. 이때 연직선들의 상은 원점을 중심으로 갖는 원이다.

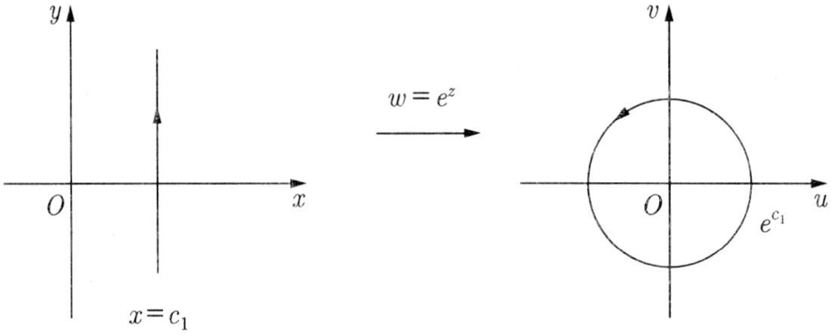

| 그림 7.2 |

또한 수평선들의 상은 방사선이 된다.

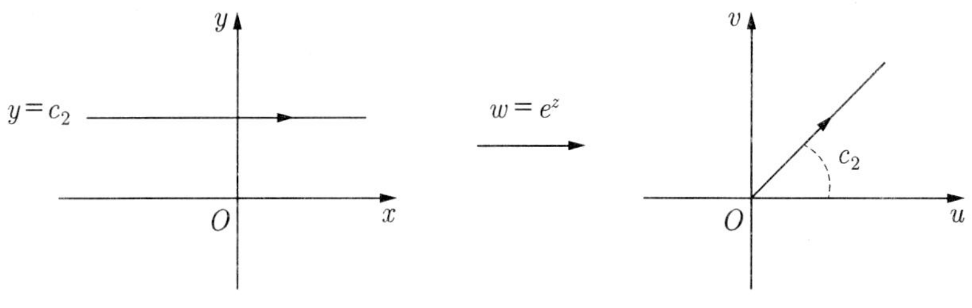

| 그림 7.3 |

② 사상 $w = \log z$:

$w = \log z$이면 $z = e^w$이므로 사상 $w = \log z$에 의한 상은 지수함수에 의한 상의 역이 된다. 예를 들면 사상 $w = \log z$에 의한 원 $|z| = k > 0$의 상은 연직선

$$\{w \mid \operatorname{Re} w = \ln k\}$$

이다.

③ 사상 $w = \cos z$:

z에 관하여 주기가 2π인 주기함수

$$\cos z = \cos x \cosh y - i \sin x \sinh y$$

는 무한 띠 $\{z \in \mathbb{C} : 0 < \operatorname{Re} z < \pi\}$에서 등각사상이다.

예 $w = \dfrac{1}{z}$이라 하자. 그러면 z-평면 상의 직선 $z = c > 0$는 w에 의해 w-평면의 도형

$$-c(u^2 + v^2) + u = 0$$

으로 사상한다. 이것을 정리하면

$$\left(u - \frac{1}{2c}\right)^2 + v^2 = \left(\frac{1}{2c}\right)^2$$

이고, 이것은 원점을 지나는 원이다. w에 의해 z-평면 상의 점 (c, y)는 w-평면 상의 점

$$(u, v) = \left(\frac{c}{c^2 + y^2}, \frac{-y}{c^2 + y^2}\right)$$

에 대응하므로, 점 (c, y)가 직선 $x = c$를 따라 윗쪽으로 움직이면 w-평면 상의 점은 원의 시계방향을 따라 움직인다.

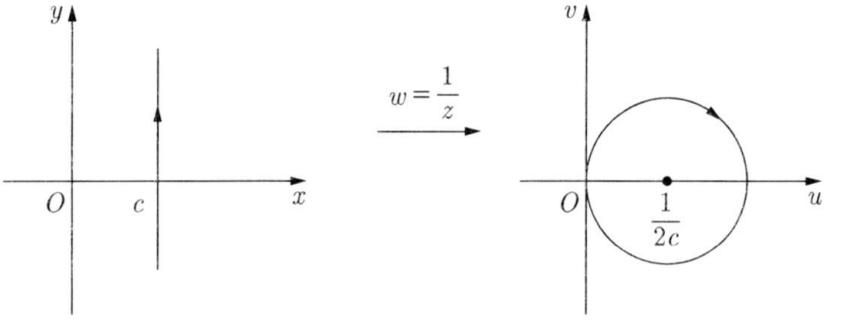

| 그림 7.4 |

예제 사상 $w = \operatorname{Log} z$에 의한 제1사분면의 상을 구하시오.

풀이 점 z가 제1사분면 위에 있다면, $z = re^{i\theta}$ (단, $0 \le \theta \le \dfrac{\pi}{2}$)이므로

$$w = \operatorname{Log} z = \ln r + i\theta$$

로 주어진다. 이때 $\ln r$은 모든 실숫값을 취하고, $0 \le \theta \le \dfrac{\pi}{2}$이다. 따라서 $w = \operatorname{Log} z$에 의한 제1사분면의 상은 무한 띠 $\left\{w \mid 0 \le \operatorname{Im} w \le \dfrac{\pi}{2}\right\}$가 된다. ■

(3) 등각사상의 성질

정리 3

복소평면 $\mathbb{C}$에 대하여, 복소함수 $f(z)$가 점 z_0를 포함하고 있는 영역 $\Omega \subset \mathbb{C}$에서 해석적이고

$$f'(z_0) \neq 0$$

이면, $f(z)$가 단사함수가 되도록 하는 열린원판 $D(z_0, r)$이 존재한다.

증명 영역 $\Omega \subset \mathbb{C}$에서 정의된 해석함수 $f(\zeta)$에 대하여, $f'(\zeta)-f'(z_0)$의 원시함수가

$$f(\zeta)-f'(z_0)\zeta$$

이므로

$$f(w)-f(z)-f'(z_0)(w-z)=\int_z^w [f'(\zeta)-f'(z_0)]\,d\zeta$$

가 성립한다. 따라서 임의의 $z,\ w \in D(z_0, r)$에 대하여

$$\left|\frac{f(w)-f(z)}{w-z}-f'(z_0)\right| \leq \frac{1}{|w-z|}\int_z^w [f'(\zeta)-f'(z_0)]\,|d\zeta| \leq M_r$$

을 만족하는

$$D(z_0, r) \subset \Omega, \quad M_r = \max\{|f'(\zeta)-f'(z_0)| : \zeta \in \partial D(z_0, r)\}$$

이 존재한다. 이제 $f'(z_0) \neq 0$이면, f'의 연속성에 의하여 $M_r < |f'(z_0)|$를 만족하는 $r > 0$이 존재한다. 이때 만일 $z,\ w \in D(z_0, r)$에 대하여, $w \neq z$와 $f(w)=f(z)$가 동시에 성립하면

$$|f'(z_0)| \leq |M_r| < |f'(z_0)|$$

이 되어 모순이다. 따라서 복소함수 $f(z)$는 열린원판 $D(z_0, r)$에서 단사이다. ■

참고 (역함수의 정리) : $\mathbb{C}$가 복소평면일 때, 영역 $\Omega \subset \mathbb{C}$에서 정의된 해석함수 $f(z)$가 Ω에서 단사라고 하자. 그러면 임의의 점 $z_0 \in \Omega$에 대하여

$$f'(z_0) \neq 0$$

이 성립하고, 역함수 $g : f(\Omega) \to \Omega$는 해석적이다.

정리 4 슈바르츠 보조정리 1

단위열린원판 $D=\{z\in\mathbb{C}:|z|<1\}$에서 정의된 해석함수 $f: D\to D$가 $f(0)=0$이고 $|f(z)|\le 1 \ {}^{\forall}z\in D$이면

$$^{\forall}z\in D,\quad |f(z)|\le |z|$$

이고, $|f'(0)|\le 1$이 성립한다.

증명 $g(z)=\dfrac{f(z)}{z}$라고 가정하면, 복소함수 $g(z)$는 $z=0$에서 제거가능 특이점을 갖는다. 따라서 $g(0)=f'(0)$라고 놓으면, 복소함수 $g: D\to\mathbb{C}$는 해석적이다. 그런데 $r<1$일 때

$$g_{|D(0,r)}: D(0,r)\to\mathbb{C}$$

를 생각하면, 원 $C:|z|=r$에 대하여

$$|g(z)|=\left|\frac{f(z)}{z}\right|\le\frac{1}{r}$$

이 된다. 따라서 최대절댓값의 원리에 의하여

$$^{\forall}z\in\{z\in\mathbb{C}:|z|\le r\},\ |g(z)|\le\frac{1}{r}$$

이다. 그러므로 $r\to 1^-$이면

$$|g(z)|\le 1\ \ {}^{\forall}z\in\{z\in\mathbb{C}:|z|<1\},\ \text{즉 } |f(z)|\le|z|\ \ {}^{\forall}z\in D$$

이 성립한다. 더욱이 $|g(0)|\le 1$, 즉 $|f'(0)|\le 1$이 된다. ■

정리 5 슈바르츠 보조정리 2

단위열린원판 $D=\{z\in\mathbb{C}:|z|<1\}$에서 정의된 해석함수 $f: D\to D$에 대하여

$$|f(z)|=|z|\ \ {}^{\forall}z\in D\ \text{ 또는 } |f'(0)|=1$$

이면, $f(z)=\alpha z$를 만족하는 $\alpha\in\mathbb{C}$ (단, $|\alpha|=1$)가 존재한다. 즉 복소함수 $f(z)$는 회전이동이다.

증명 $g(z)=\dfrac{f(z)}{z}$라고 가정하고 $g(0)=f'(0)$라고 놓자. 그러면 복소함수 $g: D\to\mathbb{C}$는 해석적이다. 이때 모든 $z\in D\setminus\{0\}$에 대하여 $|f(z)|=|z|$이면, 모든 $z\in D$에 대하여 $|g(z)|=1$이다. 따라서 최대절댓값의 원리에 의해

$$g(z) = \alpha \ (\text{단}, \ |\alpha| = 1)$$

이다. 그러므로 모든 $z \in D$에 대하여, $f(z) = \alpha z$를 만족하는 $\alpha \in \mathbb{C}$ (단, $|\alpha| = 1$)가 존재한다. 끝으로 $|f'(0)| = 1$이면, $|g(0)| = 1$이므로, 모든 $z \in D$에 대하여

$$g(z) = \alpha \ (\text{단}, \ |\alpha| = 1)$$

가 성립한다. 따라서 모든 $z \in D$에 대하여, $f(z) = \alpha z$를 만족하는 $\alpha \in \mathbb{C}$ (단, $|\alpha| = 1$)가 존재한다. ■

정의 6 양해석적함수

복소평면 $\mathbb{C}$에서 주어진 영역 Ω_1과 Ω_2에 대하여 복소함수 $f : \Omega_1 \to \Omega_2$가 해석적이고 전단사이면, $f(z)$를 **양해석적 함수** (biholomorphic function or analytic automorphism), 간단히 **양해석함수**라고 한다.

참고 단위열린원판 $D = \{z \in \mathbb{C} : |z| < 1\}$에 대하여

$$\text{Aut}(D) = \{f \mid f : D \to D\text{는 양해석함수}\}$$

는 함수의 합성에 관하여 군(group)을 이룬다.

예제 단위열린원판 $D = \{z \in \mathbb{C} : |z| < 1\}$에 대하여, $a \in D$일 때

$$\phi_a(z) = \frac{z - a}{1 - \bar{a} z}$$

로 정의된 복소함수 $\phi_a(z)$에 대하여, 다음이 성립한다.

(1) 복소함수 $\phi_a : D \to D$는 양해석함수이다. 즉 $\phi_a \in \text{Aut}(D)$이다.

(2) $\text{Aut}(D) = \left\{\phi : \phi(z) = e^{i\theta}\phi_a(z), \ \theta \in \mathbb{R}\right\}$이다.

증명 (1) $a \in \mathbb{C}$일 때 $|a| < 1$에 대하여, $\phi_a : D \to D$이고 $\phi_a : \partial D \to \partial D$이며

$$\phi_{-a} : D \to D, \ \phi_{-a} = \phi_a^{-1}$$

이므로, $\phi_a \in \text{Aut}(D) \ \forall a \in D$이다. 특히 $\phi_a(a) = 0, \ \phi_a(0) = -a$를 만족한다.

(2) $f \in \text{Aut}(D)$이고, $f(0) = 0, \ g = f^{-1}$라고 가정하자. 이때 두 복소함수 $f(z)$와 $g(z)$에 슈바르츠 보조정리 1을 적용하면, $|f'(0)| \le 1$이고 $|g'(0)| \le 1$이다. 그런데

$$f'(g(z))g'(z)=1,\ g(0)=f^{-1}(0)=0$$

이므로, $f'(0)g'(0)=1$이다. 따라서 $|f'(0)|=|g'(0)|=1$이 된다. 그러므로 슈바르츠 보조정리 2에 의해, $f(z)=\alpha z$를 만족하는 $\alpha\in\mathbb{C}$ (단, $|\alpha|=1$)가 존재한다.

이제 $f(0)=b$이고 $\phi=\phi_b\circ f$라고 가정하자. 그러면 $f,\phi_b\in\mathrm{Aut}(D)$이므로

$$\phi\in\mathrm{Aut}(D),\ \phi(0)=\phi_b\circ f(0)=\phi_b(b)=0$$

이다. 그러므로 슈바르츠 보조정리 2에 의해 $\phi_b(f(z))=\alpha z$ (단, $|\alpha|=1$)이 된다. 그런데 $\phi_b^{-1}=\phi_{-b}$이므로

$$\begin{aligned} f(z)=\phi_{-b}(\alpha z)=\frac{\alpha z+b}{1+b\alpha z}&=\alpha\frac{z+b\overline{\alpha}}{1+\overline{\overline{\alpha} b}z} \\ &=\alpha\phi_{-\overline{\alpha}b}(z) \end{aligned}$$

이다. 그러므로 $\mathrm{Aut}(D)=\left\{\phi:\phi(z)=e^{i\theta}\phi_a(z),\ \theta\in\mathbb{R}\right\}$가 성립한다. ■

참고 복소평면 $\mathbb{C}$에서, 집합 $\mathrm{Aut}(\mathbb{C})=\{f\mid f:\mathbb{C}\to\mathbb{C}$는 양해석함수$\}$가 함수의 합성 $\circ$에 관하여 군을 이루면

$$\mathrm{Aut}(\mathbb{C})=\{\phi:\phi(z)=az+b,\ a\in\mathbb{C}\setminus\{0\},\ b\in\mathbb{C}\}$$

로 주어진다.

이제 슈바르츠 보조정리의 확장인 슈바르츠-픽 (Schwarz-Pick) 보조정리를 소개한다.

정리 7 슈바르츠-픽 보조정리

$\mathbb{C}$가 복소평면일 때 단위열린원판 $D=\{z\in\mathbb{C}:|z|<1\}$에 대하여 $f:D\to D$가 해석적이면, 임의의 $z\in D$에 대하여

$$\frac{|f'(z)|}{1-|f(z)|^2}\le\frac{1}{1-|z|^2}$$

이 성립한다.

증명 $f(a)=b$ (단, $a,\ b\in D$)에 대하여, $g=\phi_b\circ f\circ\phi_{-a}$를 생각하자. 그러면 $g:D\to D$이고 $g(0)=0$이다. 따라서 슈바르츠 보조정리 1에 의해

$$|g'(0)| \le 1,\ \text{즉}\ |\phi'_b(f(\phi_{-a}(0))) \cdot f'(\phi_{-a}(0)) \cdot \phi'_{-a}(0)| \le 1$$

이 된다. 그런데 $\phi'_c(z) = \dfrac{1-|c|^2}{(1-\bar{c}z)^2}$ 이므로

$$\left| \frac{1-|b|^2}{(1-\bar{b}f(a))^2} \cdot f'(a)(1-|a|^2) \right| \le 1$$

이다. 그러므로

$$\frac{|f'(a)|}{1-|f(a)|^2} \le \frac{1}{1-|a|^2}$$

이다. 따라서 a가 단위열린원판 D 내부의 임의의 복소수이므로, 임의의 $z \in D$에 대하여

$$\frac{|f'(z)|}{1-|f(z)|^2} \le \frac{1}{1-|z|^2}$$

이 성립한다. ■

예제 단위열린원판 $D = \{z \in \mathbb{C} : |z| < 1\}$와 $U = \{z \in \mathbb{C} : z = x + iy,\ y > 0\}$에 대하여

$$f(z) = i\,\frac{1+z}{1-z}$$

로 정의된 복소함수 $f : D \to U$는 양해석함수이다.

증명 $z \in D$에 대하여

$$f(z) = i\,\frac{(1+z)(1-\bar{z})}{|1-z|^2} = i\,\frac{1-|z|^2+2i\,\mathrm{Im}\,z}{|1-z|^2}$$

이다. 따라서 임의의 $z \in D$에 대하여

$$\mathrm{Im}\ (f(z)) = \frac{1-|z|^2}{|1-z|^2} > 0$$

이 성립한다. 이제 $w = f(z)$라고 하면 $w = i\,\dfrac{1+z}{1-z}$ 이므로, $z = \dfrac{w-i}{w+i} = g(w)$가 된다. 그런데 $\mathrm{Im}\,w > 0$이면 $|w-i| < |w+i|$이므로, $z \in D$이다. 따라서 $z = g(f(z))$ (단, $z \in D$)이고 $w = f(g(w))$이므로, $w \in U$이다. 그러므로 복소함수 $f : D \to U$는 양해석함수이다. ■

정의 8 임계점

복소평면 $\mathbb{C}$에 대하여, 복소함수 $w=f(z)$가 $z_0 \in \mathbb{C}$에서 해석적이고

$$f'(z_0)=0$$

를 만족하면, z_0를 $f(z)$의 **임계점**(critical point)이라고 한다.

참고 각은 모든 임계점에서 확대된다. 예를 들면 $f(z)=z^2$은 원점에서 0이 되는 도함수를 가진다. 이때

$$f(1)=f(-1)=1, \quad f(i)=f(-i)=-1$$

이므로, 두 좌표들 사이의 직각은 $180°$로 사상된다. 이와 같이 각이 두 배로 확대되는 것은 원점을 중심으로 갖는 원이 원점 주위를 두 번 감아 돌아가는 원형곡선으로 사상되기 때문이다.

정리 9

복소평면 $\mathbb{C}$에 대하여 복소함수 $w=f(z)$가 $z_0 \in \mathbb{C}$를 포함하고 있는 영역 $\Omega \subset \mathbb{C}$에서 해석적일 때, $f'(z)$가 위수 k인 영점 z_0를 가지면 z_0에서 모든 각은 $(k+1)$배로 확대된다.

예 사상 $w=1-\cos z$는 복소평면 $\mathbb{C}$ 위에서 해석적이며, 도함수

$$(1-\cos z)'=\sin z$$

의 영점들, 즉 $0, \pm\pi, \pm 2\pi, \cdots$ 를 제외하고 등각사상이다. 이때 $\sin z$는 $z=0$에서 위수 1인 영점을 가지므로 $w=1-\cos z$는 $z=0$에서 이루는 각을 두 배로 확대시킨다.

3. 선형분수변환

정의 10 선형분수변환

선형분수변환은

$$w = F(z) = \frac{az+b}{cz+d} \text{ (단, } a, b, c, d \in \mathbb{C}\text{이고 } ad - bc \neq 0\text{)}$$

로 정의한다. 이때 $F\left(-\frac{d}{c}\right) = \infty$와 $F(\infty) = \frac{a}{c}$로 약속함으로써 $z = \infty$와 $z = -\frac{d}{c}$를 제외한 점에서 $w = F(z)$는 등각사상이 된다.

참고 임의의 선형분수변환은 다음 네 가지 형태의 기본사상

(1) **평행이동** : $T_b : z \mapsto z + b$ (단, $b \in \mathbb{C}$), 즉 $w = z + b$

(2) **회전이동** : $R : z \mapsto e^{i\alpha}z$, 즉 $w = e^{i\alpha}z$

(3) **확대** : $D_a : z \mapsto az$, 즉 $w = az$ (단, $a > 0$)

(4) **역수변환** : $J : z \mapsto \frac{1}{z}$, 즉 $w = \frac{1}{z}$

들의 합성으로 주어진다.

예 선형분수변환 $F(z) = \frac{az+b}{cz+d}$ (단, $a, b, c, d \in \mathbb{C}$이고 $ad - bc \neq 0$)는 $c = 0$일 때

$$\frac{az+b}{d} = \frac{a}{d}\left(z + \frac{b}{a}\right)$$

로 표현되며, 이 변환이 평행이동, 회전이동, 그리고 확대로 분해됨을 보여준다.

예제 선형분수변환 $F(z) = \frac{az+b}{cz+d}$ (단, $a, b, c, d \in \mathbb{C}$이고 $ad - bc \neq 0$)는 '평행이동 T_b'와 '역 J', 그리고 '확대 D_a'의 합성함수이다.

증명 (1) $c = 0$이면, $F(z) = \left(T_{\frac{b}{d}} \circ D_{\frac{a}{d}}\right)(z)$이다.

(2) $c \neq 0$이면, $ad \neq 0$이고

$$\begin{aligned} F(z) &= \frac{a}{c} \cdot \frac{z + \frac{b}{a}}{z + \frac{d}{c}} = \frac{a}{c} \cdot \frac{z + \frac{d}{c} + \left(\frac{b}{a} - \frac{d}{c}\right)}{z + \frac{d}{c}} \\ &= \frac{a}{c}\left(\frac{\frac{b}{a} - \frac{d}{c}}{z + \frac{d}{c}}\right) + \frac{a}{c} = \frac{\alpha}{z + \beta} + \gamma \\ &= (T_\gamma \circ D_\alpha \circ J \circ T_\beta)(z) \end{aligned}$$

이다. ■

참고 한 원은 세 개의 점에 의해 결정되므로, z-평면 위에 주어진 원을 w-평면 위에 주어진 원으로 대응시켜 주는 선형분수변환을 결정할 수 있다(연습문제 참조). 첫 번째의 원 위에서 서로 다른 점 z_1, z_2, z_3를 선택하고 두 번째의 원 위에서 서로 다른 점 w_1, w_2, w_3를 선택하면, 변환

$$\frac{(w-w_1)(w_2-w_3)}{(w-w_3)(w_2-w_1)}=\frac{(z-z_1)(z_2-z_3)}{(z-z_3)(z_2-z_1)}$$

는 z_1, z_2, z_3를 각각 w_1, w_2, w_3로 대응시킨다. 왜냐하면 방정식의 우변은 z_1, z_2, z_3를 $0, 1, \infty$로 대응시키고, 좌변의 역사상은 $0, 1, \infty$를 각각 w_1, w_2, w_3로 대응시켜 주기 때문이다.

예제 점 $1, i, -1$을 각각 $2, 3, 4$로 대응시키는 선형분수변환을 구하시오.

풀이 방정식

$$\frac{(w-2)(3-4)}{(w-4)(3-2)}=\frac{(z-1)(i+1)}{(z+1)(i-1)}$$

을 w에 관하여 풀면

$$w=\frac{(2-4i)z+(2+4i)}{(1-i)z+(1+i)}$$

를 얻는다. ■

참고 리만 구면 위에 세 개의 서로 다른 점 z_1, z_2, z_3가 주어지면, 그들을 각각 $0, 1, \infty$로 대응시켜 주는 유일한 선형분수변환이 존재한다. 이때 z_1, z_2, z_3 중에 어느 것도 ∞가 아니면, 변환은 비조화비(cross ratio)

$$w=\frac{(z-z_1)(z_2-z_3)}{(z-z_3)(z_2-z_1)}$$

로 주어진다. 또한 z_1, z_2, z_3를 각각 차례로 ∞라 하면

$$\frac{z_2-z_3}{z-z_3},\quad \frac{z-z_1}{z-z_3},\quad \frac{z-z_1}{z_2-z_1}$$

으로 된다.

4. 리만 사상정리

정리 11

$\mathbb{C}$가 복소평면일 때, 단위열린원판 $D=\{z\in\mathbb{C}:|z|<1\}$에서 정의된 전단사 등각사상은

$$f(z)=e^{i\theta}\phi_{z_0}(z)=e^{i\theta}\frac{z-z_0}{1-\overline{z_0}\,z}\ \text{(단, } \theta\in\mathbb{R},\ |z_0|<1)$$

형태로 주어진다.

증명 $|z_0|<1$이고 $\phi_{z_0}(z)=\dfrac{z-z_0}{1-\overline{z_0}\,z}$라 하면, ϕ_{z_0}는 단위닫힌원판 $\overline{D}=\{z\in\mathbb{C}:|z|\le 1\}$에서 해석적이다. 한편 $|z|=1$이면 $|\phi_{z_0}(z)|=1$이고, $|z|<1$이면 $|\phi_{z_0}(z)|<1$이다. 따라서 최대절댓값의 원리에 의해 $|z|\le 1$이면 $|\phi_{z_0}(z)|\le 1$이고, 열린사상정리에 의해 $|z|<1$이면 $|\phi_{z_0}(z)|<1$이다. 더욱이 복소함수 ϕ_{z_0}는 역함수 $\phi_{w_0}^{-1}$를 갖는다. 즉

$$z=\phi_{w_0}^{-1}(w)$$

를 만족하는 $w_0\in\mathbb{C}$ (단, $|w_0|<1$)가 존재한다. 그러므로 복소함수 ϕ_{z_0}는 단위열린원판 D에서 D 자신으로의 양해석함수이다. 그런데 복소함수 $f\circ\phi_{w_0}^{-1}$는 단위닫힌원판 D에서 양해석함수이고, $(f\circ\phi_{w_0}^{-1})(0)=0$이다.

이제 $\phi_{w_0}^{-1}=\phi^{-1}$로 간략하게 표시하고, $h(w)=f(\phi^{-1}(w))$라고 할 때

$$h(w)=e^{i\theta}w$$

임을 보이면 증명이 완료된다. 그런데 슈바르츠 보조정리 1에 의하여 $|z|<1$이면 $|h(z)|\le|z|$이고, 또한 $h^{-1}(0)=0$이므로 $|z|\le|h(z)|$이다. 따라서

$$\forall z\in D,\ |h(z)|=|z|$$

가 성립한다. 그러므로 슈바르츠 보조정리 2에 의하여, $h(z)=e^{i\theta}z$를 만족하는 $\theta\in\mathbb{R}$가 존재한다. ■

이제 임의의 단순연결영역 $\Omega\subset\mathbb{C}$에서 단위열린원판 $D\subset\mathbb{C}$로의 양해석적 함수가 존재한다는 리만 사상정리를 증명 없이 소개한다.

정리 12 리만 사상정리 (Riemann's Mapping Theorem)

$\mathbb{C}$가 복소평면일 때 단순연결영역인 $\Omega \subsetneq \mathbb{C}$에 대하여, 한 점 $z_0 \in \Omega$가 주어지면

$$f(z_0)=0,\ f'(z_0)>0$$

을 만족하는 Ω로부터 단위열린원판 $D=\{w \in \mathbb{C}: |w|<1\}$ 위로의 전단사 등각사상 $w=f(z)$가 유일하게 존재한다.

예제 $\Omega=\{z \in \mathbb{C}: 0<\operatorname{Re} z<1\}$와 $D=\{z \in \mathbb{C}: |z|<1\}$는 등각적으로 동치 (conformally equivalent)이다.

증명 Ω가 복소평면 $\mathbb{C}$의 진부분집합으로, 단순연결영역이므로 리만 사상정리에 의하여 Ω로부터 D로의 전단사 등각사상이 존재한다. 따라서 Ω와 D는 등각적으로 동치이다. ■

리만 사상정리는 주어진 영역을 등각적으로 원판 위로 사상시키는 함수의 존재성을 주장하지만, 그 함수를 찾는 방법은 제시하지 못하고 있다. 그 함수를 찾는 것은 매우 어려운 문제이다.

연습문제 7.2 EXERCISES

1. $f(z)=\dfrac{z+1}{z-1}$로 주어진 복소함수 $f(z)$가 등각적인 점을 구하시오.

2. $z_1=-i,\ z_2=0,\ z_3=i$가 각각 $w_1=-1,\ w_2=i,\ w_3=1$로 대응되는 선형분수변환 $w=f(z)$를 구하시오.

3. 원 $|z-i|=1$을 원 $|w-1|=2$ 위로 사상하는 선형분수변환을 구하시오.

4. 리만 구면 S^2 위의 서로 다른 세 점 $z_1,\ z_2,\ z_3$와 또 서로 다른 세 점 $w_1,\ w_2,\ w_3$에 대하여

$$F(z_j) = w_j \text{ (단, } j = 1,\ 2,\ 3)$$

를 만족하는 유일한 선형분수변환이 존재함을 보이시오.

5. 선형분수변환은 직선과 원을 직선 또는 원으로 대응함을 보이시오.

연습문제 풀이

연습문제 1.1

1. $a=-1,\ b=-2$

2. k가 임의의 정수일 때, $i^{4k}=(i^4)^k=1^k=1$이므로

$$i^{4k}=1,\ i^{4k+1}=i,\ i^{4k+2}=i^2=-1,\ i^{4k+3}=i^3=-i$$

이다.

3. $|z_1|^2=z_1\overline{z_1}=1$이고 $|z_2|^2=z_2\overline{z_2}=1$이므로

$$\left|\frac{z_1-z_2}{1-\overline{z_1}z_2}\right|^2=\frac{|z_1-z_2|^2}{|1-\overline{z_1}z_2|^2}=\frac{(z_1-z_2)\overline{(z_1-z_2)}}{(1-\overline{z_1}z_2)\overline{(1-\overline{z_1}z_2)}}=\frac{(z_1-z_2)(\overline{z_1}-\overline{z_2})}{(1-\overline{z_1}z_2)(1-z_1\overline{z_2})}$$

$$=\frac{z_1\overline{z_1}-z_1\overline{z_2}-\overline{z_1}z_2+z_2\overline{z_2}}{1-z_1\overline{z_2}-\overline{z_1}z_2+z_1\overline{z_1}z_2\overline{z_2}}=1$$

4. 주어진 복소수 z_1과 z_2에 대하여

$$|1-\overline{z_1}z_2|^2-|z_1-z_2|^2=(1-|z_1|^2)(1-|z_2|^2)$$

이므로, $|z_1|<1$이고 $|z_2|<1$일 때

$$\left|\frac{z_1-z_2}{1-\overline{z_1}z_2}\right|<1 \Leftrightarrow |z_1-z_2|<|1-\overline{z_1}z_2| \Leftrightarrow |z_1-z_2|^2<|1-\overline{z_1}z_2|^2$$

$$\Leftrightarrow |1-\overline{z_1}z_2|^2-|z_1-z_2|^2=(1-|z_1|^2)(1-|z_2|^2)>0$$

이 성립한다.

5. 실수계수 n차 복소다항식 $p(z)=a_0+a_1z+\cdots+a_nz^n$ (단, $a_i\in\mathbb{R},\ a_n\neq 0$)에 대하여

(1) $\overline{p(z)}=\overline{a_0+a_1z+\cdots+a_nz^n}=\overline{a_0}+\overline{a_1z}+\cdots+\overline{a_nz^n}$

$$=a_0+a_1\overline{z}+\cdots+a_n\overline{z^n}=p(\overline{z})$$

(2) $p(z)=0 \Leftrightarrow a_0+a_1z+\cdots+a_nz^n=0 \Leftrightarrow \overline{a_0}+\overline{a_1z}+\cdots+\overline{a_nz^n}=0$

$$\Leftrightarrow a_0+a_1\overline{z}+\cdots+a_n\overline{z^n}=0 \Leftrightarrow p(\overline{z})=0$$

6. $z=x+iy$일 때

$$2|z|=|z+i| \Leftrightarrow 4(x^2+y^2)=x^2+(y+1)^2 \Leftrightarrow 3x^2+3y^2-2y-1=0$$

$$\Leftrightarrow x^2+\left(y-\frac{1}{3}\right)^2=\left(\frac{2}{3}\right)^2$$

이므로, 복소평면 $\mathbb{C}$에서 복소방정식 $2|z|=|z+i|$은 중심이 $\frac{1}{3}i$이고 반지름이 $\frac{2}{3}$인 원을 나타낸다.

7. 드무아브르 정리에 의해

$$\left[\cos\left(\frac{2\pi}{9}\right)+i\sin\left(\frac{2\pi}{9}\right)\right]^6=\cos\left(\frac{4\pi}{3}\right)+i\sin\left(\frac{4\pi}{3}\right)$$
$$=-\cos\left(\frac{\pi}{3}\right)-i\sin\left(\frac{\pi}{3}\right)=-\frac{1}{2}-\frac{\sqrt{3}}{2}i$$

8. $(1+i)^{10}=(\sqrt{2}e^{\frac{\pi}{4}i})^{10}=2^5e^{\frac{5\pi}{2}i}=2^5e^{\frac{\pi}{2}i}=32i$

9. (1) $z^3=i=e^{i\left(\frac{\pi}{2}+2k\pi\right)}$ (단, $k=0, 1, 2$)이므로

$$z_k=e^{i\left(\frac{\frac{\pi}{2}+2k\pi}{3}\right)} \text{ (단, } k=0, 1, 2)$$

이다. 따라서 근은 $z_0=e^{\frac{\pi}{6}i}$, $z_1=e^{\frac{5\pi}{6}i}$, $z_2=e^{\frac{3\pi}{2}i}$로 주어진다.

(2) $(z-i)^2=1+i=\sqrt{2}e^{i\left(\frac{\pi}{4}+2k\pi\right)}$ (단, k는 정수)이므로

$$z-i=2^{\frac{1}{4}}e^{i\frac{\left(\frac{\pi}{4}+2k\pi\right)}{2}} \text{ (단, } k=0, 1)$$

이다. 따라서 근은 $z_0=i+2^{\frac{1}{4}}e^{\frac{\pi}{8}i}$, $z_1=i+2^{\frac{1}{4}}e^{\frac{9\pi}{8}i}$로 주어진다.

연습문제 1.2

1. 집합 $A=\{0\}\cup\left\{z\in\mathbb{C} \mid \operatorname{Arg} z=\frac{\pi}{4}\right\}$는 내점을 갖지 않고 외부는 $\mathbb{C}\setminus A$이며, A가 경계 자체이므로 A는 닫힌집합이다.

2. O를 열린집합이라 하고 $z\in O$라고 하자. 그러면 적당한 $\varepsilon>0$이 존재하여

$$D(z,\varepsilon)\subset O, \text{ 즉 } O^c\cap D(z,\varepsilon)=\varnothing$$

가 된다. 그러므로 $z \notin \overline{O^c}$이다. 따라서 $z \in \overline{O^c}$이면 $z \in O^c$로 되어, O^c는 복소평면 $\mathbb{C}$에서 닫힌집합이다. 한편 F를 닫힌집합이라 하고 $z \in F^c$라고 하면 $F=\overline{F}$이므로, z는 F의 폐포점이 아니다. 그러므로 적당한 $\varepsilon>0$이 존재하여 $F\cap D(z, \varepsilon)=\varnothing$, 즉 $D(z, \varepsilon)\subset F^c$로 되어 F^c는 복소평면 $\mathbb{C}$에서 열린집합이다.

연습문제 2.1

1. $|z|=1$이면 $|z|=|(z-i)-(-i)|=1$이므로, $z-i$는 중심이 $-i$이고 반지름이 1인 원 위에 있다. 따라서 $\dfrac{1}{z-i}$은 $\dfrac{i}{2}\left(=\dfrac{1}{-2i}\right)$를 지나는 수평선 위에 있게 된다. 또한 $\dfrac{2i}{z-i}$는 $\dfrac{1}{z-i}$의 크기를 2배 증가시키고, 편각을 $\dfrac{\pi}{2}$만큼 회전시킨 것이므로, $\dfrac{2i}{z-i}$는 -1을 지나는 수직선 위에 있게 된다. 그러므로 $w=f(z)=\dfrac{z+i}{z-i}=1+\dfrac{2i}{z-i}$는 원점을 지나는 수직선 위, 즉 허수축 위에 있다. 따라서 선형분수변환 $w=f(z)=\dfrac{z+i}{z-i}$는 단위원 $\{z\in\mathbb{C}: |z|=1\}$를 허수축 $\{w\in\mathbb{C}: \operatorname{Re} w=0\}$에 대응한다.

2. (1) $\overline{\sin z}=\sin x\cosh y-i\cos x\sinh y$이고

$$\begin{aligned}\sin\bar{z}&=\sin(x-iy)=\sin x\cos(-iy)+\cos x\sin(-iy)\\&=\sin x\cos(iy)-\cos x\sin(iy)\\&=\sin x\cosh y-i\cos x\sinh y\end{aligned}$$

이므로, $\overline{\sin z}=\sin\bar{z}$이다.

(2) $\overline{\cos z}=\cos x\cosh y+i\sin x\sinh y$이고

$$\begin{aligned}\cos\bar{z}&=\cos(x-iy)=\cos x\cos(-iy)-\sin x\sin(-iy)\\&=\cos x\cos(iy)+\sin x\sin(iy)\\&=\cos x\cosh y+i\sin x\sinh y\end{aligned}$$

이므로, $\overline{\cos z}=\cos\bar{z}$이다.

3. (1) $\operatorname{Log}(i)=\ln|i|+i\operatorname{Arg} i=\dfrac{\pi}{2}i$

(2) $(-1)^i=e^{i\log(-1)}$이므로, $e^{i\operatorname{Log}(-1)}=e^{i[\ln|-1|+i\operatorname{Arg}(-1)]}=e^{i(i\pi)}=e^{-\pi}$

4. $\dfrac{e^{iz}+e^{-iz}}{2}=2$이므로, $e^{iz}-4+e^{-iz}=0$, 즉 $(e^{iz})^2-4e^{iz}+1=0$이다. $w=e^{iz}$로 놓으면

$$w=2\pm\sqrt{3}, \text{ 즉 } e^{iz}=2\pm\sqrt{3}$$

을 얻는다. 이때 $iz=\ln(2\pm\sqrt{3})+2k\pi i$ (단, k는 정수)이므로, 따라서 $\cos z=0$의 근은

$$z=-i\ln(2\pm\sqrt{3})+2k\pi \text{ (단, } k\text{는 정수)}$$

로 주어진다.

5. (1) $e^z=e^{x+iy}=i\pi=|i\pi|e^{i\left(\frac{\pi}{2}+2k\pi\right)}=\pi e^{i\left(\frac{\pi}{2}+2k\pi\right)}$이므로 $e^x=\pi$, $y=\frac{\pi}{2}+2k\pi$, 즉

$$x=\ln\pi,\ y=\frac{\pi}{2}+2k\pi \text{ (단, } k\text{는 정수)}$$

이다. 따라서 방정식 $e^z=\pi i$의 근은

$$z=\ln\pi+i\left(\frac{\pi}{2}+2k\pi\right) \text{ (단, } k\text{는 정수)}$$

로 주어진다.

(2) $\cos z=\dfrac{e^{iz}+e^{-iz}}{2}=0$이므로 $e^{iz}=-e^{-iz}$, 즉 $(e^{iz})^2=-1$이다. 이때 $\zeta=e^{iz}$라고 하면, $\zeta^2=-1$, 즉 $\zeta=\pm i$이므로

(i) $\zeta=i$이면, $e^{iz}=i=e^{i\left(\frac{\pi}{2}+2k\pi\right)}$이므로 $z=\frac{\pi}{2}+2k\pi$ (단, k는 정수)

(ii) $\zeta=-i$이면, $e^{iz}=-i=e^{i\left(-\frac{\pi}{2}+2k\pi\right)}$이므로 $z=-\frac{\pi}{2}+2k\pi$ (단, k는 정수)

이다. 따라서 (i)과 (ii)로부터, 방정식 $\cos z=0$의 근은

$$z=\left(k+\frac{1}{2}\right)\pi \text{ (단, } k\text{는 정수)}$$

로 주어진다.

6. $z^2-1=z(2z+1)$이므로, $z^2+z+1=0$이다. 따라서 $z=\dfrac{-1\pm\sqrt{3}\,i}{2}$로 주어진다.

7. (1) $(-1)^i=e^{i\log(-1)}$이다. 그런데

$$\log(-1)=\ln|-1|+i\arg(-1)=(\pi+2k\pi)i \text{ (단, } k\text{는 정수)}$$

이므로

$$(-1)^i=e^{i(\pi+2k\pi)i}=e^{-(\pi+2k\pi)} \text{ (단, } k\text{는 정수)}$$

로 주어진다.

(2) 복소멱을 이용하면, 1^i은

$$1^i = e^{i\log 1} = e^{i\{\ln|1| + i(0+2k\pi)\}} = e^{-2k\pi} \text{ (단, } k\text{는 정수)}$$

로 주어진다.

연습문제 2.2

1. $z = x + iy$일 때

(1) z가 양의 실수축을 따라 0에 접근하면

$$\lim_{z\to 0}\frac{z}{|z|} = \lim_{x\to 0^+}\frac{x}{|x|} = 1$$

(2) z가 양의 허수축을 따라 0에 접근하면

$$\lim_{z\to 0}\frac{z}{|z|} = \lim_{y\to 0^+}\frac{iy}{|iy|} = i$$

(3) z가 음의 실수축을 따라 0에 접근하면

$$\lim_{z\to 0}\frac{z}{|z|} = \lim_{x\to 0^-}\frac{x}{|x|} = -1$$

이므로, z의 접근 경로에 따라 다른 값을 갖는다. 그러므로 복소함수 $f(z) = \frac{z}{|z|}$는 $z=0$에서 극한을 갖지 않는다.

2. $\lim\limits_{z\to 1}\frac{z^2-1}{z-1} = 2$이지만 $f(1) = 3 \neq 2$이기 때문에

$$f(z) = \begin{cases} \frac{z^2-1}{z-1}, & z \neq 1 \\ 3, & z = 1 \end{cases}$$

으로 정의된 복소함수 $f(z)$는 $z=1$에서 연속이 아니다.

3. C를 X의 닫힌부분집합이라고 하면, C는 콤팩트이다. 그런데 $f: X \to Y$가 일대일 대응이고 연속이므로

$$f[C] = (f^{-1})^{-1}[C]$$

이고, $f[C]$는 Y에서 콤팩트가 된다. 그러므로 $f[C]$는 Y에서 닫힌집합이다. 따라서 역함수 f^{-1}는 Y에서 연속이다.

연습문제 3.1

1. 복소수열 $\langle z_n \rangle$이 복소수 z_0에 수렴하므로, 임의의 실수 $\varepsilon > 0$에 대하여

$$n \geq K \Rightarrow |z_n - z_0| < \varepsilon$$

을 만족하는 자연수 K가 존재한다. 그런데 적당한 $M > 0$에 대하여

$$|z_n| \geq M \quad {}^{\forall} n \in \mathbb{N}$$

이 성립하므로, 임의의 실수 $\varepsilon > 0$에 대하여

$$n \geq K \Rightarrow \left| \frac{1}{z_n} - \frac{1}{z_0} \right| = \frac{|z_n - z_0|}{|z_0||z_n|} \leq \frac{|z_n - z_0|}{|z_0| M} < \frac{\varepsilon}{|z_0| M}$$

을 만족하는 자연수 K가 존재한다. 따라서 $\varepsilon > 0$이 임의의 실수이므로, 복소수열 $\left\langle \frac{1}{z_n} \right\rangle$은 복소수 $\frac{1}{z_0}$에 수렴한다.

2. $\langle z_n \rangle$이 복소평면 $\mathbb{C}$에서 코시수열이고 $\varepsilon = 1$이라고 하자. 그러면

$$n,\ m \geq K \Rightarrow |z_n - z_m| < 1$$

을 만족하는 자연수 K가 존재한다. 따라서 $n \geq K$인 모든 $n \in \mathbb{N}$에 대하여 $|z_n| \leq |z_K| + 1$이 된다. 이제

$$M = \max\{|z_1|,\ |z_2|,\ \cdots,\ |z_{K-1}|,\ |z_K| + 1\}$$

이라고 놓으면, 모든 $n \in \mathbb{N}$에 대하여 $|z_n| \leq M$이 성립한다. 그러므로 복소평면 $\mathbb{C}$에서 코시수열 $\langle z_n \rangle$은 유계이다.

3. (1) $|n+i| = \sqrt{n^2+1}$ 이므로

$$\frac{1}{|n+i|^2} = \frac{1}{n^2+1} < \frac{1}{n^2}$$

이 성립한다. 그런데 $\sum_{n=1}^{\infty} \frac{1}{n^2}$이 수렴하므로, 비교판정법에 의해 복소급수 $\sum_{n=1}^{\infty} \frac{1}{(n+i)^2}$은 절대수렴한다.

(2) $u_n = \frac{n!}{n^n}$일 때

$$r = \lim_{n \to \infty} \left| \frac{u_{n+1}}{u_n} \right| = \lim_{n \to \infty} \left(\frac{n}{n+1} \right)^n = \lim_{n \to \infty} \left(1 - \frac{1}{n+1} \right)^n$$

$$= \lim_{n \to \infty} \left\{ \left(1 - \frac{1}{n+1}\right)^{-(n+1)} \right\}^{\left(-\frac{n}{n+1}\right)} = e^{-1} = \frac{1}{e} < 1$$

이므로, 비판정법에 의해 복소급수 $\sum_{n=1}^{\infty} \frac{n!}{n^n}$은 절대수렴한다.

4. 두 급수의 코시곱 $\sum_{n=1}^{\infty} u_n$의 제n항에 대하여

$$|u_n| \geq \frac{2n}{n+1} = 2 - \frac{2}{n+1}$$

를 만족하므로, $\lim_{n \to \infty} |u_n| \neq 0$이 성립하기 때문이다.

5. (1) $|z| \leq r < 1$이므로, $\left| \frac{z^n}{z^n + 1} \right| \leq \frac{1}{r^n}$을 만족한다. 이때 $M_n = \frac{1}{r^n}$ (단, $0 \leq r < 1$)이라고 하면, 기하급수의 수렴성에 의하여 실급수 $\sum_{n=1}^{\infty} M_n = \sum_{n=1}^{\infty} \frac{1}{r^n}$은 수렴한다. 따라서 바이어슈트라스 M-판정법에 의해, 복소함수항급수 $\sum_{n=0}^{\infty} \frac{z^n}{z^n + 1}$은 D에서 균등수렴한다.

(2) $|z| \leq 1$이므로, $\left| \frac{z^n}{n^2} \right| \leq \frac{1}{n^2}$을 만족한다. 이때 $M_n = \frac{1}{n^2}$이라고 하면, p-급수판정법에 의해 실급수 $\sum_{n=1}^{\infty} M_n = \sum_{n=1}^{\infty} \frac{1}{n^2}$은 수렴한다. 따라서 바이어슈트라스 M-판정법에 의해, 복소함수항급수 $\sum_{n=1}^{\infty} \frac{z^n}{n^2}$은 Ω에서 균등수렴한다.

6. $\mathbb{C}$가 복소평면일 때 $A \subset \mathbb{C}$에서 $\mathbb{C}$로의 유계인 복소함수열 $\langle f_n \rangle$이 A에서 복소함수 f로 균등수렴하면, 임의의 실수 $\varepsilon > 0$에 대하여

$$n \geq K \Rightarrow |f_n(z) - f(z)| < \varepsilon \ \ ^{\forall} z \in A$$

을 만족하는 자연수 K가 존재한다. 따라서 복소함수 f는 유계이고 $n \geq K$일 때 $\| f_n - f \|_A \leq \varepsilon$이므로, $\| f_n - f \|_A \to 0$이 된다. 이제 역이 성립함을 보이자. $\| f_n - f \|_A \to 0$이 성립하면 임의의 실수 $\varepsilon > 0$에 대하여

$$n \geq K\text{일 때}, \ \| f_n - f \|_A \leq \varepsilon$$

을 만족하는 자연수 K가 존재한다. 그러므로

$$n \geq K \Rightarrow |f_n(z) - f(z)| \leq \varepsilon \ \ ^{\forall} z \in A$$

이 성립한다. 따라서 복소함수열 $\langle f_n \rangle$은 A에서 복소함수 f로 균등수렴한다.

연습문제 3.2

1. $e=\frac{p}{q}$ (단, $p, q \in \mathbb{N}$)이라 놓으면, 부등식 $0 < e - S_n < \frac{1}{n!n}$ 로부터

$$0 < q!(e - S_q) < \frac{1}{q} \tag{*}$$

이고, 가정에 의해서 $q!e \in \mathbb{N}$가 성립한다. 또한

$$q!S_q = q!(1+1+\frac{1}{2!}+ \cdots +\frac{1}{q!})$$

도 자연수이므로, $q!(e-S_q)$는 자연수이다. 그런데 $q \geq 1$이므로, (*)는 0과 1사이에 자연수가 존재함을 나타내어 모순이 된다. 따라서 e는 무리수이다.

2. $a_n=\frac{1}{n^2}$에 대하여, $R=\lim_{n \to \infty}\left|\frac{a_n}{a_{n+1}}\right|=\lim_{n \to \infty}\left(\frac{n+1}{n}\right)^2=1$이다. 이때 $|z| \leq 1$이면, 바이어슈트라스 M-판정법에 의하여 복소멱급수 $\sum_{n=1}^{\infty}\frac{z^n}{n^2}$은 절대수렴하고 균등수렴한다. 그러나 $|z|>1$이면, $\lim_{n \to \infty}\frac{|z|^n}{n^2}=\infty$이므로 $\sum_{n=1}^{\infty}\frac{z^n}{n^2}$은 발산한다. 특히 $z=1$이면, 복소멱급수 $\sum_{n=1}^{\infty}\frac{z^n}{n^2}$은 p-급수 판정법에 의해 수렴한다.

3. (1) 복소멱급수 $\sum_{n=0}^{\infty}\frac{2^n}{\ln(n+2)}z^n$에 대하여, $a_n=\frac{2^n}{\ln(n+2)}$이라 놓으면

$$L=\lim_{n \to \infty}\left|\frac{a_{n+1}}{a_n}\right|=\lim_{n \to \infty}\left|\frac{2^{n+1}/\ln(n+3)}{2^n/\ln(n+2)}\right|=2$$

이므로, 수렴반지름은 $R=\frac{1}{L}=\frac{1}{2}$로 주어진다.

(2) 복소멱급수 $\sum_{n=1}^{\infty}\frac{z^n}{n}$에 대하여, $a_n=\frac{1}{n}$이라 놓으면

$$L=\lim_{n \to \infty}\left|\frac{a_{n+1}}{a_n}\right|=\lim_{n \to \infty}\frac{n+1}{n}=1$$

이므로, 수렴반지름은 $R=\frac{1}{L}=1$이다.

(3) 기하급수의 수렴성에 의하여 $|2z^2|<1$, 즉 $|z|<\frac{1}{\sqrt{2}}$일 때, 복소멱급수 $\sum_{n=0}^{\infty}2^n z^n$이 수렴한다. 따라서 수렴반지름은 $R=\frac{1}{\sqrt{2}}$이다. 이때 복소멱급수 $\sum_{n=0}^{\infty}2^n z^n$은 $\frac{1}{1-2z^2}$로 수렴한다.

4. $a_n = \dfrac{1}{n^2}$에 대하여

$$L = \lim_{n \to \infty} \left| \frac{a_{n+1}}{a_n} \right| = \lim_{n \to \infty} \left(\frac{n}{n+1} \right)^2 = 1$$

이므로, 복소멱급수 $\sum_{n=1}^{\infty} \dfrac{z^n}{n^2}$의 수렴반지름은 $R = \dfrac{1}{L} = 1$이다. 이때 $|z| \le 1$이면, 바이어슈트라스 M-판정법에 의해 복소멱급수 $\sum_{n=1}^{\infty} \dfrac{z^n}{n^2}$은 균등수렴한다. 그러나 $|z| > 1$이면, $\lim_{n \to \infty} \dfrac{|z|^n}{n^2} = \infty$이므로 복소멱급수 $\sum_{n=1}^{\infty} \dfrac{z^n}{n^2}$은 발산한다.

5. $|z| \le r < |z_0|$이면

$$\left| \sum_{n=K+1}^{\infty} \left(\frac{z}{z_0} \right)^n \right| = \left| \frac{(z/z_0)^{K+1}}{1 - z/z_0} \right| \le \frac{(r/|z_0|)^{K+1}}{1 - r/|z_0|}$$

이다. 이때 $\lim_{K \to \infty} \dfrac{(r/|z_0|)^{K+1}}{1 - r/|z_0|} = 0$이므로, 임의의 $\varepsilon > 0$에 대하여 $\dfrac{(r/|z_0|)^{K+1}}{1 - r/|z_0|} < \varepsilon$을 만족하는 자연수 K를 택하면, 닫힌원판 $\Omega = \{z \in \mathbb{C} : |z| \le r\}$에 속하는 모든 z에 대하여

$$n \ge K \Rightarrow \left| \sum_{n=K+1}^{\infty} \left(\frac{z}{z_0} \right)^n \right| < \varepsilon$$

이 성립한다. 따라서 복소멱급수 $\sum_{n=0}^{\infty} \left(\dfrac{z}{z_0} \right)^n$은 닫힌원판 $\Omega = \{z \in \mathbb{C} : |z| \le r\}$에서 균등수렴한다.

6. $R = \sup \left\{ r \ge 0 \mid \sum_{n=1}^{\infty} |a_n| r^n : \text{수렴} \right\}$이라고 가정하자. 이때 $r < R$이면 급수 $\sum_{n=1}^{\infty} |a_n| r_0^n$이 수렴하는 $r_0 > 0$ (단, $r < r_0 < R$)가 존재한다. 따라서 닫힌원판 $\overline{D}(z_0, r) = \{z \in \mathbb{C} : |z - z_0| \le r\}$에 대하여, $z \in \overline{D}(z_0, r)$일 때

$$|a_n (z - z_0)^n| \le |a_n| r^n \le M \left(\frac{r}{r_0} \right)^n, \quad |a_n| r_0^n \le M$$

을 만족하는 $M > 0$이 존재한다. 이제 $M_n = M \left(\dfrac{r}{r_0} \right)^n$이라 놓으면, $\dfrac{r}{r_0} < 1$이므로 $\sum_{n=0}^{\infty} M_n$은 수렴한다. 그러므로 바이어슈트라스 M-판정법에 의해 주어진 복소멱급수 $\sum_{n=0}^{\infty} a_n (z - z_0)^n$은 닫힌원판 $\overline{D}(z_0, r)$에서 균등수렴하고, 절대수렴한다.

7. $L = \lim_{n\to\infty} \sup |a_n|^{1/n}$이고, $|z| < \dfrac{1}{L}$이라고 가정하면

$$\lim_{n\to\infty} |a_n z^n|^{\frac{1}{n}} = |z| \lim_{n\to\infty} |a_n|^{\frac{1}{n}} = |z| L < L\frac{1}{L} = 1$$

이므로, $|z| < \dfrac{1}{L}$에서 복소멱급수 $\sum_{n=0}^{\infty} a_n z^n$은 수렴한다. 따라서 $|z| < R = \dfrac{1}{L}$에서 복소멱급수 $\sum_{n=0}^{\infty} a_n z^n$은 수렴한다. 그러므로 수렴반지름은 $R = \dfrac{1}{L}$로 주어진다.

연습문제 4.1

1. $f'(0) = \lim_{h\to 0} \dfrac{|h|^2}{h} = \lim_{h\to 0} \dfrac{h\bar{h}}{h} = \lim_{h\to 0} \bar{h} = 0$이다.

2. $\mathbb{C} \setminus \{0\}$에서 해석적인 복소함수 $f(z) = z\sin\dfrac{1}{z}$은 $z=0$에서는 정의되지 않는다. 이때 $z_n = \dfrac{1}{n\pi}$로 정의된 복소수열 $\langle z_n \rangle_{n=0}^{\infty}$는 0으로 수렴하고

$$^{\forall} z_n \in \langle z_n \rangle_{n=0}^{\infty},\ f(z_n) = 0$$

을 만족한다. 왜냐하면 $z = n\pi$에서 $\sin z = 0$이므로, $z_n = \dfrac{1}{n\pi}$에서 $\sin\dfrac{1}{z_n} = 0$이 성립하기 때문이다.

3. 고정된 0이 아닌 복소수 α에 대하여

$$f(z) = z^{\alpha} = e^{\alpha \log z} = e^{\alpha(\mathrm{Log}\, z + i(\mathrm{Arg}\, z + 2k\pi))}\ (\text{단, } k\text{는 정수})$$

이므로, p.v. $f(z) = e^{\alpha \mathrm{Log}\, z}$이다. 따라서 고정된 0이 아닌 복소수 α에 대하여, 복소함수 $f(z) = z^{\alpha}$의 도함수는

$$f'(z) = \frac{\alpha}{z} e^{\alpha \mathrm{Log}\, z} = \alpha z^{\alpha - 1}$$

으로 주어진다.

연습문제 4.2

1. $f(z) = u(x, y) + iv(x, y)$이고 $v(x, y) = 0$이라 하자. 복소평면 $\mathbb{C}$에 대하여 영역 $\Omega \subset \mathbb{C}$에서

정의된 $f(z)$가 해석적이므로, 코시-리만 방정식에 의해

$$u_x = v_y = 0,\ v_x = -u_y = 0$$

이다. 따라서 $u(x, y) = c$ (단, c는 실수 상수)이다. 그러므로 복소함수 $f(z)$는 $\Omega \subset \mathbb{C}$에서 상수함수이다.

2. $f(z) = u(x, y) + iv(x, y)$라 놓으면, $\overline{f(z)} = u(x, y) - iv(x, y)$이다. 복소평면 $\mathbb{C}$에 대하여 영역 $\Omega \subset \mathbb{C}$에서 정의된 두 복소함수 $f(z)$와 $\overline{f(z)}$가 해석적이므로, 코시-리만 방정식에 의해

$$u_x = v_y,\ v_x = -u_y \text{이고},\ u_x = -v_y,\ v_x = u_y$$

를 만족한다. 따라서 $u_x = u_y = 0,\ v_x = v_y = 0$이므로

$$u(x, y) = a,\ v(x, y) = b \text{ (단, } a,\ b\text{는 실수 상수)}$$

이다. 그러므로 복소함수 $f(z) = a + ib$로 주어진다. 따라서 복소함수 $f(z)$는 영역 $\Omega \subset \mathbb{C}$에서 상수함수이다.

3. 복소함수 $f(z) = u(x, y) + iv(x, y)$가 해석적이므로, $u_x = v_y,\ v_x = -u_y$이다. 따라서

$$J = u_x v_y - u_y v_x = u_x^2 + v_x^2 = |u_x + iv_x|^2 = |f'(z)|^2$$

이 성립한다.

4. 복소평면 $\mathbb{C}$에서 $u_x = -\sin x \cosh y,\ u_y = \cos x \sinh y$이므로, $u_{xx} = -\cos x \cosh y$, $u_{yy} = \cos x \cosh y$이다. 따라서 $u \in C^2(\mathbb{C})$이고

$$u_{xx} + u_{yy} = 0$$

을 만족하므로, 실함수 $u(x, y)$는 조화함수이다. 이제 실함수 $u(x, y)$의 켤레조화함수 $v(x, y)$를 구해 보자. 먼저 $u_x = v_y = -\sin x \cosh y$이므로, v_y를 y에 관하여 적분하면

$$v(x, y) = -\sin x \sinh y + \phi(x)$$

이다. 이때 $v_x = -\cos x \sinh y + \phi'(x) = -u_y = -\cos x \sinh y$이므로, $\phi'(x) = 0$이 된다. 즉

$$\phi(x) = c \text{ (단, } c\text{는 실수 상수)}$$

이다. 따라서 복소평면 $\mathbb{C}$에서 실함수 $u(x, y)$의 켤레조화함수는

$$v(x, y) = -\sin x \sinh y + c \text{ (단, } c\text{는 실수 상수)}$$

이다. 그러므로 $\operatorname{Re} f = u$를 만족하는 복소평면 $\mathbb{C}$에서의 정함수 $f(z)$는

$$f(z) = \cos x \cosh y + i(-\sin x \sinh y + c) \text{ (단, } c\text{는 실수 상수)}$$

로 주어진다.

5. $z^i = e^{i\log z}$는 양의 실수축을 제외한 복소평면 $\mathbb{C}$에서 해석적인 함수이므로, $z^i = e^{i\log z}$의 주요가지인 $e^{i\,\mathrm{Log}\,z}$는 열린 왼쪽 반평면 $\{z: \mathrm{Re}\, z < 0\}$에서 해석적이다.

6. $\sqrt{e^z+1} = e^{\frac{1}{2}[\ln|e^z+1|+i\arg(e^z+1)]}$이므로, 영역 $\Omega = \{z \in \mathbb{C}: -\pi < \arg(e^z+1) < \pi\}$는

$$\arg(e^z+1) \not\in (-\infty, 0]$$

을 의미한다. 따라서 복소함수 $f(z) = \sqrt{e^z+1}$은 영역 $\Omega \subset \mathbb{C}$에서 해석적이다.

7. $f(z) = \dfrac{1}{1-z} = \displaystyle\sum_{n=0}^{\infty} \frac{f^{(n)}\left(\frac{1}{2}\right)}{n!}\left(z-\frac{1}{2}\right)^n$

$$= f\left(\frac{1}{2}\right) + \frac{f'\left(\frac{1}{2}\right)}{1!}\left(z-\frac{1}{2}\right) + \frac{f''\left(\frac{1}{2}\right)}{2!}\left(z-\frac{1}{2}\right)^2 + \cdots$$

$$= 2 + 4\left(z-\frac{1}{2}\right) + 8\left(z-\frac{1}{2}\right)^2 + \cdots$$

8. 복소로그함수 $f(z) = \mathrm{Log}\, z$에 대하여

$$f^{(n)}(z) = \frac{(-1)^{n-1}(n-1)!}{z^n}, \quad f^{(n)}(1) = (-1)^{n-1}(n-1)!$$

이므로, $z_0 = 1$에서 $\mathrm{Log}\, z$의 테일러 급수 전개식은

$$\mathrm{Log}\, z = \sum_{n=1}^{\infty} \frac{(-1)^{n-1}(z-1)^n}{n} \quad \text{또는} \quad \mathrm{Log}\, z = -\sum_{n=1}^{\infty} \frac{(1-z)^n}{n}$$

으로 주어진다. 이때 이 복소급수의 수렴반지름은 1이다.

9. $f(z) = \displaystyle\sum_{n=0}^{\infty} a_n z^n$을 R (단, $R > 0$)을 수렴반지름으로 갖는 복소멱급수라 하자. 그러면 $f(0) = a_0$이다. 한편 열린원판 $D = \{z \in \mathbb{C}: |z| < R\}$에서 $f'(z) = \displaystyle\sum_{n=0}^{\infty} n a_n z^{n-1}$이므로, $f'(0) = a_1$이다. 또한 열린원판 $D = \{z \in \mathbb{C}: |z| < R\}$에서

$$f''(z) = \sum_{n=0}^{\infty} n(n-1) a_n z^{n-2}$$

이므로, $f''(0) = 2a_2$, 즉 $a_2 = \dfrac{f''(0)}{2!}$이 된다. 같은 방법으로 항별미분을 계속 적용하면, a_n은

열린원판 $D=\{z\in\mathbb{C}: |z|<R\}$에서

$$a_n=\frac{f^{(n)}(0)}{n!}\ (\text{단, } n=0,1,2,\cdots)$$

으로 주어진다.

연습문제 5·1

1. (1) $\displaystyle\int_C e^{\pi z}\,dz=\frac{1}{\pi}e^{\pi z}\bigg|_i^{i/2}=\frac{1+i}{\pi}$

(2) $\displaystyle\int_C (1-z)\,dz=\int_0^{\pi}(1-e^{it})\,ie^{it}\,dt$

$$=e^{it}-\frac{1}{2}e^{2it}\bigg|_0^{\pi}=\left[\left(-1-\frac{1}{2}\right)-\left(1-\frac{1}{2}\right)\right]=-2$$

(3) $\displaystyle\int_C \cos\left(\frac{z}{2}\right)dz=2\sin\frac{z}{2}\bigg|_0^{\pi+2i}=2\sin\left(\frac{\pi}{2}+i\right)$

$$=2\cos(i)=2\,\frac{e^{-1}+e^{1}}{2}=e+\frac{1}{e}$$

2. $\displaystyle\int_C[\alpha f(z)+\beta g(z)]\,dz=\int_a^b[\alpha f(z(t))+\beta g(z(t))]\,\frac{dz}{dt}\,dt$

$$=\alpha\int_a^b f(z(t))\,\frac{dz}{dt}\,dt+\beta\int_a^b g(z(t))\,\frac{dz}{dt}\,dt$$

$$=\alpha\int_C f(z)\,dz+\beta\int_C g(z)\,dz$$

3. $\mathrm{Re}\,z>0$일 때, 복소함수 $F(z)=\dfrac{i}{2}\mathrm{Log}\,(z+i)-\dfrac{i}{2}\mathrm{Log}\,(z-i)$는 복소함수 $f(z)=\dfrac{1}{z^2+1}$의 원시함수이다. 왜냐하면

$$F'(z)=\frac{i}{2}\left(\frac{1}{z+i}-\frac{1}{z-i}\right)=\frac{1}{z^2+1}=f(z)\ (\text{단, } \mathrm{Re}\,z>0)$$

가 성립하기 때문이다.

4. $\displaystyle\int_{-C} f(z)\,dz=\int_b^a f(z(t))\,\frac{dz}{dt}\,dt=-\int_a^b f(z(t))\,\frac{dz}{dt}\,dt=-\int_C f(z)\,dz$

5. $\displaystyle\int_C f(z)\,dz=\int_C F'(z)\,dz=\int_C F'(z(t))\,\frac{dz}{dt}\,dt$

$$= \int_a^b \frac{d}{dt} F(z(t))\, dt = [F(z(t))]_a^b = F(z(b)) - F(z(a))$$

연습문제 5.2

1. 모든 $z \in \Omega$에 대하여 $f(z) \neq 0$이고 복소평면 $\mathbb{C}$에 대하여 복소함수 $f(z)$가 영역 $\Omega \subset \mathbb{C}$에서 해석적이므로, 복소함수 $\frac{f'(z)}{f(z)}$는 Ω에서 해석적이다. 따라서 코시-구르사 정리에 의하여, 영역 $\Omega \subset \mathbb{C}$ 내부의 모든 닫힌경로 C에 관하여

$$\int_C \frac{f'(z)}{f(z)}\, dz = 0$$

이 성립한다. 그러므로 영역 $\Omega \subset \mathbb{C}$에서

$$g'(z) = \frac{f'(z)}{f(z)}$$

를 만족하는 해석함수 $g(z)$가 존재한다. 그런데 모든 $z \in \Omega$에 대하여 $f(z) \neq 0$이고

$$[g(z) - \log(f(z))] = c \text{ (단, } c\text{는 복소상수)}$$

이므로, $g(z_0) = \log(f(z_0))$를 만족하는 복소함수 $g(z)$를 택하면 모든 $z \in \Omega$에 대하여

$$g(z) = \log(f(z))$$

가 성립한다. 왜냐하면

$$\frac{d}{dz}[f(z)e^{-g(z)}] = (f'(z) - f(z)g'(z))e^{-g(z)} = 0$$

이므로, Ω에서 $f(z)e^{-g(z)} = C$ (단, C는 복소상수)이다. 특히 Ω가 연결집합이므로, $C \neq 0$이다. 그런데 $g(z_0) = \log(f(z_0))$이므로, $C = f(z_0)e^{-g(z_0)} = 1$이 된다. 그러므로 $f(z) = e^{g(z)}$로 주어진다. 따라서 모든 $z \in \Omega$에 대하여 $g(z) = \log(f(z))$이므로, 복소함수 $\log(f(z))$는 Ω에서 해석적이다.

2. 복소평면 $\mathbb{C}$에 대하여 복소함수 $g(z)$가 영역 $\Omega \subset \mathbb{C}$에서 연속이므로, 모레라 정리를 이용하면, $g(z)$가 Ω에서 해석적임을 보이기 위해서는 닫힌사각형 $R \subset \Omega$에 대하여

$$\int_{C:\, \partial R = C} g(z)\, dz = 0$$

임을 보이면 충분하다. $R \subset \Omega^+$이거나 $R \subset \Omega^-$이면 복소함수 $g(z)$가 연속이고, 극한성질에 의해 $R \subset \Omega^+ \cup L$이거나 $R \subset \Omega^- \cup L$이다. 따라서 $R^{\pm} \subset \Omega^{\pm} \cup L$이고 $R = R^+ \cup R^-$이며

$$R \cap \Omega^{+} \neq \varnothing, \; R \cap \Omega^{-} \neq \varnothing$$

라고 가정하면

$$\int_{C:\,\partial R = C} g(z)\,dz = \int_{\partial R^{+}} g(z)\,dz + \int_{\partial R^{-}} g(z)\,dz = 0$$

이다. 따라서 모레라 정리에 의해, 복소함수 $g(z)$는 영역 $\Omega \subset \mathbb{C}$에서 해석적이다.

3. 그림과 같이 C는 P, Q, R을 시점과 종점으로 하고 원점을 둘러싸는 단순닫힌경로 C_1, C_2, C_3와 원점을 둘러싸지 않는 단순닫힌경로 C_4로 나눌 수 있다. 이때 경로 변형원리에 의하여 $i = 1, 2, 3$에 대하여

$$\frac{1}{2\pi i}\int_{C_i} \frac{1}{z}\,dz = \frac{1}{2\pi i}\int_{|z|=1} \frac{1}{z}\,dz = \frac{1}{2\pi i}\int_0^{2\pi} e^{-i\theta} i e^{i\theta}\,d\theta = 1$$

이고, 단순닫힌경로 C_4로 둘러싸인 영역에서 $\frac{1}{z}$가 해석적이므로 코시-구르사 정리에 의해 $\int_{C_4} \frac{1}{z}\,dz = 0$이다. 따라서

$$\begin{aligned}\frac{1}{2\pi i}\int_C \frac{1}{z}\,dz &= \frac{1}{2\pi i}\int_{C_1} \frac{1}{z}\,dz + \frac{1}{2\pi i}\int_{C_2} \frac{1}{z}\,dz + \frac{1}{2\pi i}\int_{C_3} \frac{1}{z}\,dz + \frac{1}{2\pi i}\int_{C_4} \frac{1}{z}\,dz \\ &= 3\end{aligned}$$

로 주어진다.

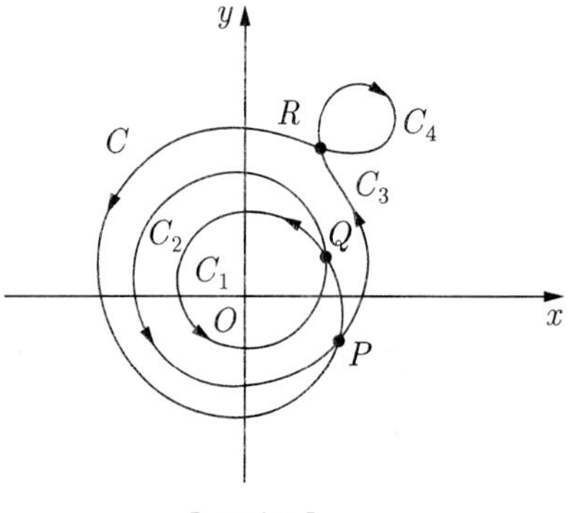

▌그림 1▐

4. 반원부분을 C_R이라 하고 $(-1, 0)$과 $(1, 0)$을 잇는 선분을 L_R이라 하자. 그러면 $C = C_R + L_R$이다. 이때

$$\int_{C_R} f(z)\,dz = \int_0^{\pi} e^{\frac{i\theta}{2}} i e^{i\theta}\,d\theta = i\int_0^{\pi} e^{i\frac{3\theta}{2}} = \frac{2}{3} e^{i\frac{3\theta}{2}}\Big|_0^{\pi} = \frac{2}{3}(-i-1)$$

$$\int_{L_R} f(z)\,dz = -\int_0^1 \sqrt{r}\,e^{\frac{\pi i}{2}} e^{\pi i}\,dr + \int_0^1 \sqrt{r}\,e^{\frac{i\theta}{2}}\,dr = \frac{2}{3}(i+1)$$

이므로

$$\int_C f(z)\,dz = \int_{C_R} f(z)\,dz + \int_{L_R} f(z)\,dz = 0$$

으로 주어진다. 그런데 복소함수 $f(z)$는 C로 둘러싸인 영역에서 해석적이 아니므로, 코시-구르사 정리를 적용할 수 없다.

5. C 위의 점 P_1과 C_1 위의 점 Q_1을 잇는 경로 L_1이 영역 D에 놓이도록 택한다. 또한 C_1 위의 점 Q_2와 C 위의 점 P_2를 잇는 경로가 영역 D에 놓이고, L_1과 만나지 않도록 경로 L_2를 택한다. 그리고

$$P_1 \Rightarrow Q_1 \Rightarrow Q_2 \Rightarrow P_2 \Rightarrow P_1$$

과

$$P_1 \Rightarrow P_2 \Rightarrow Q_2 \Rightarrow Q_1 \Rightarrow P_1$$

을 잇는 두 개의 서로 다른 단순닫힌경로를 각각 Γ_1과 Γ_2라고 하자.

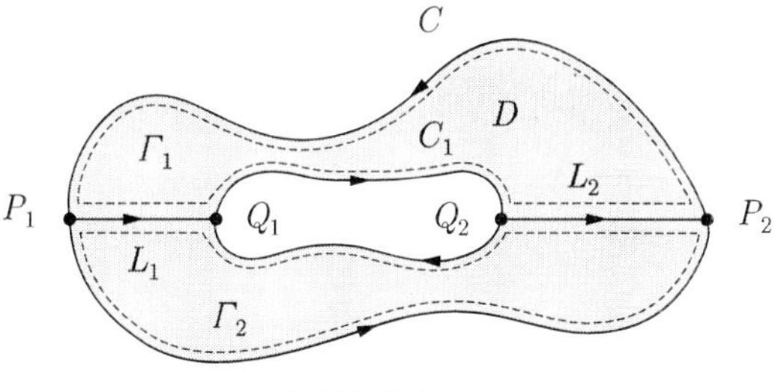

| 그림 2 |

그러면 Γ_1과 Γ_2로 둘러싸인 영역이 단순영결영역이고, 복소함수 $f(z)$가 이 영역과 경로 위에서 해석적이므로

$$\int_{\Gamma_1} f(z)\,dz = \int_{\Gamma_2} f(z)\,dz = 0$$

을 얻는다. 그런데 단순닫힌경로 Γ_1과 Γ_2는 서로 반대방향의 경로 L_1과 L_2를 공유하고 있으므로 적분

$$\int_{\Gamma_1} f(z)\,dz + \int_{\Gamma_2} f(z)\,dz$$

에서 L_1과 L_2에서의 적분은 서로 상쇄되고 C와 C_1에서의 적분만 남는다. 따라서

$$0 = \int_{\Gamma_1} f(z)\,dz + \int_{\Gamma_2} f(z)\,dz = \int_C f(z)\,dz + \int_{C_1} f(z)\,dz$$

이 성립한다.

연습문제 5·3

1. (1) 코시-구르사 정리를 이용하면, $\int_{C:|z|=1} \frac{z^4}{(z-2)^3}\, dz = 0$

   (2) 도함수에 대한 코시 적분공식을 이용하여 구한다. $f(z) = z^4$이라 놓으면, $f'(z) = 4z^3$이고 $f'''(z) = 12z^2$이므로

$$\int_{C:|z|=3} \frac{z^4}{(z-2)^3}\, dz = 2\pi i \frac{f''(2)}{2!} = 48\pi i$$

   로 주어진다.

2. 도함수에 대한 코시 적분공식에 의해

$$f^{(n)}(z) = \frac{n!}{2\pi i} \int_{C:|z|=3} \frac{f(\zeta)}{(\zeta - z)^{n+1}}\, dz \text{ (단, } n = 0, 1, \cdots)$$

이다. 따라서 $|f^{(n)}(0)| \le \frac{n!}{2\pi} \frac{6}{3^{n+1}} \cdot 2\pi \cdot 3 = \frac{6n!}{3^n}$ (단, $n = 0, 1, \cdots$)이고, $f^{(10)}(z) = a_{10} 10!$이므로 $f^{(10)}(0) = a_{10} 10!$이다. 그러므로

$$|a_{10}| = \left| \frac{f^{(10)}(0)}{10!} \right| \le \frac{1}{10!} \frac{6 \cdot 10!}{3^{10}} = \frac{6}{3^{10}}$$

으로 주어진다.

3. (1)

$$f'(z) = 2\sin z \cos z = \sin 2z = 2z - \frac{(2z)^3}{3!} + \cdots + \frac{(-1)^{n-1}}{(2n-1)!}(2z)^{2n-1} + \cdots$$

   이므로, 항별로 적분하면

$$\begin{aligned}\sin^2 z &= z^2 - \frac{1}{3!}\frac{1}{4}(2z)^4 \frac{1}{2} + \cdots + \frac{(-1)^{n-1}}{(2n-1)!}\frac{1}{2n}(2z)^{2n}\frac{1}{2} + \cdots \\ &= \frac{2}{2!}z^2 - \frac{2^3}{4!}z^4 + \cdots + \frac{(-1)^{n-1}2^{2n-1}}{(2n)!}z^{2n} + \cdots\end{aligned}$$

   (2) $\frac{1}{z-1} = \frac{-1}{(1-i)-(z-i)} = \frac{\frac{-1}{(1-i)}}{1 - \frac{z-i}{1-i}}$

$$= \frac{-1}{(1-i)} \sum_{n=0}^{\infty} \left(\frac{z-i}{1-i}\right)^n \left(\text{단, } \left|\frac{z-i}{1-i}\right| < 1\right)$$

$$= \sum_{n=0}^{\infty} \frac{-1}{(1-i)^{n+1}}(z-i)^n \,(\text{단}, |z-i| < \sqrt{2})$$

이다. 이때 복소함수 $f(z) = \dfrac{1}{z-1}$의 테일러 급수 전개는

$$f(z) = \frac{1}{z-1} = \sum_{n=0}^{\infty} \frac{f^{(n)}(i)}{n!}(z-i)^n \ (\text{단}, \ |z-i| < \sqrt{2})$$

으로 주어진다.

4. 복소평면 $\mathbb{C}$에 대하여 복소함수 $f(z)$가 영역 $\Omega \subset \mathbb{C}$에서 해석적이므로

$$D(z_0, R) = \{z \in \mathbb{C} : |z - z_0| < R\} \subset \Omega$$

를 만족하는 열린원판 $D(z_0, R)$이 존재하여, $f(z)$는 $D(z_0, R)$에서 수렴하는 멱급수

$$f(z) = \sum_{n=0}^{\infty} a_n (z-z_0)^n \ (\text{단}, \ |z-z_0| < R)$$

으로 표현된다. 이때

(1) 모든 $n \in \mathbb{N}$에 대하여 $a_n = 0$이면, $D(z_0, R)$에서 $f(z) = 0$이다.

(2) a_k가 0이 아닌 첫 계수이면

$$f(z) = (z-z_0)^k g(z), \ g(z) = \sum_{n=0}^{\infty} a_{k+n}(z-z_0)^n$$

이다. 그런데 $g(z_0) = a_k \neq 0$이므로, $g(z) \neq 0$을 만족하는 z_0의 근방 $N(z_0, \delta)$가 존재한다. 따라서 $z \in N(z_0, \delta) \setminus \{z_0\}$에 대하여, $f(z) \neq 0$이다. 이 사실은 z_0가 S의 집적점이라는 가정에 모순된다. 그러므로 영역 $\Omega \subset \mathbb{C}$에서 $f(z) = 0$이다.

5. 복소이항급수 $\sum_{n=0}^{\infty} \binom{\alpha}{n} z^n$은 $\alpha \geq 0$가 자연수가 아니면 수렴반지름은 $R = 1$이고, α가 자연수이면 수렴반지름은 $R = \infty$이다. 그런데 복소함수 $f(z) = (1+z)^{\alpha}$에 대하여

$$(1+z)^{\alpha} = e^{\alpha \log(1+z)} = e^{[\alpha(\ln|1+z| + i\arg(1+z))]}$$

이므로, $f(z) = (1+z)^{\alpha}$과 복소이항급수 $\sum_{n=0}^{\infty} \binom{\alpha}{n} z^n$은 단위열린원판 $\{z \in \mathbb{C} : |z| < 1\}$에서 해석적이다. 이때 복소함수 $f(z) = (1+z)^{\alpha}$과 복소이항급수 $\sum_{n=0}^{\infty} \binom{\alpha}{n} z^n$이

$$\{z \in \mathbb{C} : |z| < 1, \ \text{Im}\, z \neq 0\}$$

에서 일치하므로, 해석적 연속성의 원리에 의해 단위열린원판 $\{z \in \mathbb{C} : |z| < 1\}$에서 두 함수는 일치한다.

연습문제 5.4

1. $g(z)=\dfrac{1}{f(z)}$이라고 하면, 복소함수 $g(z)$는 복소평면 $\mathbb{C}$에서 정함수이다. 이때

$$^{\forall}z\in C,\ |g(z)|\le\left|\frac{1}{f(z)}\right|\le 1$$

이므로, 리우빌 정리에 의해 복소함수 $g(z)$는 복소평면 $\mathbb{C}$에서 상수함수가 된다. 따라서 복소함수 $f(z)$도 복소평면 $\mathbb{C}$에서 상수함수이다.

2. 최대절댓값 원리에 의하면, $|\sin z|$는 $\overline{\Omega}$의 경계에서 최댓값을 갖는다. 그런데 $\overline{\Omega}$의 경계에서 $|\sin z|$가 최댓값을 갖는 z와 $4|\sin z|^2$가 최댓값을 갖는 z는 같다. 이때

$$\begin{aligned}4|\sin z|^2&=4\left|\frac{e^{i(x+iy)}-e^{-i(x+iy)}}{2!}\right|^2=|e^{ix-y}-e^{-ix+y}|^2\\&=(e^{ix}e^{-y}-e^{-ix}e^{y})(e^{-ix}e^{-y}-e^{ix}e^{y})\\&=e^{-2y}-e^{i2x}-e^{-i2x}+e^{2y}\\&=2\cosh 2y-2\cos 2x\end{aligned}$$

이고, $4|\sin z|^2$는 $y=2\pi$와 $x=\dfrac{\pi}{2}$ 또는 $x=\dfrac{3\pi}{2}$에서 최댓값을 갖는다. 따라서 $|\sin z|$의 최댓값은

$$\begin{aligned}|\sin(x+iy)|&=\left|\sin\left(\frac{\pi}{2}+i2\pi\right)\right|\\&=\left|\sin\left(\frac{\pi}{2}\right)\cosh 2\pi+i\cos\left(\frac{\pi}{2}\right)\sinh 2\pi\right|=\cosh 2\pi\end{aligned}$$

로 주어진다.

연습문제 6.1

1. 수렴반지름 R은 $z_0=i$로부터 가장 가까이 있는 특이점과의 거리이므로

$$R=|i-1|=|i-(-1)|=\sqrt{2}$$

로 주어진다.

2. 곡선 C를 중심이 z_0이고 반지름이 R인 원이라고 가정하자. 이때 $|z-z_0|<R$이면, z는 C 내부의 점이므로, 멱급수의 균등수렴성과 도함수에 대한 코시 적분공식을 이용하면

$$\begin{aligned} f'(z) &= \frac{1}{2\pi i}\int_C \frac{f(w)}{(w-z)^2}\,dw \\ &= \frac{1}{2\pi i}\int_C \sum_{n=0}^{\infty} \frac{a_n(w-z_0)^n}{(w-z)^2}\,dw \\ &= \sum_{n=0}^{\infty} a_n \frac{1}{2\pi i}\int_C \frac{(w-z_0)^n}{(w-z)^2}\,dw \ (\text{멱급수의 균등수렴성 이용}) \\ &= \sum_{n=1}^{\infty} n a_n (z-z_0)^{n-1} \ (\text{도함수에 대한 코시 적분공식 이용}) \end{aligned}$$

이 성립한다.

3. 복소함수 $f(z)$가 $z_0 \in \mathbb{C}$에서 n-중극을 가질 필요충분조건은

$$f(z) = \frac{a_{-n}}{(z-z_0)^n} + \frac{a_{-n+1}}{(z-z_0)^{n-1}} + \cdots + \frac{a_{-1}}{z-z_0} + \sum_{n=0}^{\infty} a_n (z-z_0)^n \ (\text{단, } a_{-n} \neq 0)$$

즉

$$(z-z_0)^n f(z) = a_{-n} + a_{-n+1}(z-z_0) + \cdots + a_{-1}(z-z_0)^{n-1} + \cdots \ (\text{단, } a_{-n} \neq 0)$$

이다. 따라서 $\lim_{z \to z_0} (z-z_0)^n f(z) = A$ (단, $A \neq 0, \infty$)이다.

4. 복소함수 $f(z)$가 열린원환 $A = \{z \in \mathbb{C} : r < |z-z_0| < R\}$에서 해석적이므로, 코시 적분공식과 경로변형의 원리에 의하여

$$f(z) = \frac{1}{2\pi i}\int_{C_2} \frac{f(\zeta)}{\zeta - z}\,d\zeta - \frac{1}{2\pi i}\int_{C_1} \frac{f(\zeta)}{\zeta - z}\,d\zeta \ (\text{단, } C = C_2 - C_1) \tag{1}$$

이다.

(i) C_2에서 $|z-z_0| < |\zeta - z_0|$, 즉 $\left|\frac{z-z_0}{\zeta-z_0}\right| < 1$이므로

$$\begin{aligned} \frac{1}{\zeta - z} &= \frac{1}{\zeta - z_0 - (z-z_0)} = \frac{1}{1 - \frac{z-z_0}{\zeta-z_0}} \cdot \frac{1}{\zeta - z_0} \\ &= \frac{1}{\zeta - z_0} \sum_{n=0}^{\infty} \left(\frac{z-z_0}{\zeta-z_0}\right)^n = \sum_{n=0}^{\infty} \left(\frac{1}{\zeta-z_0}\right)^{n+1} \cdot (z-z_0)^n \end{aligned} \tag{2}$$

이다.

(ii) C_1에서는 $|z-z_0| > |\zeta-z_0|$, 즉 $\left|\frac{\zeta-z_0}{z-z_0}\right| < 1$이므로

$$-\frac{1}{\zeta-z}=\frac{1}{z-\zeta}=\frac{1}{z-z_0-(\zeta-z_0)}=\frac{1}{1-\dfrac{\zeta-z_0}{z-z_0}}\cdot\frac{1}{z-z_0}$$
$$=\frac{1}{z-z_0}\sum_{n=0}^{\infty}\left(\frac{\zeta-z_0}{z-z_0}\right)^n=\sum_{n=0}^{\infty}\left(\frac{1}{z-z_0}\right)^{n+1}\cdot(\zeta-z_0)^n$$

이다. 이때 $n=-m-1$로 치환하면

$$-\frac{1}{\zeta-z}=\sum_{m=-\infty}^{-1}\left(\frac{1}{\zeta-z_0}\right)^{m+1}(z-z_0)^m \tag{3}$$

이다.

따라서 (2), (3)을 식 (1)에 대입하여 무한급수와 적분순서를 교환하면

$$f(z)=\sum_{n=0}^{\infty}\frac{1}{2\pi i}\int_{C_2}\frac{f(\zeta)\,d\zeta}{(\zeta-z_0)^{n+1}}(z-z_0)^n+\sum_{n=-\infty}^{-1}\frac{1}{2\pi i}\int_{C_1}\frac{f(\zeta)\,d\zeta}{(\zeta-z_0)^{n+1}}(z-z_0)^n$$

이다. 이제 C_1, C_2를 모두 열린원환 $A=\{z\in\mathbb{C}: r<|z-z_0|<R\}$ 내부의 단순닫힌곡선 C^*로 바꾸면

$$f(z)=\sum_{n=-\infty}^{\infty}\frac{1}{2\pi i}\int_{C^*:|z-z_0|=\rho}\frac{f(\zeta)\,d\zeta}{(\zeta-z_0)^{n+1}}(z-z_0)^n$$

이 성립한다. 여기서 $r<|z-z_0|<R$이다.

5. (1) $|z|<1$에서

$$f(z)=\frac{1}{(1-z)(2-z)}=\frac{1}{1-z}-\frac{1}{2-z}=\frac{1}{1-z}-\frac{1/2}{1-z/2}$$
$$=\sum_{n=0}^{\infty}z^n-\frac{1}{2}\sum_{n=0}^{\infty}\left(\frac{z}{2}\right)^n=\frac{1}{2}+\frac{3}{4}z+\frac{7}{8}z^2+\cdots$$

(2) $1<|z|<2$에서

$$\frac{1}{1-z}=\frac{-1}{z-1}=\frac{-1/z}{1-1/z}=-\sum_{n=0}^{\infty}\frac{1}{z^{n+1}},\quad \frac{1}{2-z}=\frac{1/2}{1-z/2}=\sum_{n=0}^{\infty}\frac{z^n}{2^{n+1}}$$

이므로

$$f(z)=\frac{1}{(1-z)(2-z)}=-\frac{1}{2}-\frac{z}{4}-\frac{z^2}{8}-\cdots-\frac{1}{z}-\frac{1}{z^2}-\frac{1}{z^3}-$$

(3) $|z|>2$에서

$$\frac{1}{2-z}=\frac{-1}{z-2}=\frac{-1/z}{1-2/z}=-\sum_{n=0}^{\infty}\frac{2^n}{z^{n+1}}$$

이므로

$$
\begin{aligned}
f(z) &= \frac{1}{(1-z)(2-z)} = \frac{-1}{z-1} + \frac{1}{z-2} = \frac{-1/z}{1-1/z} + \frac{1/z}{1-2/z} \\
&= -\sum_{n=0}^{\infty} \frac{1}{z^{n+1}} + \sum_{n=0}^{\infty} \frac{2^n}{z^{n+1}} \\
&= \frac{1}{z^2} + \frac{3}{z^3} + \frac{7}{z^4} + \cdots
\end{aligned}
$$

6. (1) 로랑 급수 $\displaystyle\sum_{n=-\infty}^{\infty} \frac{z^n}{2^{|n|}} = \left(1 + \frac{z}{2} + \frac{z^2}{2^2} + \cdots\right) + \left(\frac{1}{2z} + \frac{1}{4z^2} + \frac{1}{8z^3} + \cdots\right)$에 대하여

$$1 + \frac{z}{2} + \frac{z^2}{2^2} + \cdots$$

는 $|z| < 2$에서 수렴하고

$$\frac{1}{2z} + \frac{1}{4z^2} + \frac{1}{8z^3} + \cdots$$

는 $|z| > \dfrac{1}{2}$에서 수렴한다. 따라서 로랑 급수 $\displaystyle\sum_{n=-\infty}^{\infty} \frac{z^n}{2^{|z|}}$의 수렴영역은 열린원환

$$\{z \in \mathbb{C} : \frac{1}{2} < |z| < 2\}$$

로 주어진다.

(2) 로랑 급수 $\displaystyle\sum_{n=-\infty}^{\infty} 2^{|n|} z^n = (1 + 2z + 4z^2 + \cdots) + \left(\frac{2}{z} + \frac{4}{z^2} + \frac{8}{z^3} + \cdots\right)$에 대하여

$$1 + 2z + 4z^2 + \cdots$$

는 $|z| < \dfrac{1}{2}$에서 수렴하고

$$\frac{2}{z} + \frac{4}{z^2} + \frac{8}{z^3} + \cdots$$

는 $|z| > 2$에서 수렴한다. 따라서 로랑 급수 $\displaystyle\sum_{n=-\infty}^{\infty} \frac{z^n}{2^{|z|}}$은 수렴하는 복소수 z를 갖지 않는다.

7. $p(z) = z$, $q(z) = \sin z$라고 하면, 복소함수 $f(z) = \dfrac{p(z)}{q(z)}$로 주어진다. 이때 두 복소함수 $p(z)$와 $q(z)$는 각각 $z = 0$에서 단순근을 갖는다. 따라서 복소함수 $f(z)$는 $z = 0$에서 제거가능 특이점을 갖는다.

8. (1) $p(z) = \sin z$, $q(z) = z^5$이라고 하면, 복소함수 $f(z) = \dfrac{p(z)}{q(z)}$로 주어진다. 이때 복소함수 $p(z)$는 $z = 0$에서 단순근을 갖고, 복소함수 $q(z)$는 $z = 0$에서 5-중근을 갖는다. 따라서 복

소함수 $f(z)$는 $z=0$에서 4-중극을 갖는다.

(2) $p(z)=1$, $q(z)=(1+z^2)^2$이라 하면, $p(i)=1\neq 0$이고, $q(i)=q'(i)=0$이지만 $q''(i)=-8\neq 0$이므로, 복소함수 $f(z)=\dfrac{p(z)}{q(z)}$는 $z=i$에서 2-중극을 갖는다.

연습문제 6.2

1. $Z_f(C)$와 $P_f(C)$가 각각 C 내부에서의 복소함수 $f(z)$의 근의 개수와 극의 개수일 때, 닫힌곡선 C의 원점 $w=0$에 대한 회전수는 $I(f(C),0)=Z_f(C)-P_f(C)$로 주어지므로

(1) $f(z)=z^5-z$의 근 중 $z_0=0$만이 C 내부에 있으므로, $I(f(C),0)=1$이다.

(2) C 내부에 $f(z)=z^5-z$의 근이 모두 5개 있으므로, $I(f(C),0)=5$이다.

2. (1) $f(z)=\dfrac{2z}{z^2-1}$로 놓으면

$$\int_{C:|z-1|=3}\frac{2z}{z^2-1}\,dz=2\pi i\{\mathrm{Res}\,(f(z),1)+\mathrm{Res}\,(f(z),-1)\}$$
$$=2\pi i(1+1)=4\pi i$$

(2)
$$z(e^z-1)=z\left(z+\frac{z^2}{2!}+\frac{z^3}{3!}+\cdots\right)=z^2\left(1+\frac{z}{2!}+\frac{z^2}{3!}+\cdots\right)$$

이므로, 복소함수 $\dfrac{1}{z(e^z-1)}$은 $z=0$에서 2-중극을 갖는다. 따라서

$$\mathrm{Res}\left(\frac{1}{z(e^z-1)},0\right)=\frac{1}{(2-1)!}\lim_{z\to 0}\frac{d}{dz}\left\{\frac{z}{e^z-1}\right\}=-\frac{1}{2}$$

이므로, $\displaystyle\int_{C:|z|=1}\frac{1}{z(e^z-1)}\,dz=2\pi i\cdot\left(-\frac{1}{2}\right)=-\pi i$이다.

3. (1) $\dfrac{\sin z}{z}=1-\dfrac{1}{3!}z^2+\dfrac{1}{5!}z^4-\cdots$ 이므로, $\mathrm{Res}\left(\dfrac{\sin z}{z},0\right)=0$

(2) $\dfrac{1}{\sin z}=\dfrac{p(z)}{q(z)}$로 놓으면 $p(0)=1$, $q(0)=0$, $q'(0)=1$이므로, $\mathrm{Res}\left(\dfrac{1}{\sin z},0\right)=1$

4. (1) $C:|z|=1$에서 $g(z)=z^5+6z^3+2z$, $f(z)=10$으로 놓으면

$$|g(z)|=|z^5+6z^3+2z|\le|z|^5+6|z|^3+2|z|=9<|f(z)|=10\ (\text{단, }|z|=1)$$

이다. 따라서 두 복소함수 $f(z)$, $g(z)$가 해석적이므로, 루셰 정리에 의해 두 복소함수 $f(z)+g(z)$와 $f(z)$는 $|z|<1$에서 같은 수의 근을 갖는다. 그런데 복소함수 $f(z)=10$은

$|z|<1$에서 근을 갖지 않으므로, $p(z)=z^5+6z^3+2z+10$은 $|z|<1$에서 근을 갖지 않는다.

(2) $C: |z|=3$에서 $g(z)=6z^3+2z+10$, $f(z)=z^5$으로 놓으면

$$\begin{aligned}|g(z)|&=|6z^3+2z+10| \leq 6|z|^3+2|z|+10=178\\&<|f(z)|=|z|^5=243 \ (\text{단, } |z|=3)\end{aligned}$$

이다. 따라서 두 복소함수 $f(z)$, $g(z)$가 해석적이므로, 루셰 정리에 의해 두 복소함수 $f(z)+g(z)$와 $f(z)$는 $|z|<3$에서 같은 수의 근을 갖는다. 그런데 복소함수 $f(z)=z^5$은 $|z|<3$에서 5개의 근을 가지므로, $p(z)=z^5+6z^3+2z+10$은 $|z|<3$에서 5개의 근을 갖는다.

(3) $|z|=1$일 때

$$|p(z)| \geq |10-|z^5+6z^3+2z|| \geq 1 \neq 0$$

이므로, $p(z)=z^5+6z^3+2z+10$은 $|z|=1$에서 근을 갖지 않는다.

따라서 (1), (2), (3)에 의해, 5차 복소다항식 $p(z)=z^5+6z^3+2z+10$은 열린원환

$$\{z \in \mathbb{C}: 1<|z|<3\}$$

에서 5개의 근을 갖는다.

5. (1) $C: |z|=2$에서 $g(z)=z^3+5z^2-2$, $f(z)=z^6$으로 놓으면

$$\begin{aligned}|g(z)|&\leq |z|^3+5|z|^2+|-2|=30\\&<|f(z)|=|z|^6=64 \ (\text{단, } |z|=2)\end{aligned}$$

이다. 따라서 두 복소함수 $f(z)$와 $g(z)$가 C 위와 내부에서 해석적이므로, 루셰 정리에 의해 두 복소함수 $f(z)+g(z)$와 $f(z)$는 $|z|<2$에서 같은 수의 근을 갖는다. 그런데 복소함수 $f(z)=z^6$은 $|z|<2$에서 6개의 근을 가지므로, $p(z)=z^6+z^3+5z^2-2$은 $|z|<2$에서 6개의 근을 갖는다.

(2) $C: |z|=1$에서 $g(z)=z^6+z^3-2$, $f(z)=5z^2$으로 놓으면

$$\begin{aligned}|g(z)|&\leq |z|^6+|z|^3+|-2|=4\\&<|f(z)|=|5z^2|=5 \ (\text{단, } |z|=1)\end{aligned}$$

이다. 따라서 두 복소함수 $f(z)$와 $g(z)$가 C 위와 내부에서 해석적이므로, 루셰 정리에 의해 두 복소함수 $f(z)+g(z)$와 $f(z)$는 $|z|<1$에서 같은 수의 근을 갖는다. 그런데 복소함수 $f(z)=5z^2$은 $|z|<1$에서 2개의 근을 가지므로, $p(z)=z^6+z^3+5z^2-2$은 $|z|<1$에서 2개의 근을 갖는다.

(3) $|z|=1$에서

$$|p(z)| \geq ||5z^2|-|z^6+z^3-2|| \geq 1 \neq 0$$

이므로, $p(z)=z^6+z^3+5z^2-2$은 $|z|=1$에서 근을 갖지 않는다.

따라서 (1), (2), (3)에 의해, 6차 복소다항식 $p(z)=z^6+z^3+5z^2-2$은 열린원환

$$\{z\in\mathbb{C}: 1<|z|<2\}$$

에서 4개의 근을 갖는다.

6. (1) $\csc z=\dfrac{1}{\sin z}$은 $z=0$에서 단순극을 가지므로, $\operatorname{Res}(\csc z, 0)=\dfrac{1}{\cos 0}=1$

(2) $e^{(1+1/z)}=e\,e^{1/z}=e\left(1+\dfrac{1}{z}+\dfrac{1}{2!z^2}+\dfrac{1}{3!z^3}+\cdots\right)$이므로, $\operatorname{Res}\left(e^{(1+1/z)}, 0\right)=e$

(3) $z^4\sin\dfrac{1}{z}=z^4\left(\dfrac{1}{z}-\dfrac{1}{3!z^3}+\dfrac{1}{5!z^5}-\cdots\right)=z^3-\dfrac{z}{3!}+\dfrac{1}{5!z}-\cdots$이므로,

$$\operatorname{Res}\left(z^4\sin\left(\frac{1}{z}\right), 0\right)=\frac{1}{5!}$$

연습문제 6.3

1. (1) $$\int_0^{2\pi}\sin(\exp e^{i\theta})\,d\theta=\int_{C:|z|=1}\sin(e^z)\frac{dz}{iz}=-i\int_{C:|z|=1}\frac{\sin(e^z)}{z}\,dz$$

$$=-i\cdot 2\pi i\operatorname{Res}\left(\frac{\sin(e^z)}{z}, 0\right)=(-i)(2\pi i)(\sin 1)=2\pi\sin 1$$

(2) $$\int_{-\infty}^{\infty}\frac{\cos ax}{x^2+1}\,dx=\int_C\frac{e^{iaz}}{z^2+1}\,dz=\operatorname{Re}\left[2\pi i\operatorname{Res}\left(\frac{e^{iaz}}{z^2+1}, i\right)\right]$$

$$=2\pi i\frac{e^{-|a|}}{2i}=\pi e^{-|a|}\ (\text{단, } a\in\mathbb{R})$$

2. $f(z)=\dfrac{\operatorname{Res}(f(z), 0)}{z-0}+g(z)$, $g(z)=\displaystyle\sum_{n=0}^{\infty}\frac{g^{(n)}(0)}{n!}z^n$으로 놓으면, $z=0$ 근방에서

$$|g(z)|\le M,\quad |z|<\delta$$

를 만족하는 $M>0$과 $\delta>0$가 존재한다. 따라서

$$\left|\int_{C_r}g(z)\,dz\right|\le\int_{C_r}|g(z)||dz|\le M\pi r$$

이므로

$$\lim_{r\to 0}\int_{C_r}f(z)\,dz=\lim_{r\to 0}\int_{C_r}\left\{\frac{\operatorname{Res}(f(z), 0)}{z}+g(z)\right\}dz$$

$$= \text{Res}\,(f(z), 0) \int_{C_r} \frac{1}{z}\, dz + \lim_{r\to 0} \int_{C_r} g(z)\, dz$$

$$= \text{Res}\,(f(z), 0) \int_{\pi}^{0} \frac{ire^{i\theta}}{re^{i\theta}}\, dz = -\pi i\, \text{Res}\,(f(z), 0)$$

이다. 그런데 $p(z) = e^{iz}$, $q(z) = z$로 놓으면, $\text{Res}\left(\dfrac{p(z)}{q(z)}, 0\right) = 1$이므로

$$\lim_{r\to 0} \int_{C_r} \frac{e^{iz}}{z}\, dz = -\pi i\, \text{Res}\left(\frac{e^{iz}}{z}, 0\right) = -\pi i$$

가 성립한다.

3. $f(z) = \dfrac{1}{(1+z^2)^2}$로 놓고, 상반평면에 있는 닫힌경로 C를 $C = C_R \cup [-R, R]$이라 하면

$$\int_C f(z)\, dz = \int_{-R}^{R} f(x)\, dx + \int_{C_R} f(z)\, dz$$

이다. 이때 $R \to \infty$이면

$$\left|\int_{C_R} f(z)\, dz\right| \le \int_{C_R} \frac{1}{||z|^2 - 1|}\, |dz| \le \frac{\pi R}{|R^2 - 1|} \to 0$$

즉 $\displaystyle\lim_{R\to\infty} \int_{C_R} f(z)\, dz = 0$이므로, 상반반원 내의 고립특이점이 z_k일 때

$$\lim_{R\to\infty} \int_{-R}^{R} f(x)\, dx = \int_C f(z)\, dz = 2\pi i \sum_k \{\text{Res}\,(f, z_k)\}$$

가 성립한다. 그런데 $p(z) = 1$, $q(z) = (1+z^2)^2$이라 하면, $p(i) = 1 \neq 0$이고 $q(i) = q'(i) = 0$이지만 $q''(i) = -8 \neq 0$이므로 $f(z) = \dfrac{p(z)}{q(z)} = \dfrac{1}{(1+z^2)^2}$은 $z = i$에서 2-중극을 갖는다. 따라서

$$\int_{-\infty}^{\infty} \frac{1}{(1+x^2)^2}\, dx = \int_C \frac{1}{(1+z^2)^2}\, dz = 2\pi i\, \text{Res}\left(\frac{1}{(1+z^2)^2}, i\right)$$

$$= 2\pi i \cdot \frac{1}{4!} = \frac{\pi}{2}$$

로 주어진다. 여기서

$$\text{Res}\left(\frac{1}{(1+z^2)^2}, i\right) = \lim_{z\to i} \frac{d}{dz}\left[(z-i)^2 \frac{1}{(1+z^2)^2}\right]$$

$$= \lim_{z\to i} \frac{d}{dz}\left[\frac{1}{(z+i)^2}\right]$$

$$= \lim_{z\to i} \frac{-2}{(z+i)^3} = \frac{-2}{8i^3} = \frac{1}{4!}$$

이다.

4. (1) 복소함수 $f(z)=\dfrac{z^2}{z^4+1}$으로 놓고, $z^4=-1$을 풀면 $z=e^{i\left(\frac{\pi+2k\pi}{4}\right)}$ (단, $k=0, 1, 2, 3$)이다. 이제 상반평면에 있는 닫힌경로 C를 x축 상의 선분 $L_R: -R \le x \le R$과 반지름이 R인 상반반원 C_R로 구성, 즉 $C=L_R+C_R$이라 하면

$$\lim_{R\to\infty}\int_{L_R} f(x)\,dx=\int_C f(z)\,dz$$

가 성립한다. 그런데

$$z_0=e^{\frac{\pi}{4}i}=\frac{\sqrt{2}}{2}+\frac{\sqrt{2}}{2}i,\ z_1=e^{\frac{3\pi}{4}i}=-\frac{\sqrt{2}}{2}+\frac{\sqrt{2}}{2}i$$

가 C 내부에서 단순극이므로

$$\text{Res}\left(\frac{z^2}{z^4+1}, z_0\right)=\frac{z_0^2}{4z_0^3}=\frac{1}{4z_0}=\frac{1}{4}\left(\frac{\sqrt{2}}{2}-\frac{\sqrt{2}}{2}i\right)=\frac{1}{8}(\sqrt{2}-\sqrt{2}\,i)$$

$$\text{Res}\left(\frac{z^2}{z^4+1}, z_1\right)=\frac{z_1^2}{4z_1^3}=\frac{1}{4z_1}=\frac{1}{4}\left(-\frac{\sqrt{2}}{2}-\frac{\sqrt{2}}{2}i\right)=\frac{1}{8}(-\sqrt{2}-\sqrt{2}\,i)$$

이다. 따라서 유수정리에 의해

$$\int_{-\infty}^{\infty}\frac{x^2}{x^4+1}dx=\int_C\frac{z^2}{z^4+1}dz=2\pi i\left\{\text{Res}\left(\frac{z^2}{z^4+1}, z_0\right)+\text{Res}\left(\frac{z^2}{z^4+1}, z_1\right)\right\}$$

$$=2\pi i\cdot\frac{1}{8}(\sqrt{2}-\sqrt{2}\,i-\sqrt{2}-\sqrt{2}\,i)=\frac{\sqrt{2}\,\pi}{2}$$

(2) $b>0$에서

$$\int_{-\infty}^{\infty}\frac{\cos x}{x^2+b^2}dx=\text{Re}\left[2\pi i\,\text{Res}\left(\frac{e^{iz}}{z^2+b^2}, ib\right)\right]$$

이다. 그런데 $\text{Re}\left[2\pi i\,\text{Res}\left(\dfrac{e^{iz}}{z^2+b^2}, ib\right)\right]=\dfrac{e^{-b}}{2bi}$이므로

$$\int_{-\infty}^{\infty}\frac{\cos x}{x^2+b^2}dx=2\pi i\cdot\frac{e^{-b}}{2bi}=\frac{\pi e^{-b}}{b}$$

이다. 따라서

$$\int_0^{\infty}\frac{\cos x}{x^2+b^2}dx=\frac{1}{2}\int_{-\infty}^{\infty}\frac{\cos x}{x^2+b^2}dx=\frac{\pi e^{-b}}{2b}\ (\text{단, } b>0)$$

(3) C가 $1, -1$을 제외한 닫힌경로일 때

$$\int_C \frac{1}{z\sqrt{z^2-1}}\,dz = 2\pi i\,\mathrm{Res}\left(\frac{1}{z\sqrt{z^2-1}},\,0\right) = 2\pi$$

이므로

$$\int_1^{\infty} \frac{1}{x\sqrt{x^2-1}}\,dx = \lim_{\varepsilon\to 0,\,r\to\infty} \int_{1+\varepsilon}^{r} \frac{1}{x\sqrt{x^2-1}}\,dx = \frac{2\pi}{4} = \frac{\pi}{2}$$

이다.

5. $\mathrm{Res}\left(\frac{\pi\cot\pi z}{z^2},\,0\right) = -\frac{\pi^2}{3}$ 이므로

$$\sum_{n=1}^{\infty} \frac{1}{n^2} = \frac{1}{2}\left\{-\sum_{j=1}^{n} \mathrm{Res}\left(\frac{\pi\cot\pi z}{z^2},\,0\right)\right\} = \left(\frac{1}{2}\right)\left(\frac{\pi^2}{3}\right) = \frac{\pi^2}{6}$$

으로 주어진다.

연습문제 7·1

1. 복소평면 $\mathbb{C}$에 대하여 실함수 $v(x, y)$가 단순연결영역 $\Omega \in \mathbb{C}$에서 정의된 조화함수 $u(x, y)$의 켤레조화함수이면, 해석함수

$$f(z) = u(z) + iv(z)$$

가 존재한다. 따라서 복소함수 $-if(z) = v(z) - iu(z)$도 해석적이므로, $-u(x, y)$가 $v(x, y)$의 켤레조화함수이다.

2. $P_z(e^{i\theta}) = \frac{1-|z|^2}{|z-e^{i\theta}|^2} = \frac{e^{i\theta}}{e^{i\theta}-z} + \frac{e^{-i\theta}}{e^{-i\theta}-\overline{z}} - 1$이므로

$$u(z) = \frac{1}{2\pi}\int_0^{2\pi} f(e^{i\theta})\,\frac{e^{i\theta}}{e^{i\theta}-z}\,d\theta + \frac{1}{2\pi}\int_0^{2\pi} f(e^{i\theta})\,\frac{e^{-i\theta}}{e^{-i\theta}-\overline{z}}\,d\theta - \frac{1}{2\pi}\int_0^{2\pi} f(e^{i\theta})\,d\theta$$

이다. 이때 위 식에서 첫 번째 항은 해석함수이므로 조화함수이고, 두 번째 항은 해석함수의 켤레복소함수이므로 조화함수이고, 세 번째 항은 상수함수이므로 조화함수이다. 따라서 실함수 $u(z)$는 단위열린원판 $D = \{z \in \mathbb{C} : |z| < 1\}$에서 조화함수이다.

이제 실함수 $u(z)$가 $\overline{D}$에서 연속함수임을 보인다. 그런데 실함수 $u(z)$가 단위열린원판 D에서 조화함수이므로, $u(z)$는 D에서 연속이다. 따라서 실함수 $u(z)$가 ∂D에서 연속임을 보이면 충분하다. 고정된 $z_0 = e^{i\eta_0} \in \partial D$에 대하여, 실함수 $u(z)$의 정의에 의해 $u(z_0) = f(z_0)$이다. 그런데 임의의 $\varepsilon > 0$에 대하여, $|z - z_0| < \delta$이면

$$|u(z)-u(z_0)|=\left|\frac{1}{2\pi}\int_0^{2\pi}\left[f(e^{i\theta})-f(e^{i\eta_0})\right]\frac{1-r^2}{|re^{i\eta}-e^{i\theta}|^2}\,d\theta\right|$$
$$\le\left|\frac{1}{2\pi}\int_{|\theta-\eta_0|\le 2\sigma}\left[f(e^{i\theta})-f(e^{i\eta_0})\right]\frac{1-r^2}{|re^{i\eta}-e^{i\theta}|^2}\,d\theta\right|$$
$$+\left|\frac{1}{2\pi}\int_{|\theta-\eta_0|\ge 2\sigma}\left[f(e^{i\theta})-f(e^{i\eta_0})\right]\frac{1-r^2}{|re^{i\eta}-e^{i\theta}|^2}\,d\theta\right|$$

을 만족하는 $\delta>0$가 존재한다. 여기서 $\sigma>0$는 다음 (i)에서 주어진 $f(e^{i\theta})$의 균등연속의 정의로부터 결정된다.

(i) 함수 $f(e^{i\theta})$가 균등연속이므로, 임의의 $\varepsilon>0$에 대하여

$$|\theta-\eta_0|\le 2\sigma \Rightarrow \left|f(e^{i\theta})-f(e^{i\eta_0})\right|<\varepsilon$$

을 만족하는 $\sigma>0$가 존재한다. 따라서

$$\left|\frac{1}{2\pi}\int_{|\theta-\eta_0|\le 2\sigma}\left[f(e^{i\theta})-f(e^{i\eta_0})\right]\frac{1-r^2}{|re^{i\eta}-e^{i\theta}|^2}\,d\theta\right|$$
$$\le\varepsilon\,\frac{1}{2\pi}\int_0^{2\pi}\frac{1-r^2}{|re^{i\eta}-e^{i\theta}|^2}\,d\theta=\varepsilon$$

이 된다.

(ii) $|z-z_0|<\delta$, 즉 $\left|re^{i\eta}-e^{i\eta_0}\right|<\delta$이면

$$\left|e^{i\theta}-re^{i\eta}\right|=\left|e^{i\theta}-e^{i\eta_0}-(re^{i\eta}-e^{i\eta_0})\right|\ge\left|e^{i\theta}-e^{i\eta_0}\right|-\delta$$

이고, $2\sigma<|\theta-\eta_0|\le\frac{\pi}{4}$에 대하여

$$\left|e^{i\theta}-e^{i\eta_0}\right|^2=\left|1-e^{i(\eta_0-\theta)}\right|^2=2\left[1-\cos(\eta_0-\theta)\right]$$
$$\ge\frac{|\eta_0-\theta|^2}{2}>2\sigma^2$$

이다. 또한 $|\theta-\eta_0|>\frac{\pi}{4}$이면, 충분히 작은 $\sigma>0$에 대하여

$$\left|e^{i\theta}-e^{i\eta_0}\right|^2=\left|1-e^{i(\eta_0-\theta)}\right|^2=2\left[1-\cos(\eta_0-\theta)\right]$$
$$\ge\frac{|\eta_0-\theta|^2}{2}>\frac{\pi^2}{32}>2\sigma^2$$

이다. 그러므로 $\left|re^{i\eta}-e^{i\eta_0}\right|<\delta$와 $|\theta-\eta_0|\ge 2\sigma$에 대하여, $\delta\le(\sqrt{2}-1)\sigma$로 택하면

$$\left|e^{i\theta}-re^{i\eta}\right|\ge\sqrt{2}\,\sigma-\delta\ge\sigma$$

이다. 따라서 $\sup_{\theta\in[0,2\pi]}\left|f(e^{i\theta})\right|\le M$을 만족하는 $M>0$이 존재하면

$$\left|\frac{1}{2\pi}\int_{|\theta-\eta_0|\geq 2\sigma}\left[f(e^{i\theta})-f(e^{i\eta_0})\right]\frac{1-r^2}{|re^{i\eta}-e^{i\theta}|^2}\,d\theta\right|$$

$$\leq \frac{1}{2\pi}\int_{|\theta-\eta_0|\geq 2\sigma} 2\sup_{\theta\in[0,2\pi]}|f(e^{i\theta})|\frac{1-r^2}{|re^{i\eta}-e^{i\theta}|^2}\,d\theta$$

$$\leq \frac{M}{\pi}\int_{|\theta-\eta_0|\geq 2\sigma}\frac{1-r^2}{\sigma^2}\,d\theta$$

$$\leq \frac{4M}{\sigma^2}(1-r^2)\leq \frac{4M}{\sigma^2}\delta<\varepsilon\left(\text{단, } \delta<\frac{\varepsilon\sigma^2}{4M}\right)$$

이 성립한다.

그러므로 (i)과 (ii)로부터

$$|u(z)-u(z_0)|\leq\left|\frac{1}{2\pi}\int_{|\theta-\eta_0|\leq 2\sigma}\left[f(e^{i\theta})-f(e^{i\eta_0})\right]\frac{1-r^2}{|re^{i\eta}-e^{i\theta}|^2}\,d\theta\right|$$
$$+\left|\frac{1}{2\pi}\int_{|\theta-\eta_0|\geq 2\sigma}\left[f(e^{i\theta})-f(e^{i\eta_0})\right]\frac{1-r^2}{|re^{i\eta}-e^{i\theta}|^2}\,d\theta\right|<2\varepsilon$$

이므로, 실함수 $u(z)$는 ∂D에서 연속이다.

3. 두 실함수 $v(x,y)$와 $w(x,y)$가 조화함수 $u(x,y)$의 켤레조화함수이면, $i(v(x,y)-w(x,y))$는 그 상이 허수축 내부에 들어가는 해석함수이다. 그러므로 열린사상정리에 의해

$$i(v(x,y)-w(x,y))$$

는 상수함수이다. 따라서 실함수 $u(x,y)$의 켤레조화함수 $v(x,y)$는 상수 차이를 무시하면 유일하게 결정된다.

연습문제 7.2

1. $f(z)=\dfrac{z+1}{z-1}$은 $z=1$에서 극을 갖고, 1이 아닌 모든 복소수에서 $f'(z)=-\dfrac{2}{(z-1)^2}\neq 0$이므로 $f(z)=\dfrac{z+1}{z-1}$은 1을 제외한 모든 복소수에서 등각적이다.

2. $\dfrac{(z-z_1)(z_2-z_3)}{(z-z_3)(z_2-z_1)}=\dfrac{(w-w_1)(w_2-w_3)}{(w-w_3)(w_2-w_1)}$이므로

$$\frac{(z-(-i))(0-i)}{(z-i)(0-(-i))}=\frac{(w-(-1))(i-1)}{(w-1)(i-(-1))},\ \text{즉}\ \frac{z+i}{z-i}=-i\frac{w+1}{w-1}$$

이다. 따라서 $(z+i)(w-1)=-i(z-i)(w+1)$이므로, $w[(1+i)z+(1+i)]=(1-i)z-1+i$

이다. 그러므로

$$w=\frac{(1-i)z-1+i}{(1+i)z+(1+i)}=\frac{-2iz+2i}{2z+2}=\frac{-iz+i}{z+1}=-i\frac{z-1}{z+1}$$

로 주어진다.

3. 평행이동 $\zeta=z-i$, 확대 $\omega=2\zeta$, 또 다른 평행이동 $w=\omega+1$을 생각하자. 이들 세 사상들의 합성은

$$w=\omega+1=2\zeta+1=2(z-i)+1 \text{ 또는 } w=2z+(1-2i)$$

이며, 이 선형분수변환은 원 $|z-i|=1$을 원 $|w-1|=2$ 위로 사상한다.

4. F가 세 개의 고정점을 가지면, 모든 $z\in\mathbb{C}$에 대하여 $F(z)=z$로 주어진다. 만약 ∞가 F의 하나의 고정점이면, $F\in\mathrm{Aut}(\mathbb{C})$이고, $F(z)=az+b$ (단, $a\neq 0$)이다. 이때 z_2, z_3가 다른 두 고정점이면

$$\begin{cases} az_1+b=z_1 \\ az_2+b=z_2 \end{cases}$$

의 해가 z_1과 z_2이므로, $a=1$이고 $b=0$이다. 따라서 복소함수 $F(z)=z$로 주어진다. 그러므로 z_1, z_2, z_3가 서로 다른 고정점일 때 선형분수변환 $L(z)=\dfrac{1}{z-z_3}$을 생각하면, $G=L\circ F\circ L^{-1}$는 세 개의 고정점 $L(z_1)$, $L(z_2)$, $L(z_3)=\infty$를 갖는다. 그런데 $G(z)=z$이므로, $F(z)=z$가 성립한다.

이제 $F(z_j)=w_j$ (단, $j=1, 2, 3$)를 만족하는 복소함수 $F(z)$가 존재함을 보인다. 이것은 $\Phi(z_1)=0$, $\Phi(z_2)=\infty$, $\Phi(z_3)=1$이고, $\Psi(w_1)=0$, $\Psi(w_1)=\infty$, $\Psi(w_1)=1$을 만족하는 두 복소함수 Φ와 Ψ가 정의되는 것으로 충분하다. 두 복소함수 Φ와 Ψ를

$$\Phi(z)=\frac{z-z_1}{z-z_2}\cdot\frac{z_3-z_2}{z_3-z_1},\quad \Psi(w)=\frac{w-w_1}{w-w_2}\cdot\frac{w_3-w_2}{w_3-w_1}$$

로 정의하고, $F=\Psi^{-1}\circ\Phi$로 놓으면

$$F(z_j)=w_j \text{ (단, } j=1, 2, 3)$$

를 만족한다.

마지막으로 $F(z_j)=G(z_j)=w_j$ (단, $j=1, 2, 3$)를 만족하는 두 선형분수변환 $F(z)$와 $G(z)$가 존재한다고 가정하면, $f^{-1}\circ G$는 세 개의 서로 다른 고정점 z_1, z_2, z_3를 가지므로

$$(f^{-1}\circ G)(z)=z$$

가 성립한다. 따라서 $F(z)=G(z)$이다.

5. 직선과 원의 방정식은 각각

$$\overline{\alpha}z+\alpha\overline{z}+c=0\ (\text{단, } \alpha\in\mathbb{C}\setminus\{0\},\ c\in\mathbb{R})\text{와}$$
$$z\overline{z}+\overline{\alpha}z+\alpha\overline{z}+d=0\ (\text{단, } |\alpha|^2>d,\ d\in\mathbb{R})$$

로 주어진다. 따라서

(1) 평행이동 T_b에 의하여, 직선과 원은 각각 직선과 원으로 대응한다.

(2) 확대 D_a에 대하여 생각해 본다. 이때 직선은 직선에 대응한다. 또한 원

$$z\overline{z}+\overline{\alpha}z+\alpha\overline{z}+d=0\ (\text{단, } |\alpha|^2>d,\ d\in\mathbb{R})$$

은 $|a|^2z\overline{z}+a\overline{\alpha}z+\overline{a}\alpha\overline{z}+d=0$, 즉 원

$$z\overline{z}+\overline{\left(\frac{\alpha}{a}\right)}z+\frac{\alpha}{a}\overline{z}+\frac{d}{|a|^2}=0\ \left(\text{단, } \left|\frac{\alpha}{a}\right|^2>\frac{d}{|a|^2},\ d\in\mathbb{R}\right)$$

에 대응한다.

(3) 역 J에 대하여 생각해 본다. 직선 $\overline{\alpha}z+\alpha\overline{z}+c=0$ (단, $\alpha\in\mathbb{C}\setminus\{0\}$, $c\in\mathbb{R}$)은 $\frac{\overline{\alpha}}{z}+\frac{\alpha}{\overline{z}}+c=0$, 즉 $cz\overline{z}+\alpha z+\overline{\alpha}\,\overline{z}=0$에 대응된다. 이때 $c=0$이면 직선이 되고, $c\neq 0$이면 $|\alpha|^2>0$이므로 원이 된다. 또한 원 $z\overline{z}+\overline{\alpha}z+\alpha\overline{z}+d=0$ (단, $|\alpha|^2>d$, $d\in\mathbb{R}$)은 $\frac{1}{z\overline{z}}+\frac{\overline{\alpha}}{z}+\frac{\alpha}{\overline{z}}+d=0$, 즉

$$dz\overline{z}+\alpha z+\overline{\alpha}\,\overline{z}+1=0,\ \text{즉 } z\overline{z}+\frac{\alpha}{d}z+\overline{\left(\frac{\alpha}{d}\right)}\overline{z}+\frac{1}{d}=0$$

에 대응한다. 이때 $d=0$이면 직선이고, $d\neq 0$이면 $\left|\frac{\alpha}{d}\right|^2>\frac{1}{d}$이므로 원이 된다.

참고문헌

1. 강승필, 복소함수론(제3판), 경문사, 2014
2. 계승혁, 김영원, 기초 복소해석, 서울대학교 출판부, 2007
3. 이병무, 기초응용수학, 경문사, 2009
4. 이병무, 벡터해석의 이해와 응용(제3판), 경문사, 2014
5. 이현덕, 복소해석학 개론, 경문사, 2014
6. 허민, 오혜영 옮김, 복소함수론과 그 응용(제8판), 경문사, 2014
7. L. Ahlfors, *Complex Analysis*, 3rd., McGraw-Hill, 1979
8. J. Brown and R. Churchill, *Complex Variables and Applications*, 8th ed., McGraw-Hill, 2008.
9. S. G. Krantz, *A Guide to Complex Variables*, Mathematical Association of America, 2008
10. J. E. Marsden and M. J. Hoffman, *Basic complex analysis*, 3rd ed., W. H. Freeman and Company, 1999
11. M. M. Peloso, *Complex Analysis*, Lecture Notes, 2011
12. E. B. Saff and A. D. Snider, *Fundamentals of Complex Analysis with Applications to Engineering and Science*, 3rd ed., Prentice Hall, 2003
13. A. David Wunsch, *Complex variables with applications*, 2nd ed., Addison-Wesley Publishing Company, 1994

찾아보기

ㄹ

ㅁ

ㅂ

ㅅ

ㅇ

ㅈ

복소해석학 입문

지은이 이병무
펴낸이 조경희
펴낸곳 경문사
펴낸날 2015년 9월 1일 1판 1쇄
등 록 1979년 11월 9일 제313-1979-23호
주 소 121-818, 서울특별시 마포구 와우산로 174
전 화 (02)332-2004 팩스 (02)336-5193
이메일 kyungmoon@kyungmoon.com

값 20,000원

ISBN 978-89-6105-922-0